工业和信息化精品系列教材

网络技术

Network Technology

微课版

Linux 网络操作系统

项目式教程

（CentOS 7.6）（第 2 版）

刘正 张运嵩 尤澜涛 ◎ 主编

肖荣 孙金霞 蒋建峰 ◎ 副主编

U0161396

人民邮电出版社

北京

图书在版编目（CIP）数据

Linux网络操作系统项目式教程：CentOS 7.6：微课版 / 刘正，张运嵩，尤澜涛主编. -- 2版. -- 北京：人民邮电出版社，2023.11
工业和信息化精品系列教材. 网络技术
ISBN 978-7-115-61672-2

Ⅰ. ①L… Ⅱ. ①刘… ②张… ③尤… Ⅲ. ①Linux操作系统－教材 Ⅳ. ①TP316.85

中国国家版本馆CIP数据核字(2023)第073768号

内 容 提 要

本书以 CentOS 7.6 操作系统为基础，系统、全面地介绍了 Linux 操作系统的基本概念和网络服务配置。全书共分为 8 个项目，内容包括 Linux 操作系统概述、初探 CentOS 7.6、管理用户、文件和磁盘、学习 Bash 与 Shell 脚本、管理软件与进程、配置网络、防火墙与远程桌面、网络服务配置与管理，以及技能大赛综合案例。

本书既可作为高职高专计算机、通信等相关专业的教材，也可以供广大计算机爱好者在自学 Linux 操作系统时使用。

◆ 主　　编　刘　正　张运嵩　尤澜涛
　　副 主 编　肖　荣　孙金霞　蒋建峰
　　责任编辑　郭　雯
　　责任印制　王　郁　焦志炜

◆ 人民邮电出版社出版发行　　北京市丰台区成寿寺路 11 号
　　邮编　100164　　电子邮件　315@ptpress.com.cn
　　网址　https://www.ptpress.com.cn
　　山东华立印务有限公司印刷

◆ 开本：787×1092　1/16
　　印张：17　　　　　　　　　　　　2023 年 11 月第 2 版
　　字数：455 千字　　　　　　　　　2024 年 12 月山东第 5 次印刷

定价：59.80 元

读者服务热线：(010)81055256　印装质量热线：(010)81055316
反盗版热线：(010)81055315
广告经营许可证：京东市监广登字 20170147 号

前言 FOREWORD

党的二十大报告提出，以国家战略需求为导向，集聚力量进行原创性引领性科技攻关，坚决打赢关键核心技术攻坚战。操作系统被认为是计算机的"灵魂"，是计算机系统的内核与基石，直接决定了数字基础设施发展的水平。推动国产操作系统产业自主创新，事关信息技术竞争力，更关乎国家信息安全。操作系统国产化是实现科技自立自强的重要一环，也是提升国家科技创新能力的必然要求。

目前，国产操作系统多以 Linux 操作系统为基础进行二次开发。Linux 自诞生以来，凭借其安全、稳定、开源和免费等诸多特性，在企业级市场获得广泛应用。同时，越来越多的个人用户选择使用 Linux。Linux 系统管理是高职院校计算机网络技术专业的核心课程。本书以 CentOS 7.6 操作系统为平台，旨在培养学生应用 Linux 进行基础配置和搭建常用网络服务的能力。

本书第 1 版自 2020 年 8 月出版以来，得到众多高职院校师生的喜爱。为了更好地满足广大师生的用书需求，编者根据用书师生的反馈意见，结合自身近几年的教学实践，对本书第 1 版进行了大幅修订。本次修订的主要内容如下。

（1）进一步优化内容编排。在不减少核心内容的前提下，调整优化部分内容的顺序。例如，将 Linux 桌面环境与命令行模式相关内容进行整合，将 YUM 软件管理剥离为单独任务。同时，补充了一些核心知识点，包括虚拟机快照和克隆、磁盘配额、LVM、RAID、Bash 和 Shell 脚本、远程桌面、NFS 服务、邮件服务和数据库服务等。

（2）进一步对接职业院校技能大赛。Linux 网络服务部署是高职院校职业技能大赛网络系统管理赛项的核心模块。编者根据比赛考核内容和评价标准，结合自身带队比赛经验，将竞赛内容适当删减后整合为一个综合项目案例，并给出完整的解答过程。该案例基本覆盖全书核心内容，可以作为学期实训项目使用，有助于培养学生的系统性思维和全局观。

（3）进一步突出应用能力培养。坚持理论知识"必要、够用"，重点提升 Linux 实操技能。一方面，将全书理论知识讲解与实验配置分开描述。另一方面，针对工作岗位核心技能需求，专门设计相应的实验进行强化练习。实验步骤力求严谨细致，让学生掌握解决实际问题的思路和方法。

（4）进一步突出德技并修的人才培养目标。在设计项目案例时融入相关元素，使学生在学习理论知识与实操技能的同时，提升职业素养，培育职业精神。

（5）进一步丰富配套资源。持续完善优化原有的配套资源。针对本次增加的内容，提供相应的教学课件、微课视频、课程标准和教案等配套资源。读者可登录人邮教育社区（https://www.ryjiaoyu.com）免费获取本书的配套资源。同时，欢迎读者登录智慧职教，或扫描下方二维码免费观看本书配套的慕课视频。

本书的参考学时为 64~96 学时，其中理论内容 12~24 学时，实践内容 52~72 学时。各项目的参考学时详见学时分配表（以 96 学时为例）。

本书由刘正、张运嵩、尤澜涛任主编，肖荣、孙金霞、蒋建峰任副主编。张运嵩编写了项目 1、项目 2、项目 7 和项目 8，尤澜涛编写了项目 3 和项目 4，孙金霞编写了项目 5，蒋建峰编写了项目 6，刘正统编全稿，肖荣对全书的内容选取和编写思路进行了指导。本书是 2021 年江苏省高等教育教改研究立项课题（2021JSJG500）和 2022 年江苏省教育科学规划课题（B/2022/02/77）的研究成果。另外，本书的编写得到了锐捷网络（苏州）有限公司张渊经理的大力支持。

学时分配表（96 学时）

项目	课程内容	理论	实践	总计
项目 1	Linux 操作系统概述	1	1	2
项目 2	初探 CentOS 7.6	1	5	6
项目 3	管理用户、文件和磁盘	6	10	16
项目 4	学习 Bash 与 Shell 脚本	4	6	10
项目 5	管理软件与进程	2	4	6
项目 6	配置网络、防火墙与远程桌面	2	10	12 ˙
项目 7	网络服务配置与管理	8	36	44
项目 8	技能大赛综合案例	0	24	24
学时总计（不含项目 8）		24	72	96

其中，项目 8 适合作为学期实训项目，一般单独安排 24 课时。

由于编者水平有限，书中存在疏漏和不足之处在所难免，殷切希望广大读者批评指正。同时，恳请读者一旦发现问题，及时与编者联系，以便尽快更正，编者将不胜感激。编者邮箱为 zyunsong@qq.com。读者也可以加入人邮教师服务 QQ 群（群号：159528354），与编者进行联系。

编 者

2023 年 2 月

目录 CONTENTS

项目1

Linux 操作系统概述 ………… 1

学习目标 ………………………… 1

引例描述 ………………………… 1

任务 1.1　认识 Linux 操作系统 ……… 2

  任务陈述 ……………………………… 2

  知识准备 ……………………………… 2

    1.1.1　操作系统概述 ……………… 2

    1.1.2　Linux 的诞生与发展 ……… 3

    1.1.3　Linux 的层次结构 ………… 3

    1.1.4　Linux 的版本 ……………… 4

  任务实施 ……………………………… 5

    实验：探寻 Linux 的发展历史 …… 5

  知识拓展 ……………………………… 5

  任务实训 ……………………………… 5

任务 1.2　安装 CentOS 7.6 操作
系统 …………………… 5

  任务陈述 ……………………………… 5

  知识准备 ……………………………… 5

    1.2.1　选择合适的 Linux 发行版 … 5

    1.2.2　虚拟化技术 ………………… 6

  任务实施 ……………………………… 7

    实验 1：安装 CentOS 7.6 ……… 7

    实验 2：创建虚拟机快照 ………… 14

    实验 3：克隆虚拟机 ……………… 15

  知识拓展 ……………………………… 17

  任务实训 ……………………………… 17

项目小结 ………………………… 18

项目练习题 ……………………… 18

项目2

初探 CentOS 7.6 ………… 20

学习目标 ………………………… 20

引例描述 ………………………… 20

任务 2.1　初次使用 CentOS 7.6 …… 21

  任务陈述 ……………………………… 21

  知识准备 ……………………………… 21

    2.1.1　CentOS 7.6 初始化配置 …… 21

    2.1.2　GNOME 桌面环境 ………… 23

    2.1.3　注销用户和关机 …………… 25

    2.1.4　Linux 命令行模式 ………… 25

  任务实施 ……………………………… 29

    实验：练习 Linux 命令行操作 …… 29

  知识拓展 ……………………………… 31

  任务实训 ……………………………… 31

任务 2.2　vim 文本编辑器 …………… 32

  任务陈述 ……………………………… 32

  知识准备 ……………………………… 32

    2.2.1　vi 与 vim ………………… 32

    2.2.2　vim 基本操作 …………… 32

  任务实施 ……………………………… 36

    实验：练习 vim 基本操作 ………… 36

知识拓展 ────────── 38

任务实训 ────────── 38

项目小结 ────────── 39

项目练习题 ──────── 40

项目 3

管理用户、文件和磁盘 ────── 42

学习目标 ────────── 42

引例描述 ────────── 42

任务 3.1　用户与用户组 ───── 43

　任务陈述 ──────────── 43

　知识准备 ──────────── 43

　　3.1.1　用户与用户组简介 ──── 43

　　3.1.2　用户与用户组的配置文件 ─── 43

　　3.1.3　管理用户与用户组 ──── 45

　　3.1.4　切换用户 ─────── 48

　任务实施 ──────────── 49

　　实验：管理用户和用户组 ──── 49

　知识拓展 ──────────── 51

　任务实训 ──────────── 51

任务 3.2　文件与目录管理 ──── 52

　任务陈述 ──────────── 52

　知识准备 ──────────── 52

　　3.2.1　文件的基本概念 ───── 52

　　3.2.2　文件与目录的常用命令 ─── 53

　　3.2.3　文件所有者与属组 ──── 63

　　3.2.4　文件权限管理 ───── 64

　任务实施 ──────────── 68

　　实验：文件和目录管理综合实验 ── 68

　知识拓展 ──────────── 69

　任务实训 ──────────── 69

任务 3.3　磁盘管理与文件系统 ──── 70

　任务陈述 ──────────── 70

　知识准备 ──────────── 70

　　3.3.1　磁盘的基本概念 ───── 70

　　3.3.2　磁盘管理的相关命令 ─── 71

　　3.3.3　认识 Linux 文件系统 ─── 74

　　3.3.4　磁盘配额管理 ───── 78

　　3.3.5　逻辑卷管理器 ───── 80

　　3.3.6　RAID ────────── 81

　任务实施 ──────────── 82

　　实验 1：磁盘分区综合实验 ─── 82

　　实验 2：配置启动挂载分区 ─── 85

　　实验 3：配置磁盘配额 ───── 86

　　实验 4：配置 RAID 5 与 LVM ── 92

　知识拓展 ──────────── 94

　任务实训 ──────────── 94

项目小结 ────────── 95

项目练习题 ──────── 95

项目 4

学习 Bash 与 Shell 脚本 ───98

学习目标 ────────── 98

引例描述 ────────── 98

任务 4.1　学习 Bash Shell ──── 99

　任务陈述 ──────────── 99

　知识准备 ──────────── 99

　　4.1.1　认识 Bash Shell ───── 99

　　4.1.2　Bash 变量 ──────── 101

　　4.1.3　Bash 通配符和特殊符号 ── 108

　　4.1.4　重定向和管道操作 ─── 109

　　4.1.5　Bash 命令别名和命令历史

　　　　　记录 ─────────── 110

任务实施 ••••••••••••••••• **111**

实验：Bash 综合应用 •••••••• 111

知识拓展 ••••••••••••••••• **114**

任务实训 ••••••••••••••••• **114**

任务 4.2　Shell 脚本 ••••••••••••• **115**

任务陈述 ••••••••••••••••• **115**

知识准备 ••••••••••••••••• **115**

4.2.1　认识 Shell 脚本 •••••• 115

4.2.2　Shell 脚本的基本语法 •• 118

4.2.3　运算符和条件测试 ••••• 119

4.2.4　分支结构 ••••••••••• 123

4.2.5　循环结构 ••••••••••• 126

4.2.6　Shell 函数 ••••••••••• 129

任务实施 ••••••••••••••••• **131**

实验：Shell 脚本编写实践 ••• 131

知识拓展 ••••••••••••••••• 135

任务实训 ••••••••••••••••• 135

项目小结 ••••••••••••••••• 136

项目练习题 ••••••••••••••• 136

实验：配置本地 YUM 源 ••••••••• 142

知识拓展 ••••••••••••••••••• **143**

任务实训 ••••••••••••••••••• **143**

任务 5.2　进程管理和任务调度 •••••• **144**

任务陈述 ••••••••••••••••••• **144**

知识准备 ••••••••••••••••••• **144**

5.2.1　进程的基本概念 •••••••• 144

5.2.2　进程监控和管理 •••••••• 145

5.2.3　任务调度管理 ••••••••• 147

5.2.4　系统服务管理 ••••••••• 149

任务实施 ••••••••••••••••••• **150**

实验：按秒执行的 crontab 周期性

任务 ••••••••••••••••••• 150

知识拓展 ••••••••••••••••••• **152**

任务实训 ••••••••••••••••••• **152**

项目小结 ••••••••••••••••••• **152**

项目练习题 ••••••••••••••••• **153**

项目 5

管理软件与进程 ••••••••••• **138**

学习目标 ••••••••••••••••• **138**

引例描述 ••••••••••••••••• **138**

任务 5.1　软件包管理器 ••••••••••• **139**

任务陈述 ••••••••••••••••• **139**

知识准备 ••••••••••••••••• **139**

5.1.1　认识软件包管理器 •••••• 139

5.1.2　RPM ••••••••••••••• 139

5.1.3　使用 YUM 管理软件 ••• 140

任务实施 ••••••••••••••••• **142**

项目 6

配置网络、防火墙与远程

桌面 ••••••••••••••••••••• **155**

学习目标 ••••••••••••••••••• **155**

引例描述 ••••••••••••••••••• **155**

任务 6.1　配置网络 ••••••••••••••• **156**

任务陈述 ••••••••••••••••••• **156**

知识准备 ••••••••••••••••••• **156**

6.1.1　网络配置 ••••••••••••• 156

6.1.2　常用网络命令 ••••••••• 160

任务实施 ••••••••••••••••••• **162**

实验：配置服务器网络 •••••••• 162

知识拓展 ••••••••••••••••••• **162**

任务实训 ················· 163

任务 6.2　配置防火墙 ·············· 163

任务陈述 ················· 163

知识准备 ················· 163

6.2.1　firewalld 的基本概念 ········ 163

6.2.2　firewalld 的安装和启停 ··· 164

6.2.3　firewalld 的基本配置 ··· 164

任务实施 ················· 169

实验：配置服务器防火墙 ··· 169

知识拓展 ················· 170

任务实训 ················· 170

任务 6.3　配置远程桌面 ·············· 170

任务陈述 ················· 170

知识准备 ················· 170

6.3.1　VNC 远程桌面 ··· 170

6.3.2　OpenSSH ··· 171

任务实施 ················· 172

实验 1：配置 VNC 远程桌面 ··· 172

实验 2：配置 OpenSSH 服务器 ··· 173

知识拓展 ················· 174

任务实训 ················· 174

项目小结 ················· 175

项目练习题 ················· 175

项目 7

网络服务配置与管理 ········ 177

学习目标 ················· 177

引例描述 ················· 177

任务 7.1　Samba 服务配置与
管理 ················· 178

任务陈述 ················· 178

知识准备 ················· 178

7.1.1　Samba 服务概述 ··········· 178

7.1.2　Samba 服务的安装与
启停 ··· 179

7.1.3　Samba 服务端配置 ··· 179

任务实施 ················· 182

实验：搭建 Samba 服务器 ··· 182

知识拓展 ················· 187

任务实训 ················· 187

任务 7.2　NFS 服务配置与管理 ··· 188

任务陈述 ················· 188

知识准备 ················· 188

7.2.1　NFS 服务概述 ··· 188

7.2.2　NFS 服务的安装与启停 ··· 189

7.2.3　NFS 服务端配置 ··· 189

任务实施 ················· 191

实验：搭建 NFS 服务器 ··· 191

知识拓展 ················· 192

任务实训 ················· 192

任务 7.3　DHCP 服务配置与
管理 ················· 193

任务陈述 ················· 193

知识准备 ················· 193

7.3.1　DHCP 服务概述 ··· 193

7.3.2　DHCP 服务的安装与
启停 ··· 194

7.3.3　DHCP 服务端配置 ··· 194

任务实施 ················· 196

实验：搭建 DHCP 服务器 ··· 196

知识拓展 ················· 199

任务实训 ················· 199

任务 7.4　DNS 服务配置与管理 ··· 200

任务陈述 ·················· 200

知识准备 ·················· 200

  7.4.1　DNS 服务概述 ·········· 200

  7.4.2　DNS 服务的安装与启停 ··· 201

  7.4.3　DNS 服务端配置 ········ 202

任务实施 ·················· 205

  实验：搭建 DNS 服务器·········· 205

知识拓展 ·················· 209

任务实训 ·················· 209

任务 7.5　Web 服务配置与管理 ·····210

任务陈述 ·················· 210

知识准备 ·················· 210

  7.5.1　Web 服务概述 ········· 210

  7.5.2　Apache 服务的安装与
      启停 ················ 212

  7.5.3　Apache 服务端配置 ····· 212

  7.5.4　配置虚拟主机 ·········· 216

任务实施 ·················· 219

  实验：搭建 Web 服务器·········· 219

知识拓展 ·················· 221

任务实训 ·················· 221

任务 7.6　FTP 服务配置与管理 ·····221

任务陈述 ·················· 221

知识准备 ·················· 221

  7.6.1　FTP 服务概述 ········· 221

  7.6.2　FTP 服务的安装与启停 ··· 223

  7.6.3　FTP 服务端配置 ········ 223

任务实施 ·················· 233

  实验：搭建 FTP 服务器 ·········· 233

知识拓展 ·················· 234

任务实训 ·················· 235

任务 7.7　邮件服务配置与管理 ·····235

任务陈述 ·················· 235

知识准备 ·················· 236

  7.7.1　邮件服务工作过程 ········ 236

  7.7.2　邮件服务相关协议 ········ 236

  7.7.3　邮件服务的安装与启停 ····· 237

  7.7.4　邮件服务配置流程 ········ 238

任务实施 ·················· 239

  实验：搭建邮件服务器 ·········· 239

知识拓展 ·················· 243

任务实训 ·················· 243

任务 7.8　数据库服务配置与管理 ····244

任务陈述 ·················· 244

知识准备 ·················· 244

  7.8.1　数据库管理系统概述 ······ 244

  7.8.2　MariaDB 的安装与启停 ··· 245

  7.8.3　管理 MariaDB 数据库 ···· 245

任务实施 ·················· 247

  实验：搭建数据库服务器 ········· 247

知识拓展 ·················· 250

任务实训 ·················· 250

项目小结 ·················· 250

项目练习题 ················ 251

项目 8

技能大赛综合案例 ·········· 260

项目 1

Linux操作系统概述

 学习目标

【知识目标】

（1）了解 Linux 的发展历史。

（2）熟悉 Linux 的层次结构。

（3）理解 Linux 的版本构成。

【能力目标】

（1）能够安装 VMware Workstation（下文简称 VMware）虚拟化工具并创建虚拟机。

（2）能够在 VMware 中创建虚拟机并安装 CentOS 7.6 操作系统。

【素质目标】

（1）增强持之以恒的学习定力。

（2）培养大局观和整体性思维。

引例描述

　　小顾是一名高职院校计算机网络专业的大二学生。过完这个暑假，小顾就要进入大三。按照学校的要求，小顾要完成5个月的顶岗实习才能获得毕业资格。经过多次面试，小顾得到一个在一家IT公司的信息管理员岗位实习的机会。小顾心里十分清楚，得到这个实习机会实属不易，毕竟过去两年自己在专业知识和技能上的积累与公司实际用人要求还有不小的差距。公司使用的是Linux操作系统，小顾之前从没有用过，因此小顾感觉压力非常大。好在这家公司给小顾安排了学识渊博、经验丰富的张经理作为小顾的企业导师，再加上小顾有一股不服输的劲儿，他决定勇敢地接受这个挑战。带着关于Linux操作系统的诸多疑问，小顾走进了张经理的办公室。

　　张经理十分欣赏小顾的上进心和求知欲，也看出了他的疑惑和担忧。张经理告诉小顾，Linux操作系统是一种非常优秀和强大的操作系统，在企业市场得到了越来越广泛的应用。Linux学习之路充满了困难和挑战，但也有很多乐趣，学好Linux操作系统对将来的就业有很大帮助。作为Linux初学者，要摆正心态，虚心请教，在学习的过程中既要重视理论知识的学习，又要利用一切机会动手实践。张经理建议小顾先从计算机系统和操作系统的基本概念开始，夯实理论基础，然后利用现在比较流行的虚拟化技术安装一台Linux操作系统的虚拟机作为学习Linux的"主战场"。最重要的是记住一点，付出才有收获，要相信自己一定能够克服眼前的困难，圆满地完成实习任务。

任务 1.1　认识 Linux 操作系统

 **任务陈述**

本书的第一个任务是了解 Linux 操作系统的发展历史，以及 Linux 的相关概念。Linux 在很大程度上借鉴了 UNIX 操作系统的成功经验，继承并发扬了 UNIX 的优良传统。Linux 具有开源的特性，因此一经推出便得到了广大操作系统开发爱好者的积极响应和支持，这也是 Linux 得以迅速发展壮大的关键因素之一。

本任务主要介绍 Linux 的诞生与发展、Linux 的层次结构及 Linux 的版本构成。另外，本书采用 CentOS 7.6 操作系统作为理论讲授与实训学习的操作平台，而 CentOS 源于 Red Hat 操作系统，因此本任务的最后还介绍了 CentOS 与 Red Hat 操作系统的关系。

 **知识准备**

1.1.1　操作系统概述

计算机系统由硬件系统和软件系统两大部分组成，操作系统是软件系统中最重要的基础软件。一方面，操作系统直接向各种硬件设备下发指令，控制硬件的运行；另一方面，所有的应用软件都运行在操作系统之上。操作系统为计算机用户提供了良好的操作界面，使用户可以方便地使用各种应用程序完成不同的任务。因此，操作系统是计算机用户或应用程序与硬件交互的"桥梁"，控制着整个计算机系统的硬件和软件资源。它不仅提高了硬件的利用效率，还极大地方便了普通用户使用计算机。

图 1-1 所示为计算机系统的层次结构，从中可看出操作系统所处的位置。狭义地说，操作系统只是覆盖硬件设备的内核，具有设备管理、作业管理、进程管理、文件管理和存储管理五大核心功能。操作系统内核与硬件设备直接交互，而不同硬件设备的架构设计有很大差别，因此，在一种硬件设备上运行良好的操作系统很可能无法运行于另一种硬件设备上，这就是操作系统的移植性问题。广义地说，操作系统还包括一层

图 1-1　计算机系统的层次结构

系统调用，用于为高层应用程序提供各种接口以方便应用程序的开发。

Linux 作为一种操作系统，既有一个稳定、性能优异的内核，又包括丰富的系统调用接口。下面简单介绍 Linux 操作系统的诞生与发展。

1.1.2　Linux 的诞生与发展

V1-1　计算机系统
的组成

回顾 Linux 的历史，可以说它是"踩着巨人的肩膀"逐步发展起来的。在 Linux 之前已经出现了一些非常成功的操作系统，Linux 在设计上借鉴了这些操作系统的成功之处，并充分利用了自由软件所带来的巨大便利。下面简单介绍在 Linux 的发展历程中具有代表性的重要人物和事件。

1. Linux 的前身

谈到 Linux，就不得不提 UNIX。最早的 UNIX 原型是贝尔实验室的 Ken Thompson（肯•汤普森）于 1969 年 9 月使用汇编语言开发的，取名为"Unics"。但 Unics 是使用汇编语言开发的，和硬件联系紧密，为了提高 Unics 的可移植性，Ken Thompson 和 Dennis Ritchie（丹尼斯•里奇）使用 C 语言实现了 Unics 的第 3 版内核，并将其更名为"UNIX"，于 1973 年正式对外发布。UNIX 和 C 语言作为计算机领域两颗闪耀的新星，从此开始了一段光辉的历程。

在 UNIX 诞生的早期，Ken Thompson 和 Dennis Ritchie 并没有将其视为"私有财产"严格保密。相反，他们把 UNIX 源代码免费提供给各大科研机构用于研究学习，研究者可以根据自己的实际需要对 UNIX 进行改写。因此，在 UNIX 的发展历程中，有多达上百种的 UNIX 版本陆续出现。在众多的 UNIX 版本中，有些版本的生命周期很短，早已淹没在历史的浪潮中，但有两个重要的 UNIX 分支对 UNIX 的发展产生了深远的影响，即 System V 家族和 BSD UNIX。

V1-2　UNIX 操作
系统家族

2. Linux 的出现

Linus Torvalds（林纳斯•托瓦兹）于 1988 年进入芬兰赫尔辛基大学计算机科学系，在那里他接触到了 UNIX 操作系统。由于学校当时的实验环境无法满足 Linus Torvalds 的需求，他萌生了自己开发一套操作系统的想法。Andrew Tanenbaum（安德鲁•特南鲍姆）教授开发了用于教学的 Minix 操作系统，因此 Linus Torvalds 将 Minix 安装到自己贷款购买的一台 Intel 386 计算机上，并从 Minix 的源码中学习操作系统内核的设计理念，最终编写了一个全新的操作系统内核。Linus Torvalds 将当时放置内核代码的 FTP 目录取名为 Linux，因此大家把这个操作系统内核称为 Linux。

Linus Torvalds 最初发布的 Linux 内核版本号为 0.02。此后，Linus Torvalds 并没有选择与 Andrew Tanenbaum 教授相同的方式维护自己的作品。相反，Linus Torvalds 在网络中积极寻找志同道合的伙伴，组成了一个虚拟团队共同完善 Linux。1994 年，在 Linus Torvalds 和众多志愿者的通力协作下，Linux 内核1.0 正式对外发布。1996 年，他们又完成了 2.0 的开发，随 2.0 一同发布的还有 Linux 操作系统的吉祥物—— 一只可爱的坐在地上的企鹅。

现如今，Linux 在企业服务器市场获得了巨大的成功；在个人消费市场，也被越来越多的用户使用。这归功于 Linux 具有开源免费、硬件需求低、安全稳定、多用户、多任务和多平台支持等诸多优秀特征。

1.1.3　Linux 的层次结构

上文提到了计算机系统的层次结构。下面参考图 1-1 详细说明 Linux 操作系统的层次结构。

按照从内到外的顺序来看，Linux 操作系统分为内核、命令解释层和高层应用程序三大部分。

1. 内核

内核是整个操作系统的"心脏"，与硬件设备直接交互，在硬件和其他应用程序之间提供了一层接口。内核包括进程管理、内存管理、虚拟文件系统、系统调用接口、网络接口和设备驱动程序等几个主要模块。内核是否稳定、高效直接决定了整个操作系统的性能表现是否良好。

2. 命令解释层

Linux 内核的外面一层是命令解释层。这一层为用户提供了一个与内核进行交互的操作环境，用户的各种输入经由命令解释层转交给内核进行处理。外壳程序（Shell）、桌面（Desktop）及窗口管理器（Window Manager）是 Linux 中几种常见的操作环境。这里要特别说明的是 Shell，它类似于 Windows 操作系统中的命令提示符界面，用户可以在这里直接输入命令，由 Shell 负责解释执行。Shell 还有自己的解释型编程语言，允许用户编写大型的脚本文件来执行复杂的管理任务。

3. 高层应用程序

Linux 内核的最外层是高层应用程序。对于普通用户来说，Shell 的工作界面不太友好，通过 Shell 完成工作在技术上也不现实。用户接触更多的是各种各样的高层应用程序。这些高层应用程序为用户提供了友好的图形化操作界面，能够帮助用户完成各种工作。

1.1.4 Linux 的版本

虽然在普通用户看来，Linux 操作系统是以一个整体出现的，但其实 Linux 的版本由内核版本和发行版两部分组成，每一部分都有不同的含义和相关规定。

1. Linux 的内核版本

Linux 的内核版本一直由其创始人 Linus Torvalds 领导的开发小组控制。内核版本的格式是"主版本号.次版本号.修订版本号"。主版本号和次版本号对应内核的重大变更，而修订版本号则表示某些小的功能改动或优化，一般是把若干优化整合在一起统一对外发布。在 3.0 版本之前，次版本号有特殊的含义。当次版本号是偶数时，表示这是一个可以正常使用的稳定版本；当次版本号是奇数时，表示这是一个不稳定的测试版本。例如，2.6.2 是稳定版本，而 2.3.12 是测试版本。但在 3.0 版本之后没有继续使用这个命名约定，所以 3.7.5 表示的也是稳定版本。

V1-3　Linux 内核
版本演化

2. Linux 的发行版

显然，如果没有高层应用程序的支持，只有内核的操作系统是无法供用户使用的。由于 Linux 的内核是开源的，任何人都可以对内核进行修改，有一些商业公司以 Linux 内核为基础，开发了配套的应用程序，并将其组合在一起以发行版（Linux Distribution）的形式对外发行，又称 Linux 套件。现在人们提到的 Linux 操作系统其实一般指的是这些发行版，而不是 Linux 内核。常见的 Linux 发行版有 Red Hat、CentOS、Ubuntu、openSUSE 及国产的红旗 Linux 等。

V1-4　几种主要的
Linux 发行版

3. CentOS 与 Red Hat 的关系

本书的所有内容以 CentOS 7.6 为实验平台。这里简单介绍一下 CentOS 与 Red Hat 的关系。Red Hat 公司针对企业发行的 Linux 套件名为 RHEL（Red Hat Enterprise Linux），因为它是基于通用公共许可证（General Public License，GPL）发行的，所以其源代码也一同对外发布，其他人可以自由地对其进行修改并发行。CentOS 基本上可以说是 RHEL 的"克隆"，但是在编译其源代码时删除了所有的 Red Hat 商标。以这种方式发行的 CentOS 完全符合 GPL 定义的"自由"规范，不存在任何法律问题。同时，CentOS 不用对用户承担任何法律责任和义务。尽管如此，CentOS 还是以其稳定易用的特性在众多 RHEL 克隆版中脱颖而出，受到了广大用户的喜爱和欢迎。

**任务实施**

实验：探寻 Linux 的发展历史

Linux 的诞生离不开 UNIX。Linux 继承了 UNIX 的许多优点，凭借开源的特性迅速发展壮大。读者可参阅相关计算机书籍或在互联网上查阅相关资料，了解 Linux 与 UNIX 的区别与联系。

**知识拓展**

读者可扫描二维码详细了解 Linux 创始人 Linus Torvalds 的奇闻轶事。

任务实训

知识拓展 1.1　Linux 创始人的奇闻轶事

Linux 操作系统包含内核、命令解释层和高层应用程序三大部分，深刻理解 Linux 操作系统的层次结构对于之后的学习有很大的帮助。

【实训目的】
（1）了解 Linux 层次结构的组成及相互关系。
（2）了解 Linux 内核的角色和功能。

【实训内容】
（1）研究 Linux 层次结构的组成及相互关系。
（2）学习 Linux 内核的角色和功能。
（3）学习 Linux 命令解释层的角色和功能。
（4）学习 Linux 高层应用程序的特点和分类。

任务 1.2　安装 CentOS 7.6 操作系统

**任务陈述**

在进一步学习 Linux 之前，先要学习如何安装配置 Linux 操作系统。Linux 操作系统的安装过程与 Windows 操作系统有很大不同，且不同的 Linux 发行版的安装方法也存在一些差异。Linux 支持光盘安装、系统镜像文件安装及网络安装等多种安装方式。本任务主要演示如何使用 VMware 虚拟化工具创建虚拟机，并使用系统镜像文件安装 CentOS 7.6 操作系统。

**知识准备**

1.2.1　选择合适的 Linux 发行版

安装过 Windows 操作系统的人都知道，Windows 操作系统的安装过程比较简单。在友好的图形用户界面中，不需要做太多设置，基本上只要按照安装向导的提示就可以顺利安装 Windows 操作系统。

然而，对于 Linux 初学者而言，安装 Linux 操作系统并不是一件容易的事。虽然大多 Linux 发行版提供了图形化安装向导，可是要想顺利地安装 Linux 操作系统，需要用户提前了解 Linux 发行版的硬件要求，并规划好计算机的主要用途及未来的升级需求。另外，用户需要对 Linux 的磁盘分区和文件系统有基本的了解。

对于 Linux 初学者而言，选择合适的 Linux 发行版是开始学习的第一步。如果选择昂贵的商业版 Linux 操作系统，则难免给自己带来经济压力。好在有一些免费的社区版 Linux 操作系统，它们在功能和稳定性上不比商业版逊色多少，完全可以满足初学者的学习需求。此外，不同的 Linux 发行版其实是相通的，操作起来大同小异。正如前文所说，Linux 发行版都遵循相同的 Linux 标准规范，集成了很多相同的开源软件。因此，如果能在一种 Linux 发行版上将 Linux 基础知识学好、学透，那么日后可以很容易地迁移到其他 Linux 发行版上。

CentOS 是一款广受欢迎的社区版 Linux 操作系统，它"克隆"自 Red Hat 公司的商业版操作系统 RHEL，功能强大、稳定性好，在广大 Linux 爱好者中有较好的口碑。本书选择较新的 CentOS 7.6 作为知识讲解和实验操作的平台。下文在演示 CentOS 7.6 的安装时使用 CentOS 7.6 镜像文件作为安装源，CentOS 7.6 镜像文件可以从 CentOS 的官方网站下载。对于国内用户而言，更快速的下载途径是国内的镜像站点，比较常用的有清华大学开源镜像站点、浙江大学开源镜像站点等。大家可以在互联网中搜索这些开源镜像站点并下载 CentOS 7.6 镜像文件。

CentOS 7.6 操作系统能够在大多数硬件上安装运行，硬件兼容性非常好。另外，它的硬盘需求和内存需求也相对比较低。对于 Linux 初学者而言，CentOS 7.6 是学习 Linux 的理想选择。

V1-5 CentOS
的兼容性

1.2.2　虚拟化技术

在计算机中安装 CentOS 7.6 有多种方法。其中一种方法是在硬盘中划分一块单独的空间，然后在这块硬盘空间中安装 CentOS 7.6。采用这种安装方法时，计算机就成为一个"多启动系统"，因为新安装的 CentOS 7.6 和计算机原有的操作系统（可能有多个）是相互独立的，用户在计算机启动时需要选择使用哪个操作系统。这种安装方法的缺点是计算机同一时刻只能运行一个操作系统，不利于本书的理论学习和实践。如果每学习一种操作系统就采用这种方式在计算机上安装一个操作系统，对计算机的硬件配置要求会很高，提高了学习成本。虚拟化技术可以很好地解决这个问题。

虚拟化技术是指在物理硬件中创建多个虚拟机实例（下文简称虚拟机），在每个虚拟机中运行独立的操作系统。虚拟机之所以能独立地运行操作系统，是因为每个虚拟机都包含一套"虚拟"的硬件资源，包括内存、硬盘、网卡、声卡等。这些虚拟的硬件资源是通过支持虚拟化技术的虚拟化软件实现的。安装虚拟化软件的计算机称为物理机或宿主机。如今普遍的做法是先在物理机上安装虚拟化软件，通过虚拟化软件为要安装的操作系统创建一个虚拟环境，再在虚拟环境中安装操作系统。用户可以在虚拟机中完成在物理机中所能执行的几乎所有任务。不同虚拟机之间的切换就像普通应用程序之间的切换一样方便。近年来，随着云计算等技术的广泛应用，虚拟化技术的优势得到了充分体现。虚拟化技术不仅大大地降低了企业的成本，还提高了系统的安全性和可靠性。

常用的虚拟化软件有 VMware、VirtualBox、KVM 等。本书使用 VMware 平台安装 CentOS 7.6。VMware 是 VMware 公司推出的一款虚拟化软件，可以从 VMware 公司的官方网站下载安装。VMware 是一款收费软件，大家可以付费购买使用许可证，也可以在试用期内免费体验。

 **任务实施**

经过近一周的"闭关"，小顾总算明白了 Linux 操作系统是怎么一回事。但是他现在不确定 Linux 是不是真有别人说的那么好，毕竟还没有亲眼见过 Linux 的"真容"。于是他找到张经理汇报自己的学习心得。张经理告诉小顾，百闻不如一见，学习 Linux 最好的方法就是自己安装 Linux 并动手实践，在实践中感受 Linux 操作系统的魅力。公司目前正在筹备建设一间智慧办公室作为新员工的培训场所，计划购买 20 台计算机并全部安装 CentOS 7.6 操作系统。张经理决定把这个任务交给小顾，在这之前，他打算先指导小顾如何在 VMware 中安装 CentOS 7.6 操作系统。张经理从创建虚拟机开始，逐步向小顾讲解 CentOS 7.6 的安装过程。

实验 1：安装 CentOS 7.6

1. 创建虚拟机

本书采用的 VMware 版本是 VMware Workstation 15.5.0，VMware 的工作界面如图 1-2 所示。

选择【文件】→【新建虚拟机】选项，或单击图 1-2 右侧主工作区中的【创建新的虚拟机】按钮，弹出图 1-3 所示的【新建虚拟机向导】对话框。

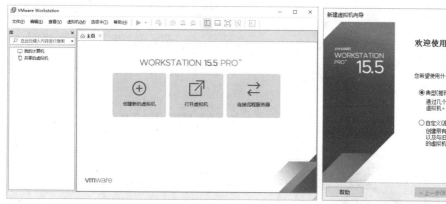

图 1-2　VMware 的工作界面　　　　图 1-3　【新建虚拟机向导】对话框

在图 1-3 中选择默认的【典型（推荐）】安装方式，单击【下一步】按钮，进入【安装客户机操作系统】界面。选择虚拟机安装来源，可以选择通过光盘或光盘镜像文件安装操作系统。因为要在虚拟的空白硬盘中安装光盘镜像文件，并且要自定义一些安装策略，所以这里一定要选中【稍后安装操作系统】单选按钮，如图 1-4 所示。

单击【下一步】按钮，进入【选择客户机操作系统】界面，选择客户机操作系统及版本，这里选择【Linux】操作系统的【CentOS 7 64 位】选项，如图 1-5 所示。

单击【下一步】按钮，进入【命名虚拟机】界面，为新建的虚拟机命名，并设置虚拟机在物理机中的安装路径，如图 1-6 所示。

单击【下一步】按钮，进入【指定磁盘容量】界面，为新建的虚拟机指定虚拟磁盘的最大容量。这里指定的容量是虚拟机文件在物理硬盘中可以使用的最大容量，本次安装将其设为 50GB，如图 1-7 所示。

将虚拟磁盘存储为单个文件还是拆分成多个文件主要取决于物理机的文件系统。如果文件系统是 FAT32，则因为 FAT32 支持的单个文件最大是 4GB，所以需要将虚拟磁盘拆分成多个文件；如果文件系统是 NTFS，则可以将磁盘存储为单个文件，因为 NTFS 支持的单个文件最大达到了 2TB，完全可以满足学习的需要。现在的计算机磁盘分区大多使用 NTFS 文件系统。

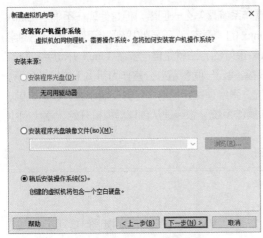

图 1-4　选择虚拟机安装来源

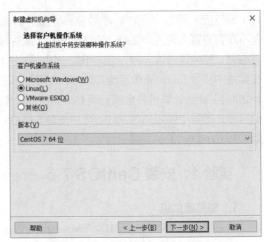

图 1-5　选择客户机操作系统及版本

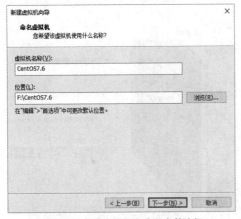

图 1-6　设置虚拟机名称和安装路径

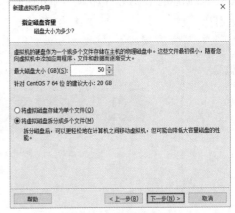

图 1-7　指定磁盘容量

单击【下一步】按钮，进入【已准备好创建虚拟机】界面，显示虚拟机配置信息摘要，如图 1-8 所示。单击【完成】按钮，即可完成虚拟机的创建，如图 1-9 所示。

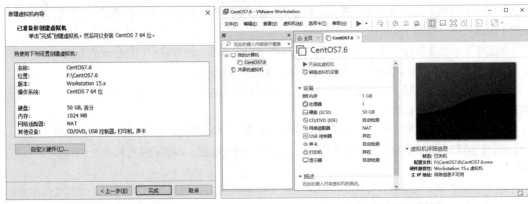

图 1-8　虚拟机配置信息摘要　　　　　　　　　图 1-9　完成虚拟机的创建

在物理机中打开虚拟机硬盘所在目录（在本实验中为 *F:\CentOS7.6*），可以看到虚拟机的配置文件和辅助文件，如图 1-10 所示。其中，*CentOS7.6.vmx* 文件就是虚拟机的主配置文件。

图 1-10　虚拟机的配置文件和辅助文件

2. 设置虚拟机

虚拟机和物理机一样，需要硬件资源才能运行。下面介绍如何为虚拟机分配硬件资源。

在图 1-9 所示的虚拟机界面中单击【编辑虚拟机设置】链接，弹出【虚拟机设置】对话框，如图 1-11 所示。在该对话框左侧可以选择不同类型的硬件并进行相应设置，如内存、处理器、硬盘（SCSI）、显示器等。下面简要说明内存、安装源及网络适配器的设置。

选择【内存】选项，在该对话框右侧可以设置虚拟机内存大小。一般来说，建议将虚拟机内存设置为小于或等于物理机内存。这里将其设置为 2GB。

选择【CD/DVD（IDE）】选项，设置虚拟机的安装源。在该对话框右侧选中【使用 ISO 映像文件】单选按钮，并选择实际的镜像文件，如图 1-12 所示。

图 1-11　【虚拟机设置】对话框

图 1-12　设置虚拟机的安装源

选择【网络适配器】选项，设置虚拟机的网络连接，如图 1-13 所示。可通过 3 种方式配置虚拟机的网络连接，分别是桥接模式、NAT 模式和仅主机模式。这里的配置不影响后续的安装过程，因此暂时保留默认选中的【NAT 模式：用于共享主机的 IP 地址】单选按钮。单击【确定】按钮，回到图 1-9 所示的界面。

注意，以上操作只是在 VMware 中创建了一个新的虚拟机条目并完成了安装前的基本配置，并不是真正安装了 CentOS 7.6。

3. 安装 CentOS 7.6

在图 1-9 所示的界面中单击【开启此虚拟机】链接，开始在虚拟机中安装 CentOS 7.6。俗话说，万事开头难。Linux 初学者第一次在虚拟机中安装操作系统时，往往会在这一步得到一个错误提示，如图 1-14 所示。

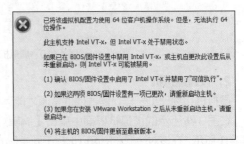

图 1-13　设置虚拟机的网络连接　　　　　　　　　图 1-14　错误提示

这是一个很普遍的问题。Intel VT-x 是美国英特尔（Intel）公司为解决纯软件虚拟化技术在可靠性、安全性等性能上的不足，而在其硬件产品上引入的虚拟化技术，该技术可以让单个 CPU 模拟多个 CPU 并行运行。这个错误提示的意思是物理机支持 Intel VT-x，但是当前处于禁用状态，因此需要启用 Intel VT-x。解决方法一般是在计算机启动时进入系统的基本输入/输出系统（Basic Input/Output System，BIOS），在其中选择相应的选项。至于进入 BIOS 的方法，则取决于具体的计算机生产商及相应的型号。Intel VT-x 的问题解决之后就可以继续安装操作系统了。

首先进入的是 CentOS 7.6 安装引导界面，如图 1-15 所示。这里先介绍一个虚拟机的操作技巧：如果想让虚拟机捕获鼠标和键盘的输入，则可以将鼠标指针移动到虚拟机内部（即图中黑色区域）后单击，或者按【Ctrl+G】组合键；将鼠标指针移出虚拟机或按【Ctrl+Alt】组合键，可使鼠标和键盘输入返回至物理机。

图 1-15　CentOS 7.6 安装引导界面

CentOS 7.6 安装引导界面中有 3 个选项，即【Install CentOS 7】【Test this media & install CentOS 7】【Troubleshooting】，分别表示直接安装 CentOS 7、检测安装源并安装 CentOS 7、故障排除。选择【Install CentOS 7】选项并按 Enter 键，进入 CentOS 7 安装程序。

安装程序开始加载系统镜像文件，进入欢迎界面，在欢迎界面中可以选择安装过程中使用的语言。CentOS 7.6 提供了多种语言供用户选择，此处选择的语言是系统安装后的默认语言。本次安装选择的语言是简体中文。选择好安装语言后，单击【继续】按钮，进入【安装信息摘要】界面。

【安装信息摘要】界面是整个安装过程的入口，分为本地化、软件和系统 3 个选项组，每个选项组包括 2 或 3 个设置选项。可以按顺序或随机设置各个选项，只要单击相应的图标即可进入相应的设置界面。有些选项图标带有黄色警告标志，表示这部分的设置是必需的，也就是说，只有完成这些设置才能继续安装 CentOS 7.6。其他不带警告标志的选项是可选的，表示可以使用默认设置也可以自行设置。

本地化设置比较简单，包括【日期和时间】【键盘】【语言支持】3 项。其中，【键盘】采用默认的汉语，【语言支持】沿用上一步选择的安装语言，这两项都不需要修改。选择【日期和时间】选项，进入【日期 & 时间】界面。先在此界面中选择合适的城市，再在界面的底部设置日期和时间，设置好之后单击【完成】按钮，返回【安装信息摘要】界面。

选择【软件选择】选项，进入【软件选择】界面，选择要安装的软件包，如图 1-16 所示。

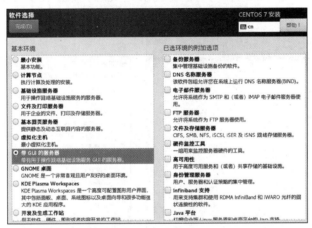

图 1-16　选择要安装的软件包

安装源的镜像文件包含许多软件包，这些软件包被划分到不同的基本环境中，如最小安装、计算节点等基本环境。一个软件包可以属于多个基本环境。根据计算机的实际用途和用户操作习惯，在图 1-16 的左侧选择合适的基本环境。注意，基本环境只能选择一个。选择基本环境后，会在图 1-16 的右侧显示所选基本环境中可用的附加软件包。附加软件包又分为两大类，用横线分隔开。横线下方的附加软件包适用于所有的基本环境，而横线上方的附加软件包只适用于所选的基本环境。可以为一个基本环境同时选择多个附加软件包。

安装程序默认选择的基本环境是【最小安装】，即只安装操作系统运行所需的最基本的功能。对 Linux 初学者而言，这种工作环境不太友好，不利于快速上手学习。为了降低学习难度，本次安装选择的基本环境是【带 GUI 的服务器】，也就是带图形用户界面的操作系统。CentOS 默认使用 GNOME 作为图形用户界面。单击【完成】按钮，返回【安装信息摘要】界面。

选择【安装位置】选项，进入【安装目标位置】界面，选择要在其中安装系统的硬盘并指定分区方式，如图 1-17 所示。这里选中【我要配置分区】单选按钮，单击【完成】按钮，进入【手动分区】界面，如图 1-18 所示。

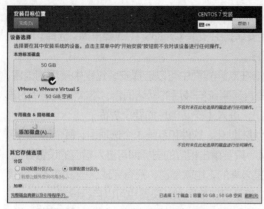

图1-17 【安装目标位置】界面

图1-18 【手动分区】界面

在【手动分区】界面中可以配置磁盘分区与挂载点。为简单起见，在分区方案下拉框中，选择【标准分区】选项，单击【点这里自动创建它们】链接，自动生成几个标准的分区。选择启动分区sda3（/），将其期望容量设为15GiB，结果如图1-19所示。

标准分区完成后，单击【手动分区】界面左上角的【完成】按钮，进入【更改摘要】界面，可以看到标准分区的结果，同时提醒用户为使分区生效，安装程序将执行哪些操作，如图1-20所示。

图1-19 标准分区结果

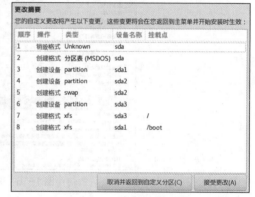

图1-20 【更改摘要】界面

单击【接受更改】按钮，返回【安装信息摘要】界面。可以看到，设置完成后该界面中的黄色警告标志自动消失。

【安装位置】下方的【网络和主机名】用于设置系统的网络连接及主机名。这里将主机名设为"centos7"，单击【应用】按钮使配置生效，如图1-21所示。项目6会专门介绍系统的网络配置，因此这里暂时跳过。单击【开始安装】按钮，安装程序开始按照之前的设置安装操作系统，并实时显示系统安装进度，如图1-22所示。

安装软件包的同时，在图1-22所示的界面中选择【ROOT密码】选项，可以为root用户设置密码，如图1-23所示。root用户是系统的超级用户，具有操作系统的所有权限。root用户的密码一旦泄露，将会给操作系统带来巨大的安全风险，因此强烈建议大家为其设置一个复杂的密码并妥善保管该密码。如果设置的密码没有通过安装程序的复杂性检查，那么需要单击两次【完成】按钮加以确认。

图 1-21　设置主机名

图 1-22　系统安装进度

图 1-23　为 root 用户设置密码

　　由于 root 用户的权限太过强大，为了避免以 root 身份登录系统后发生误操作，一般会在系统中创建一些普通用户。正常情况下，会以普通用户的身份登录系统。如果需要执行某些特权操作，则切换到 root 用户即可，具体方法会在项目 3 中详细介绍。选择【创建用户】选项，创建一个全名为 zhangyunsong、用户名为 zys 的普通用户，如图 1-24 所示。注意，全名是操作系统登录界面显示的名称，用户名是操作系统内部存储的名称。如果没有特殊说明，则本书后面的实验默认以 zys 用户的身份执行。

图 1-24　创建普通用户

　　根据选择的基本环境、附加软件包及物理机的硬件配置，整个安装过程可能会持续 20～30 分钟。安装成功后进入图 1-25 所示的界面，单击【重启】按钮，重新启动计算机。

　　系统重启后需进行初始设置，【初始设置】界面如图 1-26 所示。选择【LICENSE INFORMATION】选项，在【许可信息】界面中选中左下角的【我同意许可协议】复选框，如图 1-27 所示。

图 1-25　安装成功后的界面

图 1-26　【初始设置】界面

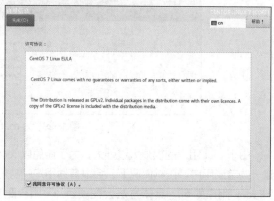

图 1-27　操作系统使用许可协议

单击【完成】按钮，回到【初始设置】界面。这里暂时不设置网络和主机名，直接单击【完成配置】按钮结束系统配置。系统再次重启后进入等待登录界面，如图 1-28 所示。

至此，成功安装了 CentOS 7.6。可以看到，CentOS 7.6 的安装是在可视化的图形用户界面中进行的。整个安装过程最复杂的一步是新建分区和挂载点。具体的登录过程及相关设置将在项目 2 中详细介绍。

图 1-28　等待登录界面

实验 2：创建虚拟机快照

在虚拟机中安装 CentOS 7.6 后，就可以像在物理机中一样完成各种工作，非常方便。这也意味着如果不小心执行了错误的操作，则很可能会影响虚拟机操作系统的正常运行，甚至导致操作系统无法启动。VMware 提供了一种创建虚拟机快照的功能，可以保存虚拟机在某一时刻的状态。如果虚拟机出现故障或者因为其他某些情况需要退回到过去的某个状态，则可以利用虚拟机快照这一功能。一般来说，在下面几种情况下需要创建虚拟机快照。

（1）第一次安装好操作系统后创建虚拟机快照。这个快照保留了虚拟机的原始状态，也是最"干净"的虚拟机状态。利用这个快照可以让一切"从头开始"。

（2）进行重要的系统设置前创建虚拟机快照，以便在出现错误时恢复到进行系统设置之前的状态。

（3）安装某些软件前创建虚拟机快照，以便软件运行出错时恢复到软件安装前的状态。

（4）进行某些实验或测试前创建虚拟机快照，以便在实验或测试结束后恢复虚拟机状态。

下面介绍在 VMware 中创建虚拟机快照的方法。

在图 1-9 所示的 VMware 界面中，左侧的工作区显示了已经创建好的虚拟机。在虚拟机关机的状态下，单击要创建快照的虚拟机，选择【虚拟机】→【快照】→【拍摄快照】选项，如图 1-29 所示。在弹出的【CentOS 7.6-拍摄快照】对话框中，设置快照的名称和描述，单击【拍摄快照】按钮，如图 1-30 所示。

图 1-29　拍摄快照

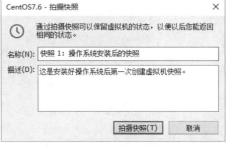

图 1-30　设置快照的名称和描述

创建好的虚拟机快照显示在【虚拟机】菜单中，如图 1-31 所示。如果要恢复到某个快照的状态，则选择相应的虚拟机快照，并在弹出的确认对话框中单击【是】按钮即可，如图 1-32 所示。注意，这个操作会删除虚拟机当前的系统设置，务必谨慎操作。

图 1-31　【虚拟机】菜单

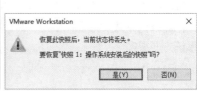

图 1-32　确认恢复快照

实验 3：克隆虚拟机

跟着张经理学习了 CentOS 7.6 的安装方法后，小顾又在自己的笔记本电脑中实验了几次，现在他已经可以熟练地安装 CentOS 7.6 了。可是他又有了新的困惑：如果在 20 台计算机中重复同样的安装过程，则有些枯燥和浪费时间，有没有快速的安装方法？张经理告诉小顾确实有这样的方法。VMware 提供了"克隆"虚拟机的功能，可以利用已经安装好的虚拟机再创建一个新的虚拟机，新虚拟机的系统设置和原来的虚拟机完全相同。张经理并不打算带着小顾完成这个实验，他把这个实验作为一次考验让小顾自己操作。小顾从互联网中查找了一些资料，经过梳理后，按照下面的步骤完成了张经理布置的任务。

在图 1-9 所示的界面中，选择【虚拟机】→【管理】→【克隆】选项，如图 1-33 所示，弹出【克隆虚拟机向导】对话框。

　　单击【下一步】按钮，进入【克隆源】界面，在这里选择从虚拟机的哪个状态创建克隆。克隆虚拟机向导提供了两种克隆源。如果选中【虚拟机中的当前状态】单选按钮，那么克隆虚拟机向导会根据虚拟机的当前状态创建一个虚拟机快照，并利用这个快照克隆虚拟机。如果选中【现有快照（仅限关闭的虚拟机）】单选按钮，那么克隆虚拟机向导会根据已创建的虚拟机快照进行克隆，但这要求该虚拟机当前处于关机状态。这里选中【虚拟机中的当前状态】单选按钮，如图 1-34 所示。

图 1-33　克隆虚拟机

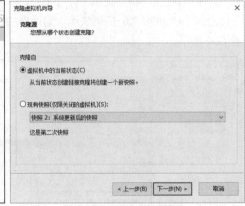
图 1-34　选择克隆源

　　单击【下一步】按钮，进入【克隆类型】界面，在这里选择使用哪种方法克隆虚拟机。第 1 种方法是【创建链接克隆】。链接克隆是对原始虚拟机的引用，其原理类似于在 Windows 操作系统中创建文件的快捷方式。这种克隆方法需要的磁盘存储空间较少，但运行时需要原始虚拟机的支持。第 2 种方法是【创建完整克隆】。这种克隆方法会完整克隆原始虚拟机的当前状态，运行时完全独立于原始虚拟机，但是需要较多的磁盘存储空间。这里选中【创建完整克隆】单选按钮，如图 1-35 所示。

　　单击【下一步】按钮，进入【新虚拟机名称】界面，设置新虚拟机的名称和位置，如图 1-36 所示。单击【完成】按钮开始克隆虚拟机，完成之后单击【关闭】按钮，关闭【克隆虚拟机向导】对话框。在 VMware 界面中可以看到克隆好的新虚拟机，如图 1-37 所示。还可以把虚拟机文件复制到其他计算机中直接打开，相当于跨计算机的克隆，整个过程要比在虚拟机中从零开始安装一个操作系统方便得多。

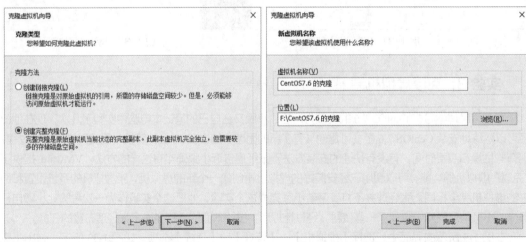
图 1-35　选择克隆类型　　　　　　　　　　图 1-36　设置新虚拟机的名称和位置

这里顺便介绍从物理机中移除或删除虚拟机的方法。用鼠标右键单击要移除的虚拟机,在快捷菜单中选择【移除】选项,可将选中的虚拟机从 VMware 的虚拟机列表中移除,如图 1-38 所示。这个操作没有把虚拟机从物理磁盘中删除,被移除的虚拟机是可以恢复的。确切地说,移除虚拟机只是让虚拟机在 VMware 界面中"隐身"。选择【文件】→【打开】选项,选中虚拟机的主配置文件(即图 1-10 中的 *CentOS7.6.vmx*)即可将移除的虚拟机重新添加到虚拟机列表中。

图 1-37　克隆好的新虚拟机

图 1-38　从虚拟机列表中移除虚拟机

要想把虚拟机从物理磁盘中彻底删除,可以在图 1-33 所示的菜单中选择【从磁盘中删除】选项。需要特别提醒的是,这个操作是不可逆的,执行时一定要谨慎。

掌握了虚拟机的克隆技术,小顾顿时觉得压力小了许多。只要在一台计算机中安装好虚拟机,剩下的工作基本上就是复制文件。他现在希望公司购买的计算机早点到货,这样就可以练习自己这段时间辛苦学习的技能了。这时他看到张经理领着几位工作人员正在搬运箱子,小顾知道自己大显身手的时候到了……

知识拓展

人们平时经常以 MB 或 GB 等作为磁盘的容量单位。细心的读者可能已经注意到,在图 1-19 中出现了几个不常见的容量单位,如 MiB 和 GiB。读者可扫描二维码详细了解二者的对应关系。

知识拓展 1.2　硬盘容量单位的转换

任务实训

如果在物理机中安装操作系统,把物理机当作"多启动系统",那么对物理机的硬件配置要求较高,会提高学习成本。现在普遍的做法是先在物理机中安装虚拟化软件,然后在其中为要安装的操作系统创建一个虚拟环境,再在虚拟环境中安装操作系统,这就是通常所说的"虚拟机"。这个虚拟环境可以共享物理机的硬件资源,包括磁盘和网卡等。对于用户来说,使用虚拟机就像是使用物理机一样,可以完成在物理机中所能执行的几乎所有任务。本书使用的虚拟化软件是 VMware。

本实训的主要任务是在 Windows 物理机中安装 VMware,并在其中安装 CentOS 7.6。

【实训目的】

(1)了解采用虚拟机方式安装操作系统的基本原理。

(2)掌握修改虚拟机设置的方法。

(3)掌握安装 CentOS 7.6 的具体步骤。

【实训内容】

（1）在 Windows 物理机中安装 VMware 软件。

（2）在 VMware 中新建虚拟机。

（3）修改虚拟机的设置。

（4）使用镜像文件安装 CentOS 7.6，要求如下。

① 将虚拟机硬盘空间设置为 60GB，内存设置为 4GB。

② 基本环境选择【带 GUI 的服务器】。

③ 将主机名设置为 ilikelinux。

④ 设置 root 用户的密码为 "toor@0211"；创建普通用户 zys，将其密码设置为 "868@srty"。

项目小结

本项目包括两个任务。任务 1.1 从操作系统的基本概念讲起，内容包括 Linux 的诞生与发展、Linux 的层次结构及版本。作为学习 Linux 操作系统的背景知识，这部分内容可以帮助读者从整体上了解 Linux 操作系统的概貌。尤其是关于 Linux 的层次结构和版本两个知识点，最好能够熟练掌握。任务 1.2 主要讲述如何在 VMware 中安装 CentOS 7.6 操作系统。对于初学者来说，这是学习 Linux 操作系统的第一步，必须熟练掌握。

项目练习题

1. 选择题

（1）Linux 操作系统最早是由芬兰赫尔辛基大学的（　　　）开发的。

    A．Richard Petersen   B．Linus Torvalds

    C．Rob Pick   D．Linux Sarwar

（2）在计算机系统的层次结构中，位于硬件和系统调用之间的一层是（　　　）。

    A．操作系统内核   B．库函数

    C．外壳程序   D．高层应用程序

（3）下列选项中（　　）不是常用的操作系统。

    A．Windows 7   B．UNIX   C．Linux   D．Microsoft Office

（4）下列选项中（　　）不是 Linux 的特点。

    A．开源免费   B．硬件需求低   C．支持单一平台   D．多用户、多任务

（5）采用虚拟平台安装 Linux 操作系统的一个突出优点是（　　　）。

    A．系统稳定性大幅提高   B．系统运行更加流畅

    C．获得更多的商业支持   D．节省软件和硬件成本

（6）下列关于 Linux 操作系统的说法中错误的一项是（　　　）。

    A．Linux 操作系统不限制应用程序可用内存的大小

    B．Linux 操作系统是免费软件，可以通过网络下载

    C．Linux 是一个类 UNIX 的操作系统

    D．Linux 操作系统支持多用户，在同一时间可以有多个用户登录系统

（7）Linux 操作系统是一种（　　　）的操作系统。

    A．单用户、单任务   B．单用户、多任务

C. 多用户、单任务   D. 多用户、多任务

（8）CentOS 是基于（　　　）的源代码重新编译而发展起来的一个 Linux 发行版。

    A. Ubuntu   B. Red Hat   C. openSUSE   D. Debian

（9）严格地说，原始的 Linux 只是一个（　　　）。

    A. 简单的操作系统内核   B. Linux 发行版

    C. UNIX 操作系统的复制品   D. 具有大量的应用程序的操作系统

（10）下列关于 Linux 内核版本的说法中不正确的一项是（　　　）。

    A. 内核有两种版本：测试版本和稳定版本

    B. 次版本号为偶数时，说明该版本为测试版本

    C. 稳定版本只修改错误，测试版本继续增加新的功能

    D. 当 Linux 内核版本号为 2.5.75 时说明其为测试版本

2. 填空题

（1）计算机系统由＿＿＿＿＿＿和＿＿＿＿＿＿两大部分组成。

（2）一个完整的 Linux 操作系统包括＿＿＿＿＿、＿＿＿＿＿和＿＿＿＿＿ 3 个主要部分。

（3）在 Linux 操作系统的组成中，＿＿＿＿＿和硬件直接交互。

（4）UNIX 在发展过程中有两个主要分支，分别是＿＿＿＿＿和＿＿＿＿＿。

（5）Linux 的版本由＿＿＿＿＿和＿＿＿＿＿构成。

（6）将 Linux 内核和配套的应用程序组合在一起对外发行，称为＿＿＿＿＿。

（7）CentOS 是基于＿＿＿＿＿ "克隆" 而来的 Linux 操作系统。

（8）虚拟机的网络连接方式有＿＿＿＿＿、＿＿＿＿＿和＿＿＿＿＿ 3 种。

（9）按照 Linux 内核版本传统的命名方式，当次版本号是偶数时，表示这是一个＿＿＿＿＿。

3. 简答题

（1）计算机系统的层次结构包括哪几部分，每一部分的功能是什么？

（2）Linux 操作系统由哪 3 部分组成，每一部分的功能是什么？

（3）简述 Linux 操作系统的主要特点。

项目 2

初探CentOS 7.6

02

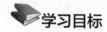 学习目标

【知识目标】

（1）了解 GNOME 桌面环境的特点。

（2）熟悉 Linux 命令的结构和特点。

（3）掌握 vim 文本编辑器的 3 种模式及每种模式的常用操作。

【能力目标】

（1）熟练掌握 CentOS 7.6 的登录和基本操作。

（2）熟练使用命令行界面执行基本命令。

（3）熟练使用 vim 文本编辑器编辑文本。

【素质目标】

（1）培养知行合一、勇于实践的精神。

（2）培养脚踏实地的学习态度。

引例描述

在张经理的悉心指导下，小顾已经掌握了在VMware中安装CentOS 7.6的方法。对于安装过程中的关键步骤和常见问题，小顾也能轻松应对。看到CentOS 7.6清爽的桌面环境，小顾心中泛起一丝好奇，这清爽的桌面背后究竟隐藏了哪些"好玩"的功能？Linux和Windows操作系统有什么不同？小顾就这些问题请教了张经理，期望从他那里得到答案。

可是张经理却告诉小顾，如果没有亲自使用过CentOS 7.6，无论如何也体会不到它的优点。他还告诫小顾，安装好CentOS 7.6只是"万里长征"的第一步。现在的首要任务是尽快熟悉CentOS 7.6的基本使用方法，尤其是以后会经常使用的Linux命令行界面和vim文本编辑器。张经理告诉小顾，可以从CentOS 7.6的登录过程开始，逐步探索CentOS 7.6的强大功能。

任务 2.1　初次使用 CentOS 7.6

任务陈述

安装好 CentOS 7.6 后，还要完成必要的初始化配置才能开始使用 CentOS 7.6，这是本任务要介绍的第 1 项内容。本书后面的所有实验基本上都是在 Linux 命令行界面中完成的，所以要熟悉 Linux 命令行的基本操作，这对后面的理论学习和实验操作而言非常重要。Linux 命令行的特点和使用方法是本任务的核心知识点，请大家务必熟练掌握。

知识准备

2.1.1　CentOS 7.6 初始化配置

任务 1.2 详细讲解了在 VMware 中安装 CentOS 7.6 的方法和步骤，本任务将完成首次登录 CentOS 7.6 时的初始化配置。为方便介绍，图 2-1 再次展示了 CentOS 7.6 的等待登录界面。

在等待登录界面的顶部中间位置显示的是系统时间，单击该时间会弹出一个下拉列表，显示更详细的日期和时间信息。等待登录界面的右上角有几个系统设置图标。单击人形图标，弹出的下拉列表中包含一些辅助登录选项，如图 2-2 所示。例如，【大号文本】选项可以放大登录界面

图 2-1　等待登录界面

中的文字，而【屏幕键盘】选项则会在用户输入时弹出一个软键盘，如图 2-3 所示，当物理键盘出现故障时，可以使用这个软键盘进行输入。

图 2-2　辅助登录选项

图 2-3　软键盘

人形图标的右侧还有两个图标，即用于调节系统音量的喇叭图标和用于关机及重启系统的电源图标，具体操作这里不再演示。

在等待登录界面的中间部分列出了可以登录系统的用户。之前在安装系统时已经添加了 zhangyunsong 这个用户，因此它显示在登录界面中。可以注意到 root 用户不在其中，这并不代表不能

以 root 用户的身份登录系统。root 用户是操作系统的超级用户，权限非常大，正常情况下都以普通用户的身份登录操作系统，需要执行特权操作时才切换到 root 用户，因此这里并未显示 root 用户。单击用户 zhangyunsong 后输入密码，单击【登录】按钮或直接按 Enter 键即可登录 CentOS 7.6。用户密码输入界面如图 2-4 所示。

图 2-4　用户密码输入界面

　　由于是首次登录操作系统，为了满足不同用户的使用习惯，还需要经过几步简单的操作来设置系统工作环境。首先，在【欢迎】界面中选择语言，如图 2-5 所示。默认选中的语言是和安装操作系统时选择的安装语言一致的。

　　单击【欢迎】界面右上角的【前进】按钮，在【输入】界面中选择键盘布局，如图 2-6 所示。这里使用默认的【汉语】即可。

图 2-5　选择语言

图 2-6　选择键盘布局

　　单击【前进】按钮，在【隐私】界面中设置隐私条款，如图 2-7 所示。本次安装只用于学习 Linux 操作系统，因此这里选择关闭位置服务。

　　单击【前进】按钮，在【连接您的在线账号】界面中选择在线账号，如图 2-8 所示。

　　直接单击【跳过】按钮，完成首次登录设置，如图 2-9 所示。单击【开始使用 CentOS Linux】按钮，系统自动进入一个包含快速入门内容的帮助窗口。若感兴趣，可以选择需要的内容进行学习。关闭帮助窗口后，就可以看到期待已久的 CentOS 7.6 桌面了，如图 2-10 所示。

图 2-7　设置隐私条款

图 2-8　选择在线账号

图 2-9　完成首次登录设置

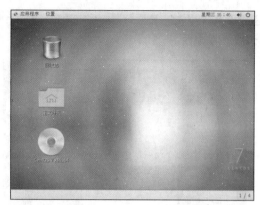

图 2-10　CentOS 7.6 桌面

2.1.2　GNOME 桌面环境

在图 2-10 所示的 CentOS 7.6 桌面环境中，整个桌面可以分为 3 个主要部分。

1. 菜单栏

菜单栏位于桌面的顶部。菜单栏的右侧显示了系统的当前日期和时间，以及音量和电源图标。单击日期和时间会显示更详细的日历信息。将鼠标指针移动到音量和电源图标上会弹出图 2-11 所示的下拉列表，可以在该下拉列表中设置系统音量和网络连接、切换用户、注销用户、关机或重启系统等。

在菜单栏的左侧有两个一级菜单，即【应用程序】和【位置】。将鼠标指针移动到【应用程序】菜单上，可以看到按功能分类的软件类型列表，如办公软件、工具软件和影音软件等，将鼠标指针停留在某种软件类型上，会在右侧显示该类型具体包含的软件，如图 2-12 所示。

图 2-11　下拉列表

图 2-12　【应用程序】菜单

可以注意到图 2-12 的左下角有一个【活动概览】选项，选择该选项后打开图 2-13 所示的活动概览图。图 2-13 中位置 1 处垂直排列了一些常用的软件；单击位置 2 处的 9 个圆点图标可以查看全部软件；位置 3 处显示了 4 个虚拟桌面的缩略图，大多数 Linux 发行版都提供了 4 个可用的虚拟桌面，也称为工作区，用户可以在每个工作区中独立完成不同的工作，这个设计可以扩展用户的工作界面，方便用户合理安排工作，目前高亮显示了第 1 个工作区；位置 4 处列出了当前在这个工作区中打开的软件。可以发现第 2 个工作区其实也有软件在运行，而下面两个工作区是空的。按 Esc 键可以退出活动概览图。

选择【应用程序】→【系统工具】→【设置】选项，进入系统设置主界面，如图 2-14 所示。在这里可以进行网络、桌面背景、系统通知、地区和语言、安全等方面的设置，它很像 Windows 操作系统中的控制面板。

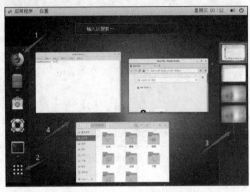

图 2-13　活动概览图

图 2-14　系统设置主界面

菜单栏中的【位置】菜单提供了进入 CentOS 7.6 文件资源管理器的入口，如图 2-15 所示。【主文件夹】代表当前登录用户的主目录。【视频】【图片】【文档】【下载】【音乐】都是【主文件夹】中的子目录，这里提供了直接打开这些子目录的快捷方式。选择【计算机】选项，打开资源管理器窗口，如图 2-16 所示。CentOS 7.6 的资源管理器窗口和 Windows 操作系统的资源管理器非常类似，具体操作这里不再讲解。需要说明的是，打开资源管理器窗口后，【位置】菜单的右侧会出现一个【文件】菜单。可以通过【文件】菜单设置资源管理器窗口的外观和操作方式，如自定义键盘快捷键、设置是否显示左侧边栏、是单击打开目录还是双击打开目录等。

图 2-15　【位置】菜单

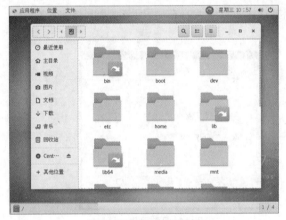

图 2-16　资源管理器窗口

2. 桌面

CentOS 7.6 的桌面看起来比较清爽，只有【回收站】【主文件夹】【CentOS 7 x86_64】3 个图标。【回收站】用于保存尚未彻底删除的文件和目录，【主文件夹】就是当前登录用户的主目录，【CentOS 7 x86_64】代表安装 CentOS 7.6 时使用的操作系统镜像文件。用鼠标右键单击【CentOS 7 x86_64】图标，在快捷菜单中选择【弹出】选项，可以卸载镜像文件。

3. 任务栏

桌面的底部是任务栏，显示了用户打开的应用程序。和 Windows 操作系统一样，可以按【Alt+Tab】组合键快速切换应用程序。任务栏的右侧还有一个数字图标，代表前面提到的 4 个工作区。单击数字

图标可以在工作区之间切换，如图 2-17 所示，也可以按【Ctrl+Alt+↑】或
【Ctrl+Alt+↓】组合键进行切换。

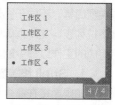

图 2-17　切换工作区

　　关于 GNOME 桌面环境就介绍到这里。经过这么多年的发展，Linux 操作系统的图形用户界面越来越人性化，学习门槛也越来越低。熟悉 Windows 操作系统的用户可以很容易地切换到 Linux 操作系统，因为很多操作方式是类似甚至是相同的。大家可以在 VMware 中创建一台虚拟机并安装 CentOS 7.6，在图形用户界面中多做一些尝试，不用担心把虚拟机"玩坏"。经过前面的学习，创建虚拟机对于大家来说应该是一件非常简单的事情了。

2.1.3　注销用户和关机

1. 注销和切换用户

　　在图 2-11 所示的界面中，单击【zhangyunsong】右侧的按钮，展开其选项，如图 2-18 所示。选择【注销】选项，可以注销当前用户并重新登录系统。

2. 关机

　　在图 2-18 中单击下方中间位置的锁形图标，可以锁定当前用户。输入密码，按 Enter 键或单击【解锁】按钮即可重新进入系统，如图 2-19 所示。

　　单击图 2-18 下方右侧的电源图标，系统提示自动关机，如图 2-20 所示。在这里可以单击【重启】或【关机】按钮选择立刻重启系统或关机。

图 2-18　注销用户

图 2-19　锁定用户

图 2-20　系统提示自动关机

2.1.4　Linux 命令行模式

　　从现在开始，我们把学习重点转移到 Linux 命令行模式。Linux 命令行界面也被称为终端界面或终

端窗口等。不同于图形用户界面，命令行界面是一种字符型的工作界面。在命令行模式中没有按钮、下拉列表、文本框等图形用户界面中常见的元素，也没有时尚的窗口切换效果。用户能做的只是把要完成的工作以命令的形式传达给操作系统，并等待响应。

1. Shell 终端窗口

如果直接在命令行界面中工作，则可能大部分 Linux 初学者会感到极不适应。确实，命令行界面更适合经验丰富的 Linux 系统管理员使用。对于普通用户或初学者来说，可以通过外壳程序 Shell 来体验命令行界面的工作环境。

选择【应用程序】→【系统工具】→【终端】选项，如图 2-21（a）所示，或者直接用鼠标右键单击桌面空白处，在快捷菜单中选择【打开终端】选项，如图 2-21（b）所示，即可打开 Shell 终端窗口。

（a）

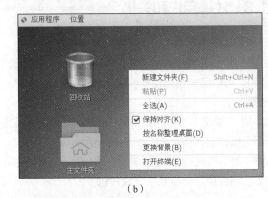
（b）

图 2-21　打开 Shell 终端窗口

在默认配置下，CentOS 7.6 的 Shell 终端窗口如图 2-22 所示，终端窗口的最上方是标题栏。在终端窗口的位置 1 处显示了当前登录终端窗口的用户名及主机名；在终端窗口的位置 2 处有 3 个按钮，从左至右分别为最小化、最大化及关闭终端窗口按钮；在终端窗口的位置 3 处，从左至右共有 6 个菜单，用户可以选择菜单选项来完成相应的操作；在终端窗口的位置 4 处显示的是 Linux 命令提示符。用户在命令提示符右侧输入命令，按 Enter 键即可将命令提交给 Shell 解释执行。

下面重点说明命令提示符的组成及含义。

图 2-22　CentOS 7.6 的 Shell 终端窗口

以图 2-22 中的"[zys@centos7~]$"为例，"[ ]"是命令提示符的边界。在其内部，"zys"表示当前的登录用户名，"centos7"是系统主机名，二者以"@"符号分隔。系统主机名右侧的"~"表示用户当前的工作目录。打开终端窗口后默认的工作目录是登录用户的主目录（又称为家目录），用"~"表示，这个概念会在后文进一步解释。如果用户的工作目录发生改变，则命令提示符的这一部分也会随之改变。注意到"[ ]"右侧还有一个"$"符号，它是当前登录用户的身份级别指示符。如果是普通用户，则用"$"字符表示；如果是 root 用户，则用"#"字符表示。命令提示符的格式可以根据用户习惯自行设置，具体方法这里不再演示，感兴趣的读者可

V2-1　Linux 命令
提示符

以查阅相关资料自行学习。

2. Linux 命令的结构

学习 Linux 操作系统总会涉及大量 Linux 命令。在学习具体的 Linux 命令之前，有必要先了解 Linux 命令的基本结构。Linux 命令一般包括命令名、选项和参数 3 部分，其基本语法如下。

```
命令名    [选项]    [参数]
```

V2-2 Linux 命令
的结构

其中，选项和参数对命令来说不是必需的。在介绍具体命令的语法时，本书采用统一的表示方法，"[ ]"括起来的部分表示非必需的内容，参数用斜体表示。

（1）命令名

命令名可以是 Linux 操作系统自带的工具软件、源程序编译后生成的二进制可执行程序，或者是包含 Shell 脚本的文件名。命令名严格区分英文字母大小写，所以 cd 和 Cd 在 Linux 中是两个完全不同的命令。

（2）选项

如果只输入命令名，那么命令只会执行最基本的功能。若要执行更高级、更复杂的功能，则必须为命令提供相应的选项。以常用的 ls 命令为例，ls 命令的基本功能是显示某个目录中可显示的内容，即非隐藏的文件和子目录。如果想把隐藏的文件和子目录也显示出来，则必须使用 "-a" 或 "--all" 选项。其中，"-a" 是短格式选项，即减号（短横线）后跟一个字符；"--all" 是长格式选项，即两个减号后跟一个单词。可以在一条命令中同时使用多个短格式选项和长格式选项，选项之间用一个或多个空格分隔。另外，多个短格式选项可以组合在一起使用，组合后只保留一个减号。例如，"-a""-l"两个选项组合后变成 "-al"。Linux 命令中选项的基本用法如例 2-1 所示。注意，为节省篇幅，本例省略了 ls 命令的部分输出，本书其余部分也采用这一做法。

例 2-1：Linux 命令中选项的基本用法

```
[zys@centos7 ~]$ ls                    // 只输入命令名
公共 模板 视频 图片 文档 下载 音乐 桌面
[zys@centos7 ~]$ ls -a                 // 短格式选项。省略部分输出，下同
.    .bash_logout    .cache    .esd_auth    .mozilla    视频    下载
[zys@centos7 ~]$ ls --all              // 长格式选项
.    .bash_logout    .cache    .esd_auth    .mozilla    视频    下载
[zys@centos7 ~]$ ls -al                // 组合使用两个短格式选项
-rw-r--r--.  1  zys  zys    193  4月 1 2020       .bash_profile
drwxr-xr-x.  2  zys  zys    6    12月 1 02:41     公共
drwxr-xr-x.  2  zys  zys    6    12月 1 02:41     模板
```

（3）参数

参数表示命令作用的对象或目标。有些命令不需要使用参数，但有些命令必须使用参数才能正确执行。例如，若想使用 touch 命令创建一个新文件，则必须为它提供一个合法的文件名作为参数。如果只输入 touch 命令而没有文件名参数，则会收到一个错误提示，如例 2-2 所示。

例 2-2：Linux 命令中参数的基本用法

```
[zys@centos7 ~]$ touch                 // 不提供参数
touch: 缺少了文件操作数                  <== 错误提示
[zys@centos7 ~]$ touch file1           // file1 是文件名
```

如果同时使用多个参数，则各个参数之间必须用一个或多个空格分隔。命令名、选项和参数之间也必须用空格分隔。另外，选项和参数没有严格的先后顺序关系，甚至可以交替出现，但命令名必须

始终写在最前面。

3. Linux 字符界面

Linux 默认提供了 6 个字符界面供用户登录，分别为 tty1～tty6。在图形用户界面中，按
【Ctrl+Alt+F1】～【Ctrl+Alt+F6】组合键可以切换到对应的字符界面。例如，按【Ctrl+Alt+F2】或
【Ctrl+Alt+F3】组合键可以切换到 tty2 或 tty3，按【Ctrl+Alt+F1】组合键可以返回 tty1。在安装 CentOS
7.6 时，选择的基本环境是【带 GUI 的服务器】，也就是带图形用户界面的操作系统，因此登录时操
作系统默认启动图形用户界面。因为这个图形用户界面是在 tty1 中启动的，所以 tty2～tty6 可作为终
端界面使用。如果在安装操作系统时选择的基本环境是
【最小功能】，那么在 tty1 中默认启动的就是命令行界面。
以 tty2 为例，按【Ctrl+Alt+F2】组合键切换到 tty2，如
图 2-23 所示。输入用户名 zys 及其密码，就可以登录到
tty2 命令行界面。输入 exit 命令退出 tty2，再按
【Ctrl+Alt+F1】组合键返回 tty1。

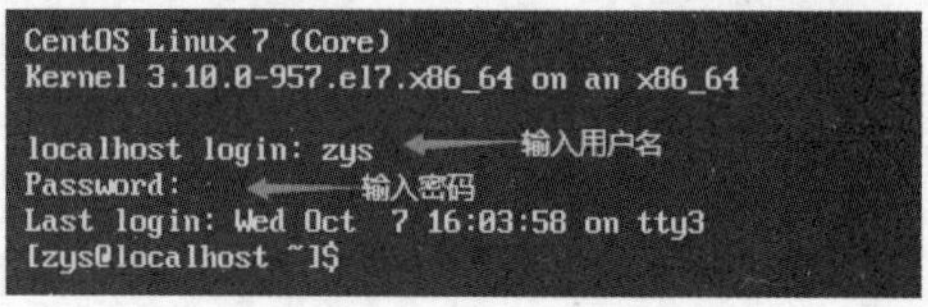

图 2-23 命令行界面

关于字符界面有两点需要特别说明。首先，tty1 是登录后操作系统默认启动的工作环境，不管是
以图形用户界面还是命令行界面的方式登录系统，它都是始终存在的。tty2～tty6 则只有在按
【Ctrl+Alt+F2】～【Ctrl+Alt+F6】组合键切换到相应的终端界面时才会创建。其次，除了 tty1 外，tty2～
tty6 也可以运行图形用户界面。

4. 命令行开关机

在图形用户界面中关机和重启系统操作起来很方便，也可以在终端窗口中使用 shutdown 命令以一
种安全的方式关闭系统。所谓的"安全的方式"是指所有的登录用户都会收到关机提示信息，以便这
些用户有时间保存正在执行的操作。使用 shutdown 命令可以立即关机，也可以在指定的时间或者延迟
特定的时间关机。shutdown 命令的基本语法如下。

```
shutdown [-arkhncfF] time [关机提示信息]
```

其中，*time* 参数可以是"hh:mm"格式的绝对时间，表示在特定的时间点关机；也可以采用"+*m*"
的格式，表示 *m* 分钟之后关机。shutdown 命令的基本用法如例 2-3 所示。shutdown 命令可以实现关机
或重启系统的功能，reboot 命令则主要用于重启系统，具体的用法这里不再详细介绍。

例 2-3：shutdown 命令的基本用法

```
[zys@centos7 ~]$ shutdown -h now              // 现在关机
[zys@centos7 ~]$ shutdown -h 21:30            // 21:30 关机
[zys@centos7 ~]$ shutdown -r +10              // 10 分钟后重启系统
```

5. 命令行切换用户

本书的实验经常需要以 root 用户的身份执行，这里先简单演示在命令行中使用 su 命令切换用户的
方法，如例 2-4 所示。su 命令后跟一个减号和用户名，注意减号左右两边都要有空格。项目 3 会详细
介绍 Linux 用户及相关知识。

例 2-4：使用 su 命令切换用户

```
[zys@centos7 ~]$ su - root                    // 切换到 root 用户
密码:          <== 这里输入 root 用户的密码
上一次登录: 五 12 月  2 20:48:58 CST 2022pts/0 上
[root@centos7 ~]# exit                        // 使用 exit 命令退出 root 用户
登出
[zys@centos7 ~]$                              // 用户名变为 zys
```

**任务实施**

考虑到 Linux 命令行的重要性，张经理觉得有必要让小顾多学习一些 Linux 命令行的使用技巧。掌握这些使用技巧能够避免错误的发生，提高日常工作的效率。

实验：练习 Linux 命令行操作

第 1 步，张经理向小顾演示 Linux 命令行的自动补全功能。

在输入命令名时，可以利用 Shell 的自动补全功能提高输入速度并减少错误。自动补全是指在输入命令的开头几个字符后直接按 Tab 键，如果系统中只有一个命令以当前已输入的字符开头，那么 Shell 会自动补全该命令的完整命令名。如果连续按两次 Tab 键，则系统会把所有以当前已输入字符开头的命令名显示在窗口中，如例 2-5.1 所示。

张经理告诉小顾，如果一个命令的参数是文件名或文件路径，也可以用同样的方法补全这些参数。

例 2-5.1：练习 Linux 命令行操作——自动补全功能

```
[zys@centos7 ~]$ log                    // 输入 log 后按两次 Tab 键
logger     loginctl     logout         logsave
login      logname      logrotate      logview
[zys@centos7 ~]$ logname                // 输入 logn 后按 Tab 键
zys      <== logname 命令的输出，即登录用户名
```

第 2 步，张经理向小顾演示如何换行输入命令。

如果一条命令太长需要换行输入，则可以先在行末输入转义符"\"，按 Enter 键后换行继续输入。在例 2-5.2 中，使用 touch 命令创建两个文件。由于文件名太长，可在第 1 个文件名后输入转义符"\"，并按 Enter 键换行继续输入。注意，转义符"\"后不能有多余的空格。

例 2-5.2：练习 Linux 命令行操作——换行输入命令

```
[zys@centos7 ~]$ touch  a_file_with_a_very_long_name  \
                                        // 行末输入"\"，按 Enter 键
> another_file_with_a_longer_name        // 换行继续输入
```

第 3 步，张经理向小顾演示如何强制结束命令的执行。

如果命令执行等待时间太长、命令输出结果过多或者不小心执行了错误的操作，则可以按【Ctrl+C】组合键强制结束命令的执行，如例 2-5.3 所示。

例 2-5.3：练习 Linux 命令行操作——强制结束命令的执行

```
[zys@centos7 ~]$ ping  127.0.0.1
PING 127.0.0.1 (127.0.0.1) 56(84) bytes of data.
64 bytes from 127.0.0.1: icmp_seq=1 ttl=64 time=0.062 ms
64 bytes from 127.0.0.1: icmp_seq=2 ttl=64 time=0.036 ms
^C              <== 按【Ctrl+C】组合键强制结束命令的执行
```

第 4 步，张经理向小顾演示如何在终端窗口中查找并执行历史命令。

在 Shell 终端窗口中，按上下方向键可调出之前执行的历史命令，按 Enter 键即可直接执行选择的历史命令。还可以使用 history 命令列出最近执行的历史命令。history 的输出中有历史命令的编号，在命令行界面中使用!n 可以快速执行编号为 n 的历史命令，如例 2-5.4 所示。项目 4 会进一步介绍 Shell 历史命令的使用方法。

例 2-5.4：练习 Linux 命令行操作——执行历史命令

```
[zys@centos7 ~]$ history
    1  shutdown -h now
    2  ls  /tmp
    3  ls
[zys@centos7 ~]$ !3                    // 执行编号为 3 的历史命令，即 ls 命令
ls
a_file_with_a_very_long_name          file1    模板    图片    下载    桌面
another_file_with_a_longer_name       公共    视频    文档    音乐
```

第 5 步，张经理向小顾演示如何进行输出重定向。

张经理解释，很多命令通过参数指明命令运行所需的输入，同时会把命令的执行结果输出到屏幕中。这其实隐含了 Linux 中的两个重要概念，即标准输入和标准输出。默认情况下，标准输入是键盘，标准输出是屏幕（即显示器）。也就是说，如果没有特别的设置，Linux 命令从键盘获得输入，在屏幕上显示执行结果。在 Linux 命令行界面中，经常需要重新指定命令的输入源或输出地，即所谓的输入重定向和输出重定向。

如果想对一个命令进行输出重定向，可以在这个命令之后输入大于号 "＞" 并在其后跟一个文件名，表示将这个命令的执行结果写到该文件中，如例 2-5.5 所示。注意，使用 cat 命令可以查看一个或多个文件的内容，具体用法将在项目 3 中介绍。

例 2-5.5：练习 Linux 命令行操作——覆盖方式的输出重定向

```
[zys@centos7 ~]$ logname
zys        <== logname 命令的输出默认在屏幕上显示
[zys@centos7 ~]$ logname > /tmp/logname.result        // 将结果写到指定文件中
[zys@centos7 ~]$ cat  /tmp/logname.result             // 查看文件内容
zys
```

张经理特别强调，如果输出重定向操作中 "＞" 后指定的文件不存在，则系统会自动创建这个文件。如果这个文件已经存在，则会先清空该文件中的内容，再将结果写入其中。所以，使用 "＞" 进行输出重定向时，实际上是对原文件的内容进行了 "覆盖"。如果想保留原文件的内容，即在原文件的基础上 "追加" 新内容，则必须使用追加方式的输出重定向。追加方式的输出重定向非常简单，只要使用两个大于号 "＞＞" 即可，如例 2-5.6 所示。在该例中，ping 命令的执行结果会被追加到 *tmp/logname.result* 文件中。可以看到，该文件中原有的内容仍然存在。

例 2-5.6：练习 Linux 命令行操作——追加方式的输出重定向

```
[zys@centos7 ~]$ ping  127.0.0.1  >> /tmp/logname.result
                                        // 将 ping 命令的执行结果追加到文件中
^C[zys@centos7 ~]$ cat  /tmp/logname.result
zys        <== 这一行是文件原有的内容，下面几行是 ping 命令的执行结果
PING 127.0.0.1 (127.0.0.1) 56(84) bytes of data.
64 bytes from 127.0.0.1: icmp_seq=1 ttl=64 time=0.039 ms

--- 127.0.0.1 ping statistics ---
3 packets transmitted, 3 received, 0% packet loss, time 1999ms
rtt min/avg/max/mdev = 0.039/0.039/0.040/0.007 ms
```

第 6 步，张经理向小顾演示平时使用得比较多的管道命令。

简单地说，通过管道命令可以让一个命令的输出成为另一个命令的输入。管道命令的基本用法如例 2-5.7 所示，使用管道符号"|"连接两个命令时，前一个命令（左侧）的输出成为后一个命令（右侧）的输入。还可以在一条命令中多次使用管道符号以实现更复杂的操作，例如，在例 2-5.7 的最后一条命令中，第 1 个 wc 命令的输出成为第 2 个 wc 命令的输入。注意，wc 命令可用于统计文件的行数和字符数等，具体用法将在项目 3 中介绍。

例 2-5.7：练习 Linux 命令行操作——管道命令的基本用法

```
[zys@centos7 ~]$ cat /etc/aliases | wc        // cat 命令的输出成为 wc 命令的输入
    98     240    1553

[zys@centos7 ~]$ cat /etc/aliases | wc | wc   // 连续使用两次管道命令
     1      3      24
```

第 7 步，张经理向小顾介绍获取命令帮助信息的方法。

Linux 操作系统自带了数量庞大的命令，许多命令的使用又涉及复杂的选项和参数。任何人都不可能把所有命令的所有用法都记住。man 命令为用户提供了关于 Linux 命令的准确、全面、详细的说明。man 命令的使用方法非常简单，只要在 man 命令后面加上所要查找的命令名即可，如图 2-24 所示。man 命令提供的帮助信息非常全面，包括命令的名称、概述、选项和描述等，这些信息对于深入学习某个命令很有帮助。

图 2-24　man 命令的使用方法

张经理叮嘱小顾，man 命令就像是打开 Linux 命令行世界的"钥匙"。在今后的学习中，如果对某些命令有疑惑，或是想深入学习某个命令，man 命令是非常好的帮手。

知识拓展

在前面的例子中，我们执行命令的方式是在命令行中输入一条命令然后按 Enter 键。如果命令太长，可以在行末输入转义符"\"换行后继续输入命令。不管是否换行输入，这种方式一次只能执行一条命令。其实 Bash 还支持连续执行多条命令，或者根据前一条命令的执行结果决定后一条命令是否执行，读者可扫描二维码了解具体内容。

知识拓展 2.1　Linux 中常见的 Shell

任务实训

本实训的目的是在 CentOS 7.6 中进行常规的系统设置，熟悉 CentOS 7.6 的图形用户界面。

【实训目的】

（1）掌握启动 CentOS 7.6 设置面板的方法。

（2）掌握 CentOS 7.6 桌面环境的设置方法。

【实训内容】

（1）启动 CentOS 7.6 设置面板。选择【应用程序】→【系统工具】→【设置】选项，打开 CentOS 7.6 的设置面板。选择设置面板左侧的选项进行各项设置。

（2）设置桌面背景图片和屏幕锁定图片，将屏幕锁定的桌面色彩设为"棕色"。

（3）打开"锁屏通知"开关，允许 Firefox、软件更新和时钟 3 个应用发送锁屏通知，并在锁屏时显示通知内容。

（4）添加"汉语（Intelligent Pinyin）"输入法。

（5）启用"高对比度"和"大号文本"两项视觉特性。

（6）启用节电功能。启用"自动锁屏"功能，如果屏幕连续 5 分钟无操作，则显示空白屏幕。

（7）启用"自动锁屏"功能，将"黑屏至锁屏的等待时间"设为 15 分钟。

（8）根据计算机的实际硬件参数设置合适的屏幕分辨率。

（9）注销当前登录用户后重新登录系统。

（10）使用 shutdown 命令使系统在 15 分钟后关机。

任务 2.2   vim 文本编辑器

任务陈述

不管是专业的 Linux 系统管理员，还是普通的 Linux 用户，在使用 Linux 时都不可避免地要编辑各种文件。虽然 Linux 也提供了类似 Windows 操作系统中 Word 那样的图形化办公套件，但 Linux 用户使用得更多的还是字符型的文本编辑工具 vi 或 vim。本任务将详细介绍 vim 文本编辑器的操作方法和使用技巧。

知识准备

2.2.1　vi 与 vim

vim 文本编辑器的前身是 vi 文本编辑器。基本上所有的 Linux 发行版都内置了 vi 文本编辑器，且有些系统工具会把 vi 文本编辑器作为默认的文本编辑器。vim 文本编辑器是增强型的 vi 文本编辑器，沿用 vi 文本编辑器的操作方式。vim 文本编辑器除了具备 vi 文本编辑器的功能外，还可以用不同颜色区分不同类型的文本内容，尤其是在编辑 Shell 脚本文件或进行 C 语言编程时，能够高亮显示关键字和语法错误。相比于 vi 专注于文本编辑，vim 文本编辑器更适合进行程序编辑。所

V2-3　vi 与 vim

以，将 vim 文本编辑器称为程序编辑器可能更加准确。不管是专业的 Linux 系统管理员，还是普通的 Linux 用户，都应该熟练使用 vim 文本编辑器。

2.2.2　vim 基本操作

初次接触 vim 文本编辑器的 Linux 用户（假设用户没有 vi 文本编辑器的基础）可能会觉得 vim 文本编辑器使用起来很不方便，很难想象竟然还有人用这么原始的方法编辑文件。可是对那些熟悉 vim 文本编辑器的人来说，vim 文本编辑器魅力十足，以至于每天的工作都离不开它。因此，无论将来对

vim 文本编辑器持何种态度，现在都要认真学习它。如果不能熟练使用 vim 文本编辑器，则在以后的学习中将会寸步难行。下面就从 vim 文本编辑器的启动开始，逐步学习 vim 文本编辑器的基本操作。

1. 启动 vim 文本编辑器

在终端窗口中输入"vim"，后跟想要编辑的文件名，即可进入 vim 工作环境，如图 2-25（a）所示。只输入"vim"，或者在其后跟一个不存在的文件名，也可以启动 vim 文本编辑器，如图 2-25（b）所示。

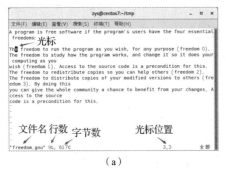
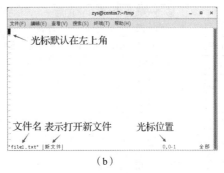

（a）　　　　　　　　　　　　　　　　（b）

图 2-25　启动 vim 文本编辑器

不管打开的文件是否存在，启动 vim 文本编辑器后首先进入命令模式（Command Mode）。在命令模式下，可以使用键盘的上、下、左、右方向键移动光标，或者通过一些特殊的命令快速移动光标，还可以复制、粘贴和删除文件内容。用户在命令模式下的输入被 vim 文本编辑器当作命令而不是普通文本。

在命令模式下按 I、O、A 或 R 中的任何一个键，vim 文本编辑器会进入插入模式（Insert Mode），也称为输入模式。进入插入模式后，用户的输入被当作普通文本而不是命令，就像是在一个 Word 文档中输入文本内容一样。如果要回到命令模式，则可以按 Esc 键。

如果在命令模式下输入"："""/"或"?"中的任何一个字符，则 vim 文本编辑器会把光标移动到窗口最后一行并进入末行模式（Last Line Mode），也称为命令行模式（Command-Line Mode）。用户在末行模式下可以通过一些命令对文件进行查找、替换、保存和退出等操作。如果要回到命令模式，则同样可以按 Esc 键。

vim 文本编辑器的 3 种工作模式的转换如图 2-26 所示。注意到从命令模式可以转换到插入模式和末行模式，但插入模式和末行模式之间不能直接转换。

图 2-26　vim 文本编辑器的 3 种工作模式的转换

了解 vim 文本编辑器的 3 种工作模式及不同模式之间的转换方法后，下面开始学习在这 3 种工作模式下可以分别进行哪些操作。这是 vim 文本编辑器的学习重点，请大家务必多加练习。

2. 命令模式

在命令模式下可以完成的操作包括移动光标以及复制、粘贴或删除文本等。光标表示文本中当前的输入位置，在命令模式下移动光标的具体方法如表 2-1 所示。

V2-4　vim 命令
模式

表 2-1　在命令模式下移动光标的具体方法

操作	作用
H 或 ←	光标向左移动一个字符（见注[1]及注[2]）
L 或 →	光标向右移动一个字符（见注[2]）
K 或 ↑	光标向上移动一行，即移动到上一行的当前位置（见注[2]）

操作	作用
J 或 ↓	光标向下移动一行，即移动到下一行的当前位置（见注 2）
W	移动光标到其所在单词的后一个单词的词首（见注 3）
B	移动光标到其所在单词的前一个单词的词首（如果光标当前已在本单词的词首），或移动到本单词的词首（如果光标当前不在本单词的词首）（见注 3）
E	移动光标到其所在单词的后一个单词的词尾（如果光标当前已在本单词的词尾），或移动到本单词的词尾（如果光标当前不在本单词的词尾）（见注 3）
【Ctrl+F】	向下翻动一页，相当于 PageDown 键
【Ctrl+B】	向上翻动一页，相当于 PageUp 键
【Ctrl+D】	向下翻动半页
【Ctrl+U】	向上翻动半页
n【Space】	n表示数字，即输入数字后按 Space 键，表示光标向右移动 n个字符，相当于先输入数字再按 L 键
n【Enter】	n表示数字，即输入数字后按 Enter 键，表示光标向下移动 n行并停在行首
0 或 Home 键	光标移动到当前行行首
$ 或 End 键	光标移动到当前行行尾
【Shift+H】	光标移动到当前屏幕第 1 行的行首
【Shift+M】	光标移动到当前屏幕中间位置的那一行的行首
【Shift+L】	光标移动到当前屏幕最后 1 行的行首
【Shift+G】	光标移动到文件最后 1 行的行首
n【Shift+G】	n为数字，表示光标移动到文件的第 n行的行首
GG（见注 4）	光标移动到文件第 1 行的行首，相当于 1G

注 1：这里的"H"代表键盘上的 H 键，而不是大写字母"H"。当需要输入大写字母"H"时，本书统一使用按【Shift+H】组合键的形式，其他字母同样如此。

注 2：如果在 H、J、K、L 前先输入数字，则表示一次性移动多个字符或多行。例如，15H 表示光标向左移动 15 个字符，20K 表示光标向上移动 20 行。

注 3：同样，如果在 W、B、E 前先输入数字，则表示一次性移动到当前单词之前（或之后）的多个单词的词首（或词尾）。

注 4：这里的"GG"代表连续按两次键盘上的 G 键，后文中的"DD""YY"等同理。

可以看出，在命令模式下移动光标时，既可以使用键盘的上、下、左、右方向键，又可以使用一些具有特定意义的字母和数字的组合键，但是使用鼠标是不能移动光标的。

在命令模式下复制、粘贴和删除文本的具体操作如表 2-2 所示。

表 2-2 在命令模式下复制、粘贴和删除文本的具体操作

操作	作用
X	删除光标所在位置的字符，相当于 Delete 键
【Shift+X】	删除光标所在位置的前一个字符，相当于插入模式下的 Backspace 键
nX	n为数字，删除从光标所在位置开始的 n个字符（包括光标所在位置的字符）
n【Shift+X】	n为数字，删除光标所在位置的前 n个字符（不包括光标所在位置的字符）
S	删除光标所在位置的字符并随即进入插入模式，光标停留在被删字符处
DD	删除光标所在的一整行
nDD	n为数字，向下删除 n行（包括光标所在行）
D 1【Shift+G】	删除从文件第 1 行到光标所在行的全部内容
D【Shift+G】	删除从光标所在行到文件最后 1 行的全部内容

续表

操作	作用
D0	删除光标所在位置的前一个字符直到所在行行首（光标所在位置的字符不会被删除）
D$	删除光标所在位置的字符直到所在行行尾（光标所在位置的字符也会被删除）
YY	复制光标所在行
nYY	n 为数字，从光标所在行开始向下复制 n 行（包括光标所在行）
Y 1【Shift+G】	复制从光标所在行到文件第 1 行的全部内容（包括光标所在行）
Y【Shift+G】	复制从光标所在行到文件最后 1 行的全部内容（包括光标所在行）
Y0	复制从光标所在位置的前一个字符到所在行行首的所有字符（不包括光标所在位置字符）
Y$	复制从光标所在位置字符到所在行行尾的所有字符（包括光标所在位置字符）
P	将已复制数据粘贴到光标所在行的下一行
【Shift+P】	将已复制数据粘贴到光标所在行的上一行
【Shift+J】	将光标所在行的下一行移动到光标所在行行尾，用空格分开（将两行数据合并）
U	撤销前一个动作
【Ctrl+R】	重做一个动作（和 U 的作用相反）
.	小数点，表示重复前一个动作

3. 插入模式

从命令模式进入插入模式才可以对文件进行输入。从命令模式进入插入模式的方法如表 2-3 所示。

表 2-3　从命令模式进入插入模式的方法

操作	作用
I	进入插入模式，从光标所在位置开始插入
【Shift+I】	进入插入模式，从光标所在行的第 1 个非空白字符处开始插入（即跳过行首的空格、Tab 等字符）
A	进入插入模式，从光标所在位置的下一个字符开始插入
【Shift+A】	进入插入模式，从光标所在行的行尾开始插入
O	进入插入模式，在光标所在行的下一行插入新行
【Shift+O】	进入插入模式，在光标所在行的上一行插入新行
R	进入插入模式，替换光标所在位置的字符一次
【Shift+R】	进入插入模式，一直替换光标所在位置的字符，直到按 Esc 键为止

4. 末行模式

在末行模式下查找与替换文本的具体操作如表 2-4 所示。

表 2-4　在末行模式下查找与替换文本的具体操作

操作	作用
/ keyword	从光标当前位置开始向下查找下一个字符串 keyword，按 N 键继续向下查找字符串，按【Shift+N】组合键向上查找字符串
? keyword	从光标当前位置开始向上查找上一个字符串 keyword，按 N 键继续向上查找字符串，按【Shift+N】组合键向下查找字符串

续表

操作	作用
:*n1*, *n2* s / *kw1* / *kw2* / g	*n1*和*n2*为数字，在第*n1*行到第*n2*行之间搜索字符串*kw1*，并以字符串*kw2*将其替换（见注）
:*n1*, *n2* s / *kw1* / *kw2* / gc	和上一行功能相同，但替换前向用户确认是否继续替换操作
:1, $ s / *kw1* / *kw2* / g :% s / *kw1* / *kw2* / g	全文搜索*kw1*，并以字符串*kw2*将其替换
:1, $ s / *kw1* / *kw2* / gc :% s / *kw1* / *kw2* / gc	和上一行功能相同，但替换前向用户确认是否继续替换操作

注：在末行模式下，"："后面的内容区分英文字母大小写。此处的"s""g"表示需要输入小写英文字母 s 和 g，下同。

在末行模式下保存、退出和读取文件等操作的具体方法如表 2-5 所示。

表 2-5　在末行模式下保存、退出和读取文件等操作的具体方法

操作	作用
: w	保存编辑后的文件
: w!	若文件属性为只读，则强制保存该文件。但最终能否保存成功，取决于文件的权限设置
: w *filename*	将编辑后的文件以文件名 *filename* 进行保存
: *n1*, *n2* w *filename*	将第 *n1* 行到第 *n2* 行的内容写入文件 *filename*
: q	退出 vim 文本编辑器
: q!	不保存文件内容的修改，强制退出 vim 文本编辑器
: wq	保存文件内容后退出 vim 文本编辑器
: wq!	强制保存文件内容后退出 vim 文本编辑器
【Shift+Z+Z】	若文件没有修改，则直接退出 vim 文本编辑器；若文件已修改，则保存后退出
: r *filename*	读取 *filename* 文件的内容并将其插入光标所在行的下面
: ! *command*	在末行模式下执行 *command* 命令并显示其结果。*command* 命令执行完成后，按 Enter 键重新进入末行模式
: set nu	显示文件行号
: set nonu	与 set nu 的作用相反，隐藏文件行号

任务实施

实验：练习 vim 基本操作

张经理最近刚在 Windows 操作系统中使用 C 语言编写了一个计算时间差的程序。现在张经理想把这个程序移植到 Linux 操作系统中，同时为小顾演示如何在 vim 文本编辑器中编写程序。下面是张经理的操作过程。

第 1 步，进入 CentOS 7.6，打开一个终端窗口。在命令行界面中使用 vim 命令启动 vim 文本编辑器，vim 命令后面不加文件名，启动 vim 文本编辑器后默认进入命令模式。

第 2 步，在命令模式下按 I 键进入插入模式，输入例 2-6 所示的程序。为了方便下文表述，这里把代码的行号也一并显示出来（张经理故意在这段代码中引入了一些语法和逻辑错误）。

例 2-6：修改前的程序

```
1    #include <stdio.h>
2
3    int main()
4    {
5        int hour1, minute1;
6        int hour2, minute2;
7
8        scanf("%d %d", &hour1, &minute1);
9        scanf("%d %d", hour2, &minute2);
10
11       int t1 = hour1 * 6 + minute1;
12       int t = t1 - t2;
13
14       printf("time difference: %d hour, %d minutes \n", t/6, t%6);
15
16       return 0;
17   }
```

第 3 步，按 Esc 键返回命令模式。输入"："进入末行模式。在末行模式下输入"w timediff.c"将程序保存为文件 *timediff.c*，在末行模式下输入"q"退出 vim 文本编辑器。

第 4 步，重新启动 vim 文本编辑器，打开文件 *timediff.c*，在末行模式下输入"set nu"显示文件的行号。

第 5 步，在命令模式下按【Shift+M】组合键将光标移动到当前屏幕中间位置的那一行的行首，按【1+Shift+G】组合键或 GG 键将光标移动到第 1 行的行首。

第 6 步，在命令模式下按【6+Shift+G】组合键将光标移动到第 6 行行首，按【Shift+A】组合键进入插入模式，此时光标停留在第 6 行行尾。在行尾输入"；"，按 Esc 键返回命令模式。

第 7 步，在命令模式下按【9+Shift+G】组合键将光标移动到第 9 行行首。按 W 键将光标移动到下一个单词的词首，连续按 L 键向右移动光标，直到光标停留在"hour2"单词的词首。按 I 键进入插入模式，输入"&"，按 Esc 键返回命令模式。

第 8 步，在命令模式下按【11+Shift+G】组合键将光标移动到第 11 行行首。按 YY 键复制第 11 行的内容，按 P 键将其粘贴到第 11 行的下面一行。此时，原文件的第 12～17 行依次变为第 13～18 行，且光标停留在新添加的第 12 行的行首。

第 9 步，在命令模式下连续按 E 键使光标移动到下一个单词的词尾，直至光标停留在"t1"的词尾字符"1"处。按 S 键删除字符"1"并随即进入插入模式。在插入模式下输入 2，按 Esc 键返回命令模式。重复此操作并把"hour1""minute1"中的字符"1"修改为"2"。

第 10 步，在命令模式下按 K 键将光标上移 1 行，即移动到第 11 行。在末行模式下输入

"11,15s/6/60/gc"，将第 11～15 行中的"6"全部替换为"60"。注意，在每次替换时都要按 Y 键予以确认。替换后，光标停留在第 15 行。

第 11 步，在命令模式下按 2J 键将光标下移 2 行，即移动到第 17 行。按 DD 键删除第 17 行，按 U 键撤销删除操作。

第 12 步，在末行模式下输入"wq"，保存文件内容后退出 vim 文本编辑器。

修改后的程序如例 2-7 所示。

例 2-7：修改后的程序

```
1    #include <stdio.h>

2

3    int main()

4    {

5        int hour1, minute1;

6        int hour2, minute2;

7

8        scanf("%d %d", &hour1, &minute1);

9        scanf("%d %d", &hour2, &minute2);

10

11       int t1 = hour1 * 60 + minute1;

12       int t2 = hour2 * 60 + minute2;

13       int t = t1 - t2;

14

15       printf("time difference: %d hour, %d minutes \n", t/60, t%60);

16

17       return 0;

18   }
```

📝 知识拓展

使用 vim 文本编辑器编辑文件时，可能会因为一些异常情况而不得不中断操作，如系统断电或多人同时编辑一个文件等。如果出现异常前没有及时保存文件内容，那么所做的修改就会丢失，给用户带来不便。为此，vim 文本编辑器提供了一种可以恢复未保存的数据的机制，读者可扫描二维码详细了解。

知识拓展 2.2　vim
文件缓存

🦠 任务实训

Linux 系统管理员的日常工作离不开文本编辑器，vim 文本编辑器就是一种功能强大、简单易用的文本编辑工具。vim 文本编辑器有 3 种操作模式，分别是命令模式、插入模式和末行模式。每种模式的功能不同，所能执行的操作也不同。想提高工作效率，就必须熟练掌握这 3 种模式的常用操作。

【实训目的】

（1）熟悉 vim 文本编辑器的 3 种操作模式的概念与功能。

（2）掌握 vim 文本编辑器的 3 种操作模式的切换方法。

（3）掌握在 vim 文本编辑器中移动光标的方法。

（4）掌握在 vim 文本编辑器中查找与替换文本的方法。

（5）掌握在 vim 文本编辑器中复制和粘贴文本的方法。

【实训内容】

本实训的主要内容是在 Linux 终端窗口中练习使用 vim 文本编辑器，熟练掌握 vim 文本编辑器的各种操作方法，请按照以下步骤完成本次实训。

（1）以用户 zys 的身份登录操作系统，打开终端窗口。

（2）启动 vim 文本编辑器，vim 命令后面不加文件名。

（3）进入 vim 文本编辑器的插入模式，输入例 2-8 所示的实训测试内容。

（4）将内容保存为 *freedoms.txt*，并退出 vim 文本编辑器。

（5）重新启动 vim 文本编辑器，打开文件 *freedoms.txt*。

（6）显示文件行号。

（7）将光标先移动到屏幕中间位置的那一行的行首，再移动到行尾。

（8）在当前行下方插入新行，并输入内容"The four essential freedoms:"。

（9）将第 4~6 行的"freedom"以"FREEDOM"替换。

（10）将光标移动到第 3 行，并复制第 3~5 行的内容。

（11）将光标移动到文件最后 1 行，并将上一步复制的内容粘贴在最后 1 行上方。

（12）撤销前一步的粘贴操作。

（13）保存文件后退出 vim 文本编辑器。

例 2-8：实训测试内容

```
The four essential freedoms:
A program is free software if the program's users have the four essential freedoms:
The freedom to run the program as you wish, for any purpose (freedom 0).
The freedom to study how the program works, and change it so it does your computing
as you wish (freedom 1). Access to the source code is a precondition for this.
The freedom to redistribute copies so you can help others (freedom 2).
The freedom to distribute copies of your modified versions to others (freedom 3).
By doing this you can give the whole community a chance to benefit from your changes.
Access to the source code is a precondition for this.
```

项目小结

本项目包含两个任务。任务 2.1 重点介绍了 CentOS 7.6 操作系统安装后的初始化操作、GNOME 桌面环境的特点、注销用户和关机，以及 Linux 命令行模式。Linux 发行版的图形用户界面越来越人性化，使用起来也越来越方便。CentOS 7.6 使用 GNOME 作为默认的图形用户界面管理器，初次登录时需要完成几步简单的初始化配置。在后续的学习过程中，绝大多数实验是在命令行界面中完成的，因此任务 2.1 还详细介绍了 Linux 命令行的结构和使用方法。任务 2.2 重点介绍了 Linux 操作系统中最常用的 vim 文本编辑器，它在后面的学习中会经常被用到。熟练使用 vim 文本编辑器可以极大地提高工作效率，必须非常熟悉 vim 文本编辑器的 3 种工作模式及每种工作模式下所能进行的操作。

项目练习题

1. 选择题

（1）在 vim 文本编辑器中编辑文件时，使用（　　）命令可以显示文件每一行的行号。

    A. number   B. display nu   C. set nu   D. show nu

（2）在 vim 文本编辑器中，要将某文本文件的第 1～5 行的内容复制到文件的指定位置，以下能实现该功能的操作是（　　）。

    A. 将光标移动到第 1 行，在末行模式下输入"YY5"，并将光标移动到指定位置，按 P 键

    B. 将光标移动到第 1 行，在末行模式下输入"5YY"，并将光标移动到指定位置，按 P 键

    C. 在末行模式下输入"1,5YY"，并将光标移动到指定位置，按 P 键

    D. 在末行模式下输入"1,5Y"，并将光标移动到指定位置，按 P 键

（3）在 vim 文本编辑器中编辑文件时，要将第 7～10 行的内容一次性删除，可以在命令模式下先将光标移动到第 7 行，然后按（　　）键。

    A. 两次 D   B. 4DD   C. DE   D. 4DE

（4）在 vim 文本编辑器中，要自下而上查找字符串"centos"，应该在末行模式下使用（　　）。

    A. / centos   B. ? centos   C. # centos   D. % centos

（5）使用 vim 文本编辑器编辑文件时，在末行模式下输入"q!"的作用是（　　）。

    A. 保存文件内容并退出文本编辑器   B. 正常退出

    C. 不保存文件内容并强制退出文本编辑器   D. 文本替换

（6）使用 vim 文本编辑器将文件的某行删除后，发现该行内容需要保留，重新恢复该行内容的最佳操作方法是（　　）。

    A. 在命令模式下重新输入该行

    B. 不保存文件内容并退出 vim 文本编辑器，并重新编辑该文件

    C. 在命令模式下按 U 键

    D. 在命令模式下按 R 键

（7）在 Linux 终端窗口中输入命令时，以（　　）表示命令未结束，在下一行继续输入。

    A. /   B. \   C. &   D. ;

（8）在使用 vim 文本编辑器编辑文件时，能直接在光标所在字符后插入文本的是（　　）。

    A. I   B. Shift+I   C. A   D. Shift+O

（9）在 Linux 命令行提示符中，标识超级用户身份的符号是（　　）。

    A. $ B. #   C. >   D. <

（10）在 Linux 命令中，必需的是（　　）。

    A. 命令名   B. 选项   C. 参数   D. 转义符

（11）要想使用 Shell 的自动补全功能，可以输入命令的前几个字符后按（　　）键。

    A. Enter   B. Esc   C. Tab   D. Backspace

（12）下列（　　）选项是 Linux 提供的帮助命令。

    A. ls   B. useradd   C. cd   D. man

（13）当命令输出内容过多，想要强行终止命令时，可以按（　　）组合键。

    A.【Ctrl+C】   B.【Ctrl+D】   C.【Alt+A】   D.【Ctrl+S】

（14）下列（　　　）选项不是 Linux 命令选项的正确格式。

    A．−l   B．+x   C．--all   D．-al

2. 填空题

（1）Linux 操作系统中可以输入命令的操作环境称为_____，负责解释命令的程序是_____。

（2）一个 Linux 命令除了命令名称之外，还包括_____和_____。

（3）Linux 操作系统中的命令_____大小写。在命令行中，可以使用_____键来自动补齐命令。

（4）断开一个长命令行时，可以使用_____，以将一个较长的命令分成多行输入。

（5）vim 文本编辑器有 3 种工作模式，即_____、_____和_____。

（6）打开 vim 文本编辑器后，首先进入的工作模式是_____。

（7）在命令模式下，按_____和_____键可以将光标移动到首行。

（8）在命令模式下，按_____键可以删除光标所在行。

（9）在命令模式下，按_____键可以撤销前一个动作。

（10）在末行模式下，输入_____可以保存文件并退出。

（11）在末行模式下，输入_____可以显示文件行号。

3. 简答题

（1）Linux 命令分为哪几个部分？Linux 命令为什么要有参数和选项？

（2）简述 Linux 命令的自动补全功能。

（3）vim 文本编辑器有几种工作模式？简述每种工作模式的主要功能。

项目 3
管理用户、文件和磁盘

03

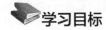
学习目标

【知识目标】

（1）熟悉 Linux 用户的类型、用户与用户组的关系。

（2）熟悉 Linux 用户与用户组的配置文件。

（3）了解文件的基本概念、文件与用户和用户组的关系。

（4）熟悉文件权限的类型与含义。

（5）了解硬盘的组成与分区的基本概念。

（6）了解文件系统的基本概念。

（7）了解磁盘配额的用途和逻辑卷管理器的工作原理。

【能力目标】

（1）熟练使用用户与用户组相关命令，理解常用选项和参数的含义。

（2）能够添加磁盘分区并创建文件系统和挂载点。

（3）掌握使用符号和数字方式修改文件及目录权限的方法。

（4）了解磁盘配额管理的相关命令和步骤。

（5）了解配置逻辑卷管理器的相关命令和步骤。

【素质目标】

（1）培养一丝不苟的工作态度和精益求精的工匠精神。

（2）增强风险意识并提高控制能力。

引例描述

经过这段时间的学习，小顾感觉自己好像发现了"新大陆"。他看到了和Windows操作系统不一样的CentOS 7.6图形用户界面，还认识了令他耳目一新的Shell终端窗口，以及功能强大的vim文本编辑器。看着身边的同事每天对着计算机专注地工作，尤其是看到他们几乎只需要打开一个Shell终端窗口就能完成工作，他忍不住问张经理，在Shell终端窗口中究竟可以做哪些事情？作为资深的Linux用户，张经理告诉小顾，只要打开Shell终端窗口，整个Linux操作系统就在自己的掌控之中了，因为Linux命令就是其最强大、最高效的"武器"。确实，Linux命令以其统一的

结构、强大的功能成为每个Linux系统管理员不可或缺的工具。但是到目前为止，小顾了解到的Linux命令还是非常简单和有限的。张经理说，要想全面理解和掌握Linux操作系统的强大之处，必须按照不同的Linux主题深入学习。从本项目开始，张经理会按照这个思路指导小顾慢慢揭开CentOS 7.6的"神秘面纱"，逐步走进Shell终端窗口的精彩世界。下面就先从Linux用户和用户组的基本概念及操作开始学习吧！

任务 3.1 用户与用户组

任务陈述

Linux 是一个多用户操作系统。用户每次登录时都要输入密码，是为了满足 Linux 安全控制的需要。每个用户在系统中有不同的权限，所能管理的文件、执行的操作也不同。为方便管理，Linux 将每个用户分配至一个或多个用户组，只要对用户组设置相应的权限，组中的用户就会自动继承所属用户组的设置。管理用户和用户组是 Linux 系统管理员的一项重要工作。本任务主要介绍用户和用户组的基本概念、用户和用户组的配置文件及管理用户和用户组的常用命令等内容。另外，普通用户有时需要切换到 root 用户执行某些特权操作，因此本任务最后介绍了切换用户的方法。

知识准备

3.1.1 用户与用户组简介

Linux 是一个多用户操作系统，支持多个用户同时登录操作系统。每个用户使用不同的用户名登录操作系统，并需要提供密码。每个用户的权限不同，所能完成的任务也不同。用户管理是 Linux 安全管理机制的重要一环。通过为不同的用户赋予不同的权限，Linux 能够有效管理系统资源，合理组织文件，实现对文件的安全访问。

为每一个用户设置权限是一项烦琐的工作，且有些用户的权限是相同的。引入"用户组"的概念可以很好地解决这个问题。用户组是用户的逻辑组合，只要为用户组设置相应的权限，组内的用户就会自动继承这些权限。这种方式可以简化用户管理操作，提高系统管理员的工作效率。

用户和用户组都有一个字符串形式的名称，但其实操作系统使用数字形式的ID 来识别用户和用户组，也就是用户 ID（User ID，UID）和组 ID（Group ID，GID）。这很像人们的姓名与身份证号码的关系，但在 Linux 操作系统中，用户名是不能重复的。UID 和 GID 是数字，每个用户和用户组都有唯一的 UID 和 GID。

V3-1 Linux 用户
和用户组

3.1.2 用户与用户组的配置文件

既然登录时使用的是用户名，而系统内部使用 UID 来识别用户，那么 Linux 是如何根据登录名确定其对应的 UID 和 GID 的呢？这就涉及用户和用户组的配置文件的相关知识了。

V3-2 用户与
用户组的配置文件

1. 用户配置文件

（1）/etc/passwd 文件

在 Linux 操作系统中，与用户相关的配置文件有两个——/etc/passwd 和/etc/shadow。前者用于记录用户的基本信息，后者和用户的密码相关。下面先来查看/etc/passwd 文件的内容，如例 3-1 所示。

例 3-1：/etc/passwd 文件的内容

```
[zys@centos7 ~]$ ls -l /etc/passwd
-rw-r--r--.  1  root  root  2265    12月1 00:40              /etc/passwd
[zys@centos7 ~]$ cat /etc/passwd
root:x:0:0:root:/root:/bin/bash          <== 每一行代表一个用户
zys:x:1000:1000:zhangyunsong:/home/zys:/bin/bash
```

/etc/passwd 文件中的每一行代表一个用户。可能大家会有这样的疑问：安装操作系统时，除了默认创建的 root 用户外，只是手动添加了 zys 这一个用户，为什么文件/etc/passwd 中会出现这么多用户？其实，这里的大多数用户是系统用户（又称伪用户），不能使用这些用户直接登录系统，但它们是系统正常运行所必需的。不能随意修改系统用户，否则很可能导致依赖它们的系统服务无法正常运行。每一行的用户信息都包含 7 个字段，用"："分隔，其格式如下。

```
用户名:密码:UID:GID:用户描述:主目录:默认 Shell
```

（2）/etc/shadow 文件

/etc/shadow 文件的内容如例 3-2 所示。

例 3-2：/etc/shadow 文件的内容

```
[zys@centos7 ~]$ cat /etc/shadow
cat: /etc/shadow: 权限不够              <== zys 用户无法打开/etc/shadow 文件
[zys@centos7 ~]$ su - root              // 切换到 root 用户
密码：    <==在这里输入 root 用户的密码
[root@centos7 ~]# cat /etc/shadow
root:$6$HDuTz2ix$8fWhVG……
```

普通用户无法打开/etc/shadow 文件，只有 root 用户才能打开该文件，这主要是为了防止泄露用户的密码信息。/etc/shadow 文件的每一行代表一个用户，包含用"："分隔的 9 个字段。第 1 个字段是用户名，第 2 个字段是加密后的密码，密码之后的几个字段分别表示最近一次密码修改日期、最小修改时间间隔、密码有效期、密码到期前的警告天数、密码到期后的宽限天数、账号失效日期（不管密码是否到期）、保留使用。感兴趣的读者可以使用 man 5 shadow 命令查看/etc/shadow 文件中各字段的具体含义，这里不展开介绍。

2. 用户组配置文件

用户组的配置文件是/etc/group，其内容如例 3-3 所示。

例 3-3：/etc/group 文件的内容

```
[zys@centos7 ~]$ cat /etc/group
root:x:0:
zys:x:1000:zys
```

和/etc/passwd 文件类似，/etc/group 文件中的每一行代表一个用户组，包含用"："分隔的 4 个字段，分别是组名、组密码、GID、组中用户。

3.1.3 管理用户与用户组

下面首先介绍用户和用户组的关系，然后分别介绍管理用户和用户组的具体方法，最后介绍几个和用户管理相关的命令。注意，本节介绍的命令都要以 root 用户的身份执行。

1. 用户与用户组的关系

一个用户可以只属于一个用户组，也可以属于多个用户组；一个用户组可以只包含一个用户，也可以包含多个用户。因此，用户和用户组存在一对一、一对多、多对一和多对多 4 种对应关系。当一个用户属于多个用户组时，就有了主组（又称初始组）和附加组的概念。

用户的主组指的是只要用户登录到系统，就自动拥有这个组的权限。一般来说，当添加新用户时，如果没有明确指定用户所属的组，那么系统会默认创建一个和该用户同名的用户组，这个用户组就是用户的主组。用户的主组是可以修改的，但每个用户只能有一个主组。除了主组外，用户加入的其他组称为附加组。一个用户可以同时加入多个附加组，并拥有每个附加组的权限。注意，*/etc/passwd* 文件中第 4 个字段的 GID 指的是用户主组的 GID。

2. 管理用户

（1）新增用户

使用 useradd 命令可以非常方便地新增一个用户。useradd 命令的基本语法如下。

```
useradd [ -d | -u | -g | -G | -m | -M | -s | -c | -r | -e | -f ] [参数] 用户名
```

虽然 useradd 命令提供了非常多的选项，但其实它不使用任何选项就可以创建一个用户，因为 useradd 命令定义了很多默认值。不使用任何选项时，useradd 命令默认执行以下操作。

① 在*/etc/passwd* 文件中新增一行与新用户相关的数据，包括 UID、GID、主目录等。

② 在*/etc/shadow* 文件中新增一行与新用户相关的密码数据，但此时密码为空。

③ 在*/etc/group* 文件中新增一行与新用户同名的用户组。

④ 在目录*/home* 中创建与新用户同名的目录，并将其作为新用户的主目录。

useradd 命令的基本用法如例 3-4 所示。

例 3-4：useradd 命令的基本用法——不加任何选项

```
[root@centos7 ~]# useradd shaw              // 创建新用户
[root@centos7 ~]# grep shaw /etc/passwd     // 新增用户信息
shaw:x:1001:1001::/home/shaw:/bin/bash
[root@centos7 ~]# grep shaw /etc/shadow     // 新增用户密码信息
shaw:!!:19329:0:99999:7:::
[root@centos7 ~]# grep shaw /etc/group      // 创建同名用户组
shaw:x:1001:
[root@centos7 ~]# ls -ld /home/shaw         // 创建同名主目录
drwx------. 3 shaw shaw 78 12月 2 21:53      /home/shaw
```

显然，useradd 命令帮助用户指定了新用户的 UID、GID 及主组等。如果不想使用这些默认值，则要利用相应的选项明确指定。例如，创建一个名为 tong 的新用户，并手动指定其 UID 和主组，如例 3-5 所示。

例 3-5：useradd 命令的基本用法——手动指定用户的 UID 和主组

```
[root@centos7 ~]# useradd -u 1234 -g zys tong    // 手动指定用户的 UID 和主组
[root@centos7 ~]# grep tong /etc/passwd
```

```
tong:x:1234:1000::/home/tong:/bin/bash          <== 1000 是 zys 用户组的 GID
[root@centos7 ~]# grep tong /etc/group          // 未创建同名用户组
```

（2）设置用户密码

使用 useradd 命令创建用户时并没有为用户设置密码，因此用户无法登录系统。可以使用 passwd 命令为用户设置密码。passwd 命令的基本语法如下。

```
passwd [ -l | -u | -S | -n | -x | -w | -i ] [参数] [用户名]
```

V3-3 useradd
命令的常用选项

root 用户可以为所有普通用户修改密码，如例 3-6 所示。如果输入的密码太简单，则系统会给出提示，但是可以忽略这个提示继续操作。在实际的生产环境中，强烈建议大家设置相对复杂的密码以增加系统的安全性。

例 3-6：root 用户为普通用户修改密码

```
[root@centos7 ~]# passwd zys          // 以 root 用户身份修改 zys 用户的密码
更改用户 zys 的密码 。
新的密码：                             <== 在这里输入 zys 用户的密码
无效的密码： 密码少于 8 个字符          <== 提示密码太简单，可以忽略这个提示
重新输入新的密码：                      <== 再次输入新密码
passwd: 所有的身份验证令牌已经成功更新。
```

每个用户都可以修改自己的密码。此时，只要以用户自己的身份执行 passwd 命令即可，不需要以用户名作为参数，如例 3-7 所示。

例 3-7：普通用户修改自己的密码

```
[zys@centos7 ~]$ passwd          // 修改用户自己的密码，无须输入用户名
更改用户 zys 的密码。
为 zys 更改 STRESS 密码。
（当前）UNIX 密码：               <== 在这里输入原密码
新的密码：                        <== 在这里输入新密码
无效的密码： 密码少于 8 个字符     <== 新密码太简单，不满足复杂性要求
新的密码：                        <== 重新输入新密码
重新输入新的 密码：               <== 再次输入新密码
passwd: 所有的身份验证令牌已经成功更新。
```

普通用户修改密码与 root 用户修改密码有几点不同。第一，普通用户只能修改自己的密码，因此在 passwd 命令后不用输入用户名；第二，普通用户修改密码前必须输入自己的原密码，这是为了验证用户的身份，防止密码被其他用户恶意修改；第三，普通用户修改密码时必须满足密码复杂性要求，这是强制的要求而非普通的提示。下面给出一个使用特定选项修改用户密码信息的例子，如例 3-8 所示。该例中，zys 用户的密码 10 天内不允许修改，但 30 天内必须修改，且密码到期前 5 天会有提示。

例 3-8：passwd 命令的基本用法——使用特定选项修改用户密码信息

```
[root@centos7 ~]# passwd -n 10 -x 30 -w 5 zys
调整用户密码老化数据 zys。
passwd: 操作成功
```

（3）修改用户信息

如果使用 useradd 命令新建用户时指定了错误的参数，或者因为其他某些情况想修改一个用户的信息，则可以使用 usermod 命令。usermod 命令主要用于修改一个已经存在的用户的信息，它的参数和 useradd 命令非常相似，可以使用 man 命令查看，这里不再讲解。下面给出一个修改用户信息的例子，

如例 3-9 所示。请仔细观察使用 usermod 命令修改用户 shaw 的信息后，/etc/passwd 文件中相关内容的变化。注意，usermod 命令中指定的用户主目录/home/shaw2 并不存在，那么 usermod 命令会自动创建该目录吗？请自己动手验证。

例 3-9：usermod 命令的基本用法——修改用户的 UID 和主组

```
[root@centos7 ~]# grep shaw /etc/passwd
shaw:x:1001:1001::/home/shaw:/bin/bash
[root@centos7 ~]# usermod -d /home/shaw2 -u 1111 -g 1000 shaw
[root@centos7 ~]# grep shaw /etc/passwd
shaw:x:1111:1000::/home/shaw2:/bin/bash      <== GID 为 1000，表示 zys 组
```

（4）删除用户

使用 userdel 命令可以删除一个用户。前面说过，使用 useradd 命令新建用户的主要操作是在几个文件中添加用户信息，并创建用户主目录。相应的，userdel 命令就是要删除这几个文件中对应的用户信息，但要使用-r 选项才能同时删除用户主目录。删除用户 shaw 前后相关文件的内容变化情况如例 3-10 所示。可以注意到删除用户 shaw 时并没有同时删除同名的 shaw 用户组，因为例 3-9 已经把 shaw 用户的主组修改为 zys 用户组。但 zys 用户组也没有被删除，这又是为什么呢？请思考这个问题。

例 3-10：userdel 命令的基本用法

```
// 下面 3 条命令显示了删除用户 shaw 前的文件内容
[root@centos7 ~]# grep shaw /etc/passwd
shaw:x:1111:1000::/home/shaw2:/bin/bash
[root@centos7 ~]# grep shaw /etc/shadow
shaw:!!:19329:0:99999:7:::
[root@centos7 ~]# grep shaw /etc/group
shaw:x:1001:
[root@centos7 ~]# userdel -r shaw      // 删除用户 shaw，并删除用户主目录
userdel: 组 "shaw" 没有移除，因为它不是用户 shaw 的主组
userdel: 未找到 shaw 的主目录 "/home/shaw2"
// 下面 4 条命令显示了删除用户 shaw 后的文件内容
[root@centos7 ~]# grep shaw /etc/passwd
[root@centos7 ~]# grep shaw /etc/shadow
[root@centos7 ~]# grep shaw /etc/group
shaw:x:1001:          <== 没有删除 shaw 组
[root@centos7 ~]# grep zys /etc/group
zys:x:1000:zys        <== 也没有删除 zys 组
```

3. 管理用户组

前面介绍了管理用户的方法，下面介绍几个和用户组相关的命令。

（1）groupadd 命令

groupadd 命令用于新增用户组，其用法比较简单，在命令后加上组名即可。其常用的选项有两个：-r 选项，用于创建系统群组；-g 选项，用于手动指定用户组 ID，即 GID。groupadd 命令的基本用法如例 3-11 所示。

例 3-11：groupadd 命令的基本用法

```
[root@centos7 ~]# groupadd sie               // 新增用户组
```

```
[root@centos7 ~]# grep sie /etc/group
sie:x:1002:              <== 在/etc/group 文件中添加用户组信息
[root@centos7 ~]# groupadd -g 1008 ict    // 添加用户组时指定 GID
[root@centos7 ~]# grep ict /etc/group
ict:x:1008:
```

（2）groupmod 命令

groupmod 命令用于修改用户组信息，可以使用-g 选项修改 GID，或者使用-n 选项修改组名。groupmod 命令的基本用法如例 3-12 所示。

例 3-12：groupmod 命令的基本用法

```
[root@centos7 ~]# grep ict /etc/group
ict:x:1008:              <== 原 GID 为 1008
[root@centos7 ~]# groupmod -g 1100 ict        // 修改 GID 为 1100
[root@centos7 ~]# grep ict /etc/group
ict:x:1100:              <== GID 已修改
[root@centos7 ~]# groupmod -n newict ict        // 修改组名
[root@centos7 ~]# grep newict /etc/group
newict:x:1100:          <== 组名已修改
```

如果随意修改用户名、用户组名、UID 或 GID，则很容易使用户信息混乱。建议在做好规划的前提下修改这些信息，或者先删除旧的用户和用户组，再建立新的用户和用户组。

（3）groupdel 命令

groupdel 命令的作用与 groupadd 命令正好相反，用于删除已有的用户组。groupdel 命令的基本用法如例 3-13 所示。

例 3-13：groupdel 命令的基本用法

```
[root@centos7 ~]# grep zys /etc/passwd
zys:x:1000:1000::/home/zys:/bin/bash
[root@centos7 ~]# grep -E ' zys | newict ' /etc/group
                                            // 查找 zys 和 newict 两个用户组
zys:x:1000:zys
newict:x:1100:
[root@centos7 ~]# groupdel newict                // 删除用户组 newict
[root@centos7 ~]# grep newict /etc/group         // newict 删除成功
[root@centos7 ~]# groupdel zys
groupdel: 不能移除用户“zys”的主组          <== 删除用户组 zys 失败
```

可以看到，删除用户组 newict 是没有问题的，但删除用户组 zys 却没有成功。其实提示信息解释得非常清楚，因为用户组 zys 是用户 zys 的主组，所以不能删除。也就是说，待删除的用户组不能是任何用户的主组。如果想删除用户组 zys，则必须先将用户 zys 的主组修改为其他组，请自己动手练习，这里不再演示。

3.1.4 切换用户

不同的用户有不同的权限，有时需要在不同的用户之间进行切换，本节将介绍使用 su 命令切换用户的方法。

切换用户的常用命令是 su。可以从 root 用户切换到普通用户，也可以从普通用户切换到 root 用户。su 命令的基本用法如例 3-14 所示。exit 命令的作用是退出当前登录用户。

例 3-14：su 命令的基本用法

```
[zys@centos7 ~]$ su - root          // 从用户 zys 切换到 root 用户
密码：          <== 在这里输入 root 用户的密码
上一次登录：三 1月 20 09:30:43 CST 2021:0 上
[root@centos7 ~]# su - zys           // 从 root 用户切换到普通用户时，不需要输入密码
[zys@centos7 ~]$ exit                // 退出用户 zys，返回 root 用户
登出
[root@centos7 ~]# exit               // 退出 root 用户，返回用户 zys
登出
[zys@centos7 ~]$
```

如果只想使用 root 用户的身份执行一条特权命令，且执行完该命令之后立刻恢复为普通用户，那么可以使用 su 命令的-c 选项，如例 3-15 所示。此例中，*/etc/shadow* 文件只有 root 用户有权查看，-c 选项后的命令表示使用 grep 命令查看这个文件，命令执行完毕后，终端窗口的当前用户仍然是 zys。

例 3-15：su 命令的基本用法——-c 选项的用法

```
[zys@centos7 ~]$ su - -c "grep zys /etc/shadow"  // 注意两个 "-" 之间有空格
密码：          <== 在这里输入 root 用户的密码
zys:$6$R6Ek6cLg$83b48kR......
[zys@centos7 ~]$                // 当前用户仍然是 zys
```

从普通用户切换到 root 用户时，需要提供 root 用户的密码。从 root 用户切换到普通用户时，却不需要输入普通用户的密码。原因很简单，既然 root 用户有删除普通用户的权限，自然没有理由要求它提供普通用户的密码。另外，su 命令之后的 "-" 对用户切换前后的环境变量有很大的影响。环境变量将在项目 4 中具体介绍，项目 4 中还将继续演示 su 命令的使用方法。

V3-4 su 和 sudo 命令

 **任务实施**

实验：管理用户和用户组

张经理所在的科技信息部最近进行了组织结构调整。调整后，整个部门分为软件开发和运行维护两大中心。作为公司各类服务器的总负责人，张经理最近一直忙于重新规划和调整公司服务器的使用。以软件开发中心为例，开发人员分为开发一组和开发二组。张经理要在开发服务器上为每个开发人员创建新用户、设置密码、分配权限等。开发服务器安装了 CentOS 7.6，张经理打算利用这次机会向小顾讲解如何在 CentOS 7.6 中管理用户和用户组。

第 1 步，登录到开发服务器，在终端窗口中使用 su - root 命令切换到 root 用户。张经理提醒小顾，用户和用户组管理属于特权操作，必须使用 root 用户执行。

第 2 步，使用 cat /etc/passwd 命令查看系统当前有哪些用户。在这一步，张经理让小顾判断哪些用户是系统用户，哪些用户是之前为开发人员创建的普通用户，并说明判断的依据。

第 3 步，使用 groupadd 命令分别为开发一组和开发二组分别创建用户组，用户组名分别是 devteam1

和 devteam2。同时，为整个软件开发中心创建一个用户组，用户组名为 devcenter。

第 4 步，张经理为开发一组创建了新用户 xf，并设置初始密码为"xf@171123"，将其添加到用户组 devteam1 中。以上内容涉及的命令如例 3-16.1 所示。

例 3-16.1：管理用户和用户组——创建用户和用户组

```
[root@centos7 ~]# groupadd devteam1
[root@centos7 ~]# groupadd devteam2
[root@centos7 ~]# groupadd devcenter
[root@centos7 ~]# useradd xf
[root@centos7 ~]# passwd xf
[root@centos7 ~]# groupmems -a xf -g devteam1
[root@centos7 ~]# groupmems -a xf -g devcenter
```

小顾马上想到，useradd 命令会使用默认的参数创建新用户，现在 /etc/passwd 文件中肯定多了一条关于用户 xf 的信息，/etc/shadow 和 /etc/group 文件中也是如此，且用户 xf 的默认主目录 /home/xf 也已被默认创建。其实，这也是张经理想对小顾强调的内容。张经理请小顾验证刚才的想法，小顾使用的命令及输出内容如例 3-16.2 所示。

例 3-16.2：管理用户和用户组——验证用户相关文件

```
[root@centos7 ~]# grep xf /etc/passwd
xf:x:1235:1235::/home/xf:/bin/bash
[root@centos7 ~]# grep xf /etc/shadow
xf:$6$Tg1TpWAK$DaW6M2qti……
[root@centos7 ~]# grep xf /etc/group
devteam1:x:1003:xf
devcenter:x:1005:xf
xf:x:1235:
[root@centos7 ~]# ls -ld /home/xf
drwx------. 3 xf xf 78 12月 3 22:12            /home/xf
[root@centos7 ~]# id xf
uid=1235(xf) gid=1235(xf) 组=1235(xf),1003(devteam1),1005(devcenter)
```

第 5 步，采用同样的方法，为开发二组创建新用户 wbk，并设置初始密码为"wbk@171201"，将其添加到用户组 devteam2 中，如例 3-16.3 所示。

例 3-16.3：管理用户和用户组——为开发二组创建用户

```
[root@centos7 ~]# useradd wkb
[root@centos7 ~]# passwd wkb
[root@centos7 ~]# groupmems -a wkb -g devteam2
[root@centos7 ~]# groupmems -a wkb -g devcenter
```

这一次张经理不小心把用户名设为 wkb，眼尖的小顾发现了这个错误，提醒张经理需要撤销刚才的操作后再新建用户。

第 6 步，张经理夸奖小顾工作很认真，并请小顾完成后面的操作，如例 3-16.4 所示。

例 3-16.4：管理用户和用户组——重新创建开发二组用户

```
[root@centos7 ~]# groupmems -d wkb -g devteam2
[root@centos7 ~]# groupmems -d wkb -g devcenter
```

```
[root@centos7 ~]# userdel -r wkb
[root@centos7 ~]# useradd wbk
[root@centos7 ~]# passwd wbk
[root@centos7 ~]# groupmems -a wbk -g devteam2
[root@centos7 ~]# groupmems -a wbk -g devcenter
[root@centos7 ~]# id wbk
uid=1236(wbk) gid=1236(wbk) 组=1236(wbk),1004(devteam2),1005(devcenter)
```

第 7 步，创建一个软件开发中心负责人的用户 ss，并将其加入用户组 devteam1、devteam2 及 devcenter，如例 3-16.5 所示。

例 3-16.5：管理用户和用户组——创建软件开发中心负责人用户

```
[root@centos7 ~]# useradd ss
[root@centos7 ~]# passwd ss
[root@centos7 ~]# groupmems -a ss -g devteam1
[root@centos7 ~]# groupmems -a ss -g devteam2
[root@centos7 ~]# groupmems -a ss -g devcenter
[root@centos7 ~]# id ss
uid=1237(ss) gid=1237(ss) 组=1237(ss),1003(devteam1),1004(devteam2),1005(devcenter)
```

还有十几个用户需要执行类似的操作，张经理没有一一演示。他让小顾在自己的虚拟机中先操作一遍，并记录整个实验过程。如果没有问题，剩下的工作就由小顾来完成。小顾很感激张经理的信任，马上打开自己的计算机开始练习。最终，小顾圆满完成了张经理交代的任务，得到了张经理的肯定和赞许。

知识拓展

除了上文介绍的用户管理操作外，还有一些命令也可以用于管理用户和用户组，读者可扫描二维码详细了解。

任务实训

本实训的主要任务是综合练习与用户和用户组相关的一些命令，通过练习加深对用户和用户组的理解。

知识拓展 3.1 其他用户管理相关命令

【实训目的】

（1）理解用户和用户组的作用及关系。

（2）理解用户的主组、附加组和有效组的概念。

（3）掌握管理用户和用户组的常用命令。

【实训内容】

本任务主要介绍了用户和用户组的基本概念，以及如何管理用户和用户组。请完成以下操作，综合练习在本任务中学习到的相关命令。

（1）在终端窗口中切换到 root 用户。

（2）采用默认设置添加用户 user1，为其设置密码。

（3）添加用户 user2，手动设置其主目录、UID，设置密码。

（4）添加用户组 grp1 和 grp2。

（5）将用户 user1 的主组修改为 grp1，并将用户 user1 和 user2 添加到用户组 grp2 中。

（6）在*/etc/passwd* 文件中查看用户 user1 和 user2 的相关信息，在*/etc/group* 文件中查看用户组 grp1 和 grp2 的相关信息，并将其与 id 和 groups 命令的输出进行比较。

（7）从用户组 grp2 中删除用户 user1。

任务 3.2 文件与目录管理

任务陈述

Linux 是一种支持多用户的操作系统，当多个用户使用同一个系统时，文件权限管理变得尤为重要，因为这关系到整个 Linux 操作系统的安全性。在 Linux 操作系统中，每个文件都有很多和安全相关的属性，这些属性决定了哪些用户可以对这个文件执行哪些操作。文件权限管理是难倒一大批 Linux 初学者的"猛兽"，但它又是大家必须掌握的一个重要知识点。能否合理有效地管理文件权限，是评价一个 Linux 系统管理员是否合格的重要标准。

知识准备

3.2.1 文件的基本概念

不管是普通的 Linux 用户还是专业的 Linux 系统管理员，基本上无时无刻不在和文件打交道。在 Linux 操作系统中，文件的概念被大大延伸了。除了常规意义上的文件，目录也是一种特殊类型的文件，甚至鼠标、硬盘、打印机等硬件设备也是以文件的形式管理的。本书提到的"文件"，有时专指常规意义上的普通文件，有时是普通文件和目录的统称，有时可能泛指 Linux 操作系统中的所有内容。

V3-5　Linux 中的文件

1. 文件类型与文件名

（1）文件类型

Linux 操作系统扩展了文件的概念，被操作系统管理的所有软件资源和硬件资源都是文件。这些文件具有不同的类型。在前面多次使用的 ls -l 命令的输出中，第 1 列的第 1 个字符表示文件的类型，包括普通文件（-）、目录文件（d）、链接文件（l）、设备文件（b 或 c）、管道文件（p）和套接字文件（s）。

（2）文件名

Linux 中的文件名与 Windows 中的文件名有几个非常显著的不同。第一， Linux 文件名没有"扩展名"的概念，扩展名即通常所说的文件名后缀。对于 Linux 操作系统而言，文件的类型和文件扩展名没有任何关系。所以，Linux 操作系统允许用户把一个文本文件命名为"*filename.exe*"，或者把一个可执行程序命名为"*filename.txt*"。尽管如此，最好使用一些约定俗成的扩展名来表示特定类型的文件。第二，Linux 文件名区分英文字母大小写，在 Linux 操作系统中，"*AB.txt*""*ab.txt*"和"*Ab.txt*"是不同的文件，但在 Windows 操作系统中，它们是同一个文件。

Linux 文件名的长度最好不要超过 255 字节，且最好不要使用某些特殊的字符，具体字符如下。

*	?	>	<	;	&	!	[	]	|	\	`	"	'	(	)	{	}	空格

2. 目录树与文件路径

大家可以回想在 Windows 操作系统中管理文件的方式。通常，人们会把文件和目录按照不同的用途存放在 C 盘、D 盘等以不同盘符表示的分区中。而在 Linux 文件系统中，所有的文件和目录都被组织在一个被称为"根目录"的节点中，用"/"表示。在根目录中可以创建子目录和文件，在子目录中还可以继续创建子目录和文件。所有目录和文件形成一棵以根目录为根节点的倒置的目录树，目录树的每个节点都代表一个目录或文件，这就是 Linux 文件系统的层次结构，如图 3-1 所示。

图 3-1　Linux 文件系统的层次结构

　　对于任何一个节点，不管是文件还是目录，只要从根目录开始依次向下展开搜索，就能得到一条到达这个节点的路径。表示路径的方式有两种：绝对路径和相对路径。绝对路径指从根目录"/"写起，将路径上的所有中间节点用"/"连接，后跟文件或目录名。例如，对于 *index.html* 文件，它的绝对路径是*/home/zys/www/index.html*。因此，访问这个文件时，可以先从根目录进入一级子目录 *home*，然后进入二级子目录 *zys*，接着进入三级子目录 *www*，最后在目录 *www* 中即可找到文件 *index.html*。每个文件都只有一个绝对路径，且通过绝对路径总能找到这个文件。

　　绝对路径的搜索起点是根目录，因此它总是以"/"开头。和绝对路径不同，相对路径的搜索起点是当前工作目录，因此不必以"/"开头。相对路径表示文件相对于当前工作目录的"相对位置"。使用相对路径查找文件时，直接从当前工作目录开始向下搜索。这里仍以 *index.html* 文件为例，如果当前工作目录是*/home/zys*，那么 *www/index.html* 就足以表示文件 *index.html* 的具体位置。因为在*/home/zys* 目录中，进入子目录 *www* 就可以找到文件 *index.html*。这里 *www/index.html* 使用的就是相对路径。同理，如果当前工作目录是*/home*，那么使用相对路径 *zys/www/index.html* 也能表示文件 *index.html* 的准确位置。

V3-6　绝对路径和
相对路径

3.2.2　文件与目录的常用命令

　　本书后续的内容会频繁使用与文件和目录相关的命令。如果不了解这些命令的使用方法，则会严重影响后续内容的学习。下面详细介绍与文件和目录相关的常用命令。

1. 查看类命令

（1）pwd 命令

　　Linux 操作系统中有许多命令需要一个具体的目录或路径作为参数，如果没有为这类命令明确指定目录参数，那么 Linux 操作系统默认把当前的工作目录设为参数，或者以当前工作目录为起点搜索命令所需的其他参数。如果要查看当前的工作目录，则可以使用 pwd 命令。pwd 命令用于显示用户当前的工作目录，使用该命令时不需要指定任何选项或参数，如例 3-17 所示。

例 3-17：pwd 命令的基本用法

```
[zys@centos7 ~]$ pwd
/home/zys
```

　　用户在终端窗口中登录系统后，默认的工作目录是登录用户的主目录。例 3-17 中，用户 zys 登录系统后的默认工作目录是*/home/zys*。

（2）cd 命令

　　使用 cd 命令可以从一个目录切换到另一个目录，其基本语法如下。

```
cd  [目标路径]
```

cd 命令后面的参数表示将要切换到的目标路径，目标路径可以采用绝对路径或相对路径的形式表示。如果 cd 命令后面没有任何参数，则表示切换到当前登录用户的主目录。cd 命令的基本用法如例 3-18 所示，先从/home/zys 目录切换到下一级子目录，再返回用户 zys 的主目录。

例 3-18：cd 命令的基本用法

```
[zys@centos7 ~]$ pwd
/home/zys        <== 当前工作目录
[zys@centos7 ~]$ cd /tmp
[zys@centos7 tmp]$ pwd
/tmp             <== 当前工作目录切换为/tmp
[zys@centos7 tmp]$ cd              // 不加参数，返回用户 zys 的主目录
[zys@centos7 ~]$ pwd
/home/zys        <== 当前工作目录切换为用户 zys 的主目录
```

除了绝对路径或相对路径外，还可以使用一些特殊符号表示目标路径，如表 3-1 所示。

表 3-1 表示目标路径的特殊符号

特殊符号	说明	在 cd 命令中的含义
.	句点	切换至当前目录
..	两个句点	切换至当前目录的上一级目录
-	减号	切换至上次所在的目录，即最近一次 cd 命令执行前的工作目录
~	波浪号	切换至当前登录用户的主目录
~用户名	波浪号后跟用户名	切换至指定用户的主目录

cd 命令中特殊符号的用法如例 3-19 所示。

例 3-19：cd 命令中特殊符号的用法

```
[zys@centos7 tmp]$ pwd
/tmp             <== 当前工作目录
[zys@centos7 tmp]$ cd .            // 进入当前目录
[zys@centos7 tmp]$ pwd
/tmp             <== 当前工作目录并未改变
[zys@centos7 tmp]$ cd ..           // 进入上一级目录
[zys@centos7 /]$ pwd
/                <== 当前工作目录变为根目录
[zys@centos7 /]$ cd -              // 进入上次所在的目录，即 /tmp
/tmp
[zys@centos7 tmp]$ pwd
/tmp             <== 当前工作目录发生改变
[zys@centos7 tmp]$ cd ~            // 进入当前登录用户的主目录
[zys@centos7 ~]$ pwd
/home/zys
[zys@centos7 ~]$ cd ~root          // 进入 root 用户的主目录
bash: cd: /root: 权限不够          <== 想要切换到/root，但是没有权限
```

（3）ls 命令

ls 命令的主要作用是显示某个目录中的内容，经常和 cd 命令配合使用。一般是先使用 cd 命令切换到新的目录，再使用 ls 命令查看这个目录中的内容。ls 命令的基本语法如下。其中，参数 *dir* 表示要查看具体内容的目标目录，如果省略该参数，则表示查看当前工作目录的内容。ls 命令有许多选项，这使得 ls 命令的显示结果形式多样。

```
ls    [-CFRacdilqrtu]    [dir]
```

默认情况下，ls 命令按文件名的顺序显示所有的非隐藏文件。ls 命令用颜色区分不同类型的文件，其中，蓝色表示目录，黑色表示普通文件。可以使用一些选项改变 ls 命令的默认显示方式。

使用-a 选项可以显示隐藏文件。前文说过，Linux 中文件名以"."开头的文件是隐藏文件，使用-a 选项可以方便地显示这些文件。ls 命令中使用最多的选项应该是-l，通过它可以在每一行中显示每个文件的详细信息。文件的详细信息包含 7 列，每一列的含义以后用到时会详细介绍。

ls 命令的基本用法如例 3-20 所示。当使用-l 选项时，第 1 列的第 1 个字符表示文件类型，如"d"表示目录文件、"-"表示普通文件、"l"表示链接文件等。

例 3-20：ls 命令的基本用法

```
[zys@centos7 tmp]$ pwd
/tmp
[zys@centos7 tmp]$ ls          // 默认按文件名排序，只显示非隐藏文件
anaconda.log file1
[zys@centos7 tmp]$ ls -a       // 显示隐藏文件
.    ..        <== 对照表 3-1 理解这两个文件的含义
anaconda.log .esd-1000
[zys@centos7 tmp]$ ls -l        // 使用长格式显示文件信息
-rw-r--r--. 1  root root    1925    12月 1 02:36    anaconda.log
-rw-rw-r--. 1  zys  zys     7       12月 1 23:11    file1
```

（4）cat 命令

cat 命令的作用是把文件内容显示在标准输出设备（通常是显示器）上，其基本语法如下。

```
cat    [-AbeEnstTuv]    [file_list]
```

其中，参数 *file_list* 表示一个或多个文件名，文件名以空格分隔。cat 命令的基本用法如例 3-21 所示。

例 3-21：cat 命令的基本用法

```
[zys@centos7 ~]$ cat /etc/centos-release          // 显示文件内容
CentOS Linux release 7.9.2009 (Core)
[zys@centos7 ~]$ cat -n /etc/centos-release        // 显示行号
    1    CentOS Linux release 7.9.2009 (Core)
```

（5）head 命令

cat 命令会一次性地把文件的所有内容全部显示出来，但有时候只想查看文件的开头部分而不是文件的全部内容。此时，使用 head 命令可以方便地实现这个功能，其基本语法如下。

```
head   [-cnqv]   file_list
```

默认情况下，head 命令只显示文件的前 10 行。head 命令的基本用法如例 3-22 所示。

例 3-22：head 命令的基本用法

```
[zys@centos7 ~]$ head /etc/aliases
```

55

```
#
#  Aliases in this file will NOT be expanded in the header from
……          <== 默认显示文件的前 10 行，此处省略
[zys@centos7 ~]$ head -c 8 /etc/aliases           // 显示文件的前 8 字节
#          <== 注意，下一行命令提示符前的字符 "#  Ali" 也是本条命令的输出
# Ali[zys@centos7 ~]$ head -n 2 /etc/aliases        // 显示文件的前 2 行
#
#  Aliases in this file will NOT be expanded in the header from
```

在这个例子中，在显示文件的前 8 字节时，第 1 行连同第 2 行的 "# Ali" 看起来只有 7 个字符（包括两个空格）。这是因为在 Linux 中，每行行末的换行符占用一字节。这一点和 Windows 操作系统有所不同。在 Windows 操作系统中，行末的回车符和换行符各占一字节。

（6）tail 命令

和 head 命令相反，tail 命令只显示文件的末尾部分。-c 和 -n 选项对 tail 命令也同样适用。tail 命令的基本用法如例 3-23 所示。

例 3-23：tail 命令的基本用法

```
[zys@centos7 ~]$ tail -c 9 /etc/aliases           // 显示文件的后 9 字节
t:        marc          .
[zys@centos7 ~]$ tail -n 3 /etc/aliases           // 显示文件的后 3 行

# Person who should get root's mail
#root:        marc
```

tail 命令的强大之处在于当它使用 -f 选项时，可以动态刷新文件内容。这个功能在调试程序或跟踪日志文件时尤其有用，具体用法这里不再演示。

（7）more 命令

使用 cat 命令显示文件内容时，如果文件内容太长，则终端窗口中只能显示文件的最后一页，即最后一屏。若想查看前面的内容，则必须使用垂直滚动条。more 命令可以分页显示文件，即一次显示一页内容，其基本语法如下。

```
more  [选项]  文件名
```

使用 more 命令时一般不加任何选项。当使用 more 命令打开文件后，可以按 F 键或 Space 键向下翻一页，按 D 键或【Ctrl+D】组合键向下翻半页，按 B 键或【Ctrl+B】组合键向上翻一页，按 Enter 键向下移动一行，按 Q 键退出。more 命令的基本用法如例 3-24 所示。

例 3-24：more 命令的基本用法

```
[zys@centos7 ~]$ more /etc/aliases
……
games:        root
gopher:        root
--More--(37%)        <== 第 1 页只能显示文件的 37% 的内容
```

（8）less 命令

less 命令是 more 命令的增强版，它除了具有 more 命令的功能外，还可以按 U 键或【Ctrl+U】组合键向上翻半页，或按上、下、左、右方向键改变显示窗口，具体操作这里不再演示。

（9）wc 命令

wc 命令用于统计并输出一个文件的行数、单词数和字节数，其基本语法如下。

```
wc  [-clLw]  [file-list]
```

wc 命令的基本用法如例 3-25 所示。

例 3-25：wc 命令的基本用法

```
[zys@centos7 ~]$ wc /etc/aliases          // 显示文件的行数、单词数和字节数
 97 239 1529 /etc/aliases
[zys@centos7 ~]$ wc -c /etc/aliases        // 显示文件的字节数
1529 /etc/aliases
[zys@centos7 ~]$ wc -l /etc/aliases        // 显示文件的行数
97 /etc/aliases
[zys@centos7 ~]$ wc -L /etc/aliases        // 显示文件最长的行的长度
66 /etc/aliases
[zys@centos7 ~]$ wc -w /etc/aliases        // 显示文件的单词数
239 /etc/aliases
```

2. 操作类命令

（1）touch 命令

touch 命令的基本语法如下。

```
touch  [-acmt]  文件名
```

V3-7　文件与目录
的常用命令

touch 命令的主要作用是创建一个新文件。当指定文件名的文件不存在时，touch 命令会在当前目录中使用指定的文件名创建一个新文件。touch 命令的基本用法如例 3-26 所示。touch 命令还可以修改已有文件的时间戳，具体用法这里不再演示。

例 3-26：touch 命令的基本用法

```
[zys@centos7 ~]$ touch /tmp/file1        .
[zys@centos7 ~]$ ls -l /tmp/file1
-rw-rw-r--. 1  zys zys       7  12月 3 03:24   /tmp/file1
```

（2）dd 命令

dd 命令用于从标准输入（键盘）或源文件中复制指定大小的数据，并将其输出到标准输出（显示器）或目标文件中，复制时可以同时对数据进行格式转换。dd 命令的基本语法如下。

```
dd [if=file] [of=file] [ibs | obs | bs | cbs]=bytes [skip | seek | count]=blocks
[ conv=method ]
```

例 3-27 所示为从源文件 /dev/zero 中读取 5MB 的数据，并将其输出到目标文件 /tmp/file1 中。/dev/zero 是一个特殊的文件，可以认为这个文件中包含无穷多个 0。因此例 3-27 的作用其实是创建指定大小的文件并以 0 进行初始化。

例 3-27：dd 命令的基本用法——创建指定大小的文件

```
[zys@centos7 ~]$ dd if=/dev/zero of=/tmp/file1 bs=1M count=5
记录了 5+0 的读入
记录了 5+0 的写出
5242880 字节(5.2 MB)已复制, 0.00738137 s, 710 MB/s
[zys@centos7 ~]$ ls -lh /tmp/file1        // 注意 ls 命令的-h 选项的用法
-rw-rw-r--. 1  zys zys       5.0M      12月 3 03:27   /tmp/file1
```

（3）mkdir 命令

mkdir 命令用于创建一个新目录，其基本语法如下。

```
mkdir [-pm] 目录名
```

默认情况下，mkdir 命令只能直接创建下一级目录。如果在目录名参数中指定了多级目录，则必须使用-p 选项。例如，想要在当前目录中创建目录 *dir* 并为其创建子目录 *subdir*，正常情况下可以使用两次 mkdir 命令分别创建目录 *dir* 和目录 *subdir*。如果将目录名指定为 *dir/subdir* 并使用-p 选项，那么 mkdir 命令会先创建目录 *dir*，再在目录 *dir* 中创建子目录 *subdir*。mkdir 命令的基本用法如例 3-28 所示。

例 3-28：mkdir 命令的基本用法

```
[zys@centos7 ~]$ mkdir dir1                    // 创建一个新目录
[zys@centos7 ~]$ ls -ld dir1
drwxrwxr-x.  2 zys zys 6  12月 4 04:33      dir1
[zys@centos7 ~]$ mkdir dir2/subdir            // 不使用-p 选项连续创建两级目录
mkdir: 无法创建目录"dir2/subdir": 没有那个文件或目录
[zys@centos7 ~]$ mkdir -p dir2/subdir         // 使用-p 选项连续创建两级目录
[zys@centos7 ~]$ ls -ld dir2 dir2/subdir
drwxrwxr-x.  3 zys zys 20  12月 4 04:34      dir2
drwxrwxr-x.  2 zys zys 6   12月 4 04:34      dir2/subdir/
                                             <== 自动创建子目录 subdir
```

（4）rmdir 命令

rmdir 命令的作用是删除一个空目录。如果是非空目录，那么使用 rmdir 命令会报错。如果使用-p 选项，则 rmdir 命令会递归地删除多级目录，但它要求各级目录都是空目录。rmdir 命令的基本用法如例 3-29 所示。

例 3-29：rmdir 命令的基本用法

```
[zys@centos7 ~]$ rmdir dir1                    // 目录 dir1 是空的
[zys@centos7 ~]$ rmdir dir2                    // 目录 dir2 中有子目录 subdir
rmdir: 删除 "dir2" 失败: 目录非空
[zys@centos7 ~]$ rmdir -p dir2/subdir          // 递归删除各级目录
```

（5）cp 命令

cp 命令的主要作用是复制文件或目录，其基本语法如下。cp 命令的功能非常强大，使用不同的选项可以实现不同的复制功能。

```
cp [-abdfilprsuvxPR] 源文件或源目录 目标文件或目标目录
```

使用 cp 命令可以把一个或多个源文件或目录复制到指定的目标文件或目录中。如果第 1 个参数是一个普通文件，第 2 个参数是一个已经存在的目录，则 cp 命令会将源文件复制到已存在的目标目录中，且保持文件名不变。如果两个参数都是普通文件，则第 1 个参数代表源文件，第 2 个参数代表目标文件，cp 命令会把源文件复制为目标文件。如果目标文件参数没有路径信息，则默认把目标文件保存在当前目录中，否则按照目标文件指明的路径存放。cp 命令的基本用法如例 3-30 所示。

例 3-30：cp 命令的基本用法——复制目录

```
[zys@centos7 ~]$ touch file1 file2
[zys@centos7 ~]$ mkdir dir1
[zys@centos7 ~]$ cp file1 file2 dir1          // 复制文件 file1 和 file2 到目录 dir1 中
```

```
[zys@centos7 ~]$ ls dir1
file1  file2
[zys@centos7 ~]$ cp file1 file3        // 复制文件 file1 为 file3，并保存在当前目录中
[zys@centos7 ~]$ cp file2 /tmp/file2   // 复制文件 file2 为 file4，并保存在 /tmp 主目录中
```

使用 -r 选项时，cp 命令还可以用于复制目录。如果第 2 个参数是一个不存在的目录，则 cp 命令会把源目录复制为目标目录，并将源目录内的所有内容复制到目标目录中，如例 3-31 所示。

例 3-31：cp 命令的基本用法——复制目录（目标目录不存在）

```
[zys@centos7 ~]$ ls dir1 dir2
ls: 无法访问 dir2：没有那个文件或目录         <== 目录 dir2 当前不存在
dir1:
file1  file2        <== 目录 dir1 中有两个文件，即 file1 和 file2
[zys@centos7 ~]$ cp -r dir1 dir2        // 自动创建目录 dir2 并复制目录 dir1 的内容
[zys@centos7 ~]$ ls dir2
file1  file2
```

如果第 2 个参数是一个已经存在的目录，则 cp 命令会把源目录及其所有内容作为一个整体复制到目标目录中，如例 3-32 所示。

例 3-32：cp 命令的基本用法——复制目录（目标目录已存在）

```
[zys@centos7 ~]$ mkdir dir3              // 先创建目录 dir3
[zys@centos7 ~]$ ls dir1
file1  file2
[zys@centos7 ~]$ cp -r dir1 dir3        // 注意：此时目录 dir3 已存在
[zys@centos7 ~]$ ls dir3                // 也可以使用 ls -R dir3 命令进行查看
dir1
[zys@centos7 ~]$ ls dir3/dir1
file1  file2
```

（6）mv 命令

mv 命令类似于 Windows 操作系统中常用的剪切操作，用于移动或重命名文件或目录。mv 命令的基本语法如下。

```
mv [-fiuv] 源文件或源目录  目标文件或目标目录
```

在移动文件时，如果第 2 个参数是一个和源文件同名的文件，则源文件会覆盖目标文件。如果使用 -i 选项，则覆盖前会有提示。如果源文件和目标文件在相同的目录中，则 mv 命令的作用相当于对源文件进行重命名。mv 命令的基本用法如例 3-33 所示，此时，要保证当前目录中已经存在 *file1*、*file2* 和目录 *dir1*。

例 3-33：mv 命令的基本用法——移动文件

```
[zys@centos7 ~]$ mv file1 dir1          // 将文件 file1 移动到目录 dir1 中
[zys@centos7 ~]$ touch file1            // 在当前目录中重新创建文件 file1
[zys@centos7 ~]$ mv -i file1 dir1       // 此时目录 dir1 中已经有文件 file1
mv: 是否覆盖"dir1/file1"？ y             <== 使用 -i 选项会有提示
[zys@centos7 ~]$ mv file2 file3         // 将文件 file2 重命名为 file3
```

如果 mv 命令的两个参数都是已经存在的目录，则 mv 命令会把第 1 个目录（源目录）及其所有内容作为一个整体移动到第 2 个目录（目标目录）中，如例 3-34 所示。

例 3-34：mv 命令的基本用法——移动目录

```
[zys@centos7 ~]$ ls dir1   // 目录 dir1 中有两个文件
file1  file2
[zys@centos7 ~]$ ls dir2   // 目录 dir2 中也有两个文件
file1  file2
[zys@centos7 ~]$ mv dir1 dir2
[zys@centos7 ~]$ ls dir2
dir1 file1 file2      <== 目录 dir1 被整体移动到目录 dir2 中
[zys@centos7 ~]$ ls dir2/dir1
file1  file2
```

（7）rm 命令

rm 命令用于永久删除文件或目录，其基本语法如下。

```
rm [-dfirvR] 文件或目录
```

使用 rm 命令删除文件或目录时，如果使用-i 选项，则删除前会给出提示；如果使用-f 选项，则删除前不会给出任何提示，因此使用-f 选项时一定要谨慎。rm 命令的基本用法如例 3-35 所示。

例 3-35：rm 命令的基本用法——删除文件

```
[zys@centos7 ~]$ touch file1 file2
[zys@centos7 ~]$ rm -i file1
rm: 是否删除普通空文件 "file1"? y      <== 使用-i 选项时有提示
[zys@centos7 ~]$ rm -f file2        <== 使用-f 选项时没有提示
```

另外，不能使用 rm 命令直接删除目录，而必须加上-r 选项。如果-r 和-i 选项组合使用，则在删除目录的每一个子目录和文件前都会有提示。使用 rm 命令删除目录的方法如例 3-36 所示。

例 3-36：rm 命令的基本用法——删除目录

```
[zys@centos7 ~]$ touch file1 file2
[zys@centos7 ~]$ mkdir dir1
[zys@centos7 ~]$ mv file1 file2 dir1
[zys@centos7 ~]$ ls dir1
file1  file2            <== 目录 dir1 中包含文件 file1 和 file2
[zys@centos7 ~]$ rm dir1
rm: 无法删除"dir1": 是一个目录          <== rm 命令不能直接删除目录
[zys@centos7 ~]$ rm -ir dir1
rm: 是否进入目录"dir1"? y
rm: 是否删除普通空文件 "dir1/file1"? y    <== 每删除一个文件前都会有提示
rm: 是否删除普通空文件 "dir1/file2"? y
rm: 是否删除目录 "dir1"? y             <== 删除目录自身也会有提示
```

（8）匹配行内容

grep 命令是一个功能十分强大的行匹配命令，可以从文本文件中提取符合指定匹配表达式的行。grep 命令的基本语法如下。

```
grep [选项] [匹配表达式] 文件
```

grep 命令的基本用法如例 3-37 所示。要想发挥 grep 命令的强大功能，必须将它和正则表达式配合使用。关于正则表达式的详细用法，这里不再具体展开，感兴趣的读者可以查阅相关资料深入学习。

例 3-37：grep 命令的基本用法

```
[zys@centos7 ~]$ grep -n web /etc/aliases          // 提取包含 web 的行
40:webalizer: root
82:www:        webmaster
83:webmaster: root
[zys@centos7 ~]$ grep -n -v root /etc/aliases     // 反向查找，提取不包含 root 的行
1:#
2:#  Aliases in this file will NOT be expanded in the header from
```

3. 文件打包和压缩

随着系统使用时间变长，文件会越来越多，占用的空间也会越来越大，如果没有有效管理，就会给系统的正常运行带来一定的隐患。文件打包和压缩是 Linux 系统管理员管理文件时经常使用的两种方法，下面介绍与文件打包和压缩相关的概念及命令。

V3-8 文件打包和
压缩

（1）文件打包和压缩的基本概念

文件打包就是人们常说的"归档"。顾名思义，打包就是把一组目录和文件合并成一个文件，这个文件的大小是原来目录和文件大小的总和，可以将打包操作形象地比喻为把几块海绵放到一个篮子中形成一块大海绵。压缩虽然也是把一组目录和文件合并成一个文件，但是它会使用某种算法对这个新文件进行处理，以减少其占用的存储空间。可以把压缩想象成对这块大海绵进行"脱水"处理，使它的体积变小，以达到节省空间的目的。

（2）打包和压缩命令

tar 是 Linux 操作系统中常用的打包命令。tar 命令除了支持传统的打包功能外，还可以从打包文件中恢复原文件，这是和打包相反的操作。打包文件通常以".tar"作为文件扩展名，又被称为 tar 包。tar 命令的选项和参数非常多，但常用的只有几个。

对目录和文件进行打包的方法如例 3-38 所示。

例 3-38：tar 命令的基本用法——打包

```
[zys@centos7 ~]$ touch file1 file2 file3
[zys@centos7 ~]$ tar -cf test.tar file1 file2    // 使用-c 选项创建打包文件
[zys@centos7 ~]$ ls test.tar
test.tar
[zys@centos7 ~]$ tar -tf test.tar                // 使用-t 选项查看打包文件的内容
file1
file2
```

从打包文件中恢复原文件时以-x 选项代替-c 选项即可，如例 3-39 所示。

例 3-39：tar 命令的基本用法——恢复原文件

```
[zys@centos7 ~]$ tar -xf test.tar -C /tmp        // 将文件包内容展开到/tmp 目录中
[zys@centos7 ~]$ ls /tmp/file*
/tmp/file1 /tmp/file2
```

如果想将一个文件追加到 tar 包的结尾，则需要使用-r 选项，如例 3-40 所示。

例 3-40：tar 命令的基本用法——将一个文件追加到 tar 包的结尾

```
[zys@centos7 ~]$ tar -rf test.tar file3
[zys@centos7 ~]$ tar -tf test.tar
file1
```

```
file2
file3          <== 文件 file3 被追加到 test.tar 的结尾
```

可以对打包文件进行压缩操作。gzip 是 Linux 操作系统中常用的压缩工具，gunzip 是和 gzip 对应的解压缩工具。使用 gzip 工具压缩后的文件的扩展名为 ".gz"。这里不详细讲解 gzip 和 gunzip 的具体选项及参数，只演示它们的基本用法，如例 3-41 和例 3-42 所示。

例 3-41：gzip 命令的基本用法

```
[zys@centos7 ~]$ ls  test.tar
test.tar
[zys@centos7 ~]$ gzip  test.tar          // 压缩 test.tar 文件
[zys@centos7 ~]$ ls  test*
test.tar.gz          <== 原文件 test.tar 被删除
```

使用 gzip 对文件 test.tar 进行压缩时，压缩文件自动被命名为 test.tar.gz，且原打包文件 test.tar 会被删除。如果想对 test.tar.gz 进行解压缩，则有两种办法：一种方法是使用 gunzip 命令，后跟压缩文件名，如例 3-42 所示；另一种方法是使用 gzip 命令的-d 选项。

例 3-42：gunzip 命令的基本用法

```
[zys@centos7 ~]$ gunzip  test.tar.gz          // 也可以使用 gzip -d test.tar.gz 命令
[zys@centos7 ~]$ ls  test*
test.tar
```

bzip2 也是 Linux 操作系统中常用的压缩工具，使用 bzip 工具压缩后的文件的扩展名为 ".bz2"，它对应的解压缩工具是 bunzip。bzip2 和 bunzip 的关系与 gzip 和 gunzip 的关系相同，这里不赘述，感兴趣的读者可以使用 man 命令自行学习。

（3）使用 tar 命令同时打包和压缩文件

前面介绍了如何先打包文件，再对打包文件进行压缩。其实 tar 命令可以同时进行打包和压缩操作，也可以同时解压缩并展开打包文件，只要使用额外的选项指明压缩文件的格式。其常用的选项有两个：-z 选项指明压缩和解压缩 ".tar.gz" 格式的文件；-j 选项指明压缩和解压缩 ".tar.bz2" 格式的文件。tar 命令的这两种高级用法分别如例 3-43 和例 3-44 所示。

例 3-43：tar 命令的高级用法——压缩和解压缩 ".tar.gz" 格式的文件

```
[zys@centos7 ~]$ touch  file3  file4
[zys@centos7 ~]$ tar  -zcf gzout.tar.gz  file3  file4   // -z 和-c 选项结合使用
[zys@centos7 ~]$ ls  gzout.tar.gz
gzout.tar.gz
[zys@centos7 ~]$ tar  -zxf gzout.tar.gz  -C  /tmp       // -z 和-x 选项结合使用
[zys@centos7 ~]$ ls  /tmp/file*
/tmp/file3  /tmp/file4
```

例 3-44：tar 命令的高级用法——压缩和解压缩 ".tar.bz2" 格式的文件

```
[zys@centos7 ~]$ touch  file5  file6
[zys@centos7 ~]$ tar  -jcf bz2out.tar.bz2  file5  file6     // -j 和-c 选项结合使用
[zys@centos7 ~]$ ls bz2out.tar.bz2
bz2out.tar.bz2
[zys@centos7 ~]$ tar  -jxf bz2out.tar.bz2  -C  /tmp         // -j 和-x 选项结合使用
[zys@centos7 ~]$ ls  /tmp/file*
/tmp/file5  /tmp/file6
```

3.2.3　文件所有者与属组

　　Linux 是一种支持多用户的操作系统。为了方便对用户的管理，Linux 将多个用户组织在一起形成一个用户组。同一个用户组中的用户具有相同或类似的权限。本节主要介绍文件与用户和用户组的关系。

1. 文件所有者和属组

　　文件与用户和用户组有千丝万缕的联系。文件是由用户创建的，用户必须以某种身份或角色访问文件。Linux 操作系统把用户的身份分为 3 类：所有者（user，又称属主）、属组（group）和其他人（others）。每种用户对文件都可以进行读、写和执行操作，分别对应文件的 3 种权限，即读权限、写权限和执行权限。

　　文件的所有者就是创建文件的用户。如果有些文件比较敏感（如工资单），不想被所有者以外的任何人访问，那么可以把文件的权限设置为"所有者可以读取或修改，其他所有人无权这么做"。

　　属组和其他人这两种身份在涉及团队项目的工作环境中特别有用。假设 A 是一个软件开发项目组的项目经理，A 的团队有 5 名成员，成员都是合法的 Linux 用户且在同一个用户组中。A 创建了项目需求分析、概要设计等文件。显然，A 是这些项目文件的所有者，这些文件应该能被团队成员访问。当 A 的团队成员访问这些文件时，他们的身份就是"属组"，也就是说，他们是以某个用户组的成员的身份访问这些文件的。如果有另外一个团队的成员也要访问这些文件，由于他们和 A 不属于同一个用户组，那么对于这些文件来说，另一个团队的成员的身份就是"其他人"。

　　需要特别说明的是，只有用户才能对文件拥有权限，用户组本身是无法对文件拥有权限的。当提到某个用户组对文件拥有权限时，其实指的是属于这个用户组的成员对文件拥有权限。这一点请务必牢记。

　　了解了文件与用户和用户组的关系后，下面介绍如何修改文件的所有者和属组。

2. 修改文件所有者和属组

（1）chgrp 命令

V3-9　文件和
用户的关系

　　chgrp 命令可以修改文件属组，其常用的选项是-R，表示同时修改所有子目录及其中所有文件的属组，即所谓的"递归修改"。修改后的属组必须是已经存在于 */etc/group* 文件中的用户组。chgrp 命令的基本用法如例 3-45 所示。

　　例 3-45：chgrp 命令的基本用法

```
[zys@centos7 ~]$ touch  /tmp/own.file
[zys@centos7 ~]$ ls -l /tmp/own.file
-rw-rw-r--.  1  zys zys  0 12月 4 04:45 /tmp/own.file   <== 文件原属组为 zys
[zys@centos7 ~]$ su - root        // chgrp 命令要以 root 用户的身份执行
[root@centos7 ~]# chgrp sie /tmp/own.file    // 将文件属组改为 sie
[root@centos7 ~]# ls -l /tmp/own.file
-rw-rw-r--.  1 zys sie 0   12月 4 04:45   /tmp/own.file  <== 文件属组变为 sie
```

（2）chown 命令

　　修改文件所有者的命令是 chown，chown 命令的基本语法如下。

```
chown  [-R]  用户名  文件或目录
```

　　同样，这里的-R 选项也表示递归修改。chown 可以同时修改文件的用户名和属组，只要把用户名和属组用"："分隔即可，其基本语法如下。

```
chown  [-R]  用户名：属组  文件或目录
```

chown 甚至可以取代 chgrp，即只修改文件的属组，此时要在属组的前面加一个"."。chown 命令的基本用法如例 3-46 所示。

V3-10 chgrp 与
chown 命令

例 3-46：chown 命令的基本用法

```
[root@centos7 ~]# ls -l /tmp/own.file
-rw-rw-r--.  1  zys sie   0 12月 4 04:45 /tmp/own.file
[root@centos7 ~]# chown  root  /tmp/own.file        // 只修改文件所有者
[root@centos7 ~]# ls  -l  /tmp/own.file
-rw-rw-r--.  1  root sie   0 2月 4 04:45 /tmp/own.file
[root@centos7 ~]# chown  zys:zys  /tmp/own.file        // 同时修改文件所有者和属组
[root@centos7 ~]# ls  -l  /tmp/own.file
-rw-rw-r--.  1  zys zys   0 12月 4 04:45       /tmp/own.file
[root@centos7 ~]# chown  .sie /tmp/own.file    // 只修改文件属组，注意属组前有"."
[root@centos7 ~]# ls  -l  /tmp/own.file
-rw-rw-r--.  1  zys sie  0 12月 4 04:45       /tmp/own.file
```

3.2.4 文件权限管理

一般来说，Linux 操作系统中除了 root 用户外，还有其他不同角色的普通用户。每个用户都可以在规定的权限内创建、修改或删除文件。因此，文件的权限管理非常重要，这关系到整个 Linux 操作系统的安全性。在 Linux 操作系统中，每个文件都有很多和安全相关的属性，这些属性决定了哪些用户可以对这个文件执行何种操作。

1．文件权限的基本概念

在之前的学习中已多次使用 ls 命令的-l 选项显示文件的详细信息，现在从文件权限的角度重点分析第 1 列输出的含义，如例 3-47 所示。

例 3-47：ls -l 命令的输出

```
[zys@centos7 ~]$ mkdir  dir1
[zys@centos7 ~]$ touch  file1  file2
[zys@centos7 ~]$ ls  -ld  dir1  file1  file2
drwxrwxr-x.  2  zys zys 6  12月 3 05:21      dir1
-rw-rw-r--.  1  zys zys 0  12月 3 05:21      file1
-rw-rw-r--.  1  zys zys 0  12月 3 05:21      file2
```

输出的第 1 列中一共有 10 个字符（暂时不考虑最后的"."）。第 1 个字符表示文件的类型，这一点之前已经有所提及。接下来的 9 个字符表示文件的权限，从左至右每 3 个字符为一组，分别表示文件所有者的权限、属组的权限及其他人的权限。每一组的 3 个字符是"r""w""x" 3 个字母的组合，分别表示读权限（read，r）、写权限（write，w）和执行权限（execute，x），"r""w""x"的顺序不能改变，如图 3-2 所示。如果没有相应的权限，则用"-"代替。

第 1 组权限为"rwx"时，表示文件所有者对该文件可读、可写、可执行。

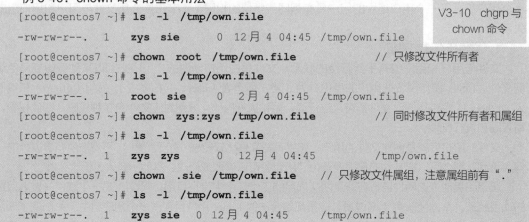

图 3-2 文件权限的组成

第 2 组权限为 "rw-" 时，表示文件属组用户对该文件可读、可写，但不可执行。

第 3 组权限为 "r--" 时，表示其他人对该文件可读，但不可写，也不可执行。

2. 文件权限和目录权限的区别

现在已经知道了文件有 3 种权限（读、写、执行）。虽然目录本质上也是一种文件，但是这 3 种权限对于普通文件和目录有不同的含义。普通文件用于存储文件的实际内容，对于普通文件来说，这 3 种权限的含义如下。

（1）读权限：可以读取文件的实际内容，如使用 vim、cat、head、tail 等命令查看文件内容。

（2）写权限：可以新增、修改或删除文件内容（注意是删除文件内容而非删除文件本身）。

（3）执行权限：文件可以作为一个可执行程序被系统执行。

需要特别说明的是文件的写权限。对一个文件拥有写权限意味着可以编辑文件内容，但是不能删除文件本身。

目录作为一种特殊的文件，存储的是其子目录和文件的名称列表。对于目录而言，这 3 种权限的含义如下。

（1）读权限：可以读取目录的内容列表。也就是说，对一个目录具有读权限就可以使用 ls 命令查看其中有哪些子目录和文件。

（2）写权限：可以修改目录的内容列表，这对目录来说是非常重要的。对一个目录具有写权限，表示可以执行以下操作。

① 在此目录中新建文件和子目录。

② 删除该目录中已有的文件和子目录。

③ 重命名该目录中已有的文件和子目录。

④ 移动该目录中已有的文件和子目录。

（3）执行权限：目录本身并不能被系统执行。对目录具有执行权限表示可以使用 cd 命令进入这个目录，即将其作为当前工作目录。

结合文件权限和目录权限的意义，请思考这样一个问题：要删除一个文件，需要具有什么权限？（其实，此时需要的是对这个文件所在目录的写权限。）

3. 修改文件权限的两种方法

修改文件权限所用的命令是 chmod。下面来学习两种修改文件权限的方法：一种是使用符号法修改文件权限，另一种是使用数字法修改文件权限。

（1）使用符号法修改文件权限

符号法指分别用 r（read，读）、w（write，写）、x（execute，执行）这 3 个字母表示 3 种文件权限，分别用 u（user，所有者）、g（group，属组）、o（others，其他人）这 3 个字母表示 3 种用户身份，用 a（all，所有人）表示所有用户。修改权限操作的类型分为 3 类，即添加权限、移除权限和设置权限，并分别用 "+" "-" "=" 表示。使用符号法修改文件权限的格式如下。

```
                    u
                    g      +
chmod  [-R]         o      -      [rwx]  文件或目录
                    a      =
```

"[rwx]" 表示 3 种权限的组合，如果没有相应的权限，则省略对应字母。可以同时为用户设置多种权限，每种用户权限之间用逗号分隔，逗号左右不能有空格。

现在来看一个实际的例子。对例 3-47 中的目录 *dir1*、文件 *file1* 和 *file2* 执行下列操作。

V3-11 文件权限和
目录权限的不同
含义

dir1：移除属组用户的执行权限，移除其他人的读和执行权限。

file1：移除所有者的执行权限，将属组和其他人的权限设置为可读。

file2：为属组添加写权限，为所有用户添加执行权限。

使用符号法修改文件权限的具体方法如例 3-48 所示。

例 3-48：chmod 命令的基本用法——使用符号法修改文件权限

```
[zys@centos7 ~]$ chmod g-x,o-rx dir1        // 注意，逗号左右不能有空格
[zys@centos7 ~]$ chmod u-x,go=r file1
[zys@centos7 ~]$ chmod g+w,a+x file2
[zys@centos7 ~]$ ls -ld dir1 file1 file2
drwxrw----.  2   zys zys   6   12月  3 05:21    dir1
-rw-r--r--.  1   zys zys   0   12月  3 05:21    file1
-rwxrwxr-x.  1   zys zys   0   12月  3 05:21    file2
```

其中，"+""-"只影响指定位置的权限，其他位置的权限保持不变；而"="相当于先移除文件的所有权限，再为其设置指定的权限。

（2）使用数字法修改文件权限

数字法指用数字表示文件的 3 种权限，权限与数字的对应关系如下。

```
r           4（读）
w           2（写）
x           1（执行）
-           0（表示没有这种权限）
```

设置权限时，把每种用户的 3 种权限对应的数字相加。例如，现在要把文件 *file1* 的权限设置为"rwxr-xr--"，其计算过程如图 3-3 所示。

3 种用户的权限分别相加后的数字组合是 754，使用数字法修改文件权限的具体方法如例 3-49 所示。

```
4 2 1 4 2 1 4 2 1
r w x r w x r w x

r w x r - x r - -
4 2 1 4 0 1 4 0 0
  7     5     4
```

图 3-3 使用数字法修改文件权限的计算过程

例 3-49：chmod 命令的基本用法——使用数字法修改文件权限

```
[zys@centos7 ~]$ ls -l file1
-rw-r--r--.  1   zys zys   0   12月  3 05:21   file1
[zys@centos7 ~]$ chmod 754 file1        // 相当于 chmod u=rwx,g=rx,o=r file1
[zys@centos7 ~]$ ls -l file1
-rwxr-xr--.  1   zys zys   0   12月  3 05:21   file1
```

4. 修改文件默认权限

知道了如何修改文件权限，现在思考这样一个问题：创建普通文件和目录时，其默认的权限是什么？默认的权限又是在哪里设置的？

V3-12 修改文件权限的两种方法

之前已经提到，执行权限对于普通文件和目录而言，含义是不同的。普通文件一般用于保存特定的数据，不需要具有执行权限，所以普通文件的执行权限默认是关闭的。因此，普通文件的默认权限是"rw-rw-rw-"，用数字表示即 666。而对于目录来说，具有执行权限才能进入这个目录，这个权限在大多数情况下是需要的，所以目录的执行权限默认是开放的。因此，目录的默认权限是"rwxrwxrwx"，用数字表示即 777。但是新建的普通文件或目录的默认权限并不是 666 或 777，如例 3-50 所示。

例 3-50：普通文件和目录的默认权限

```
[zys@centos7 ~]$ mkdir dir1.default
[zys@centos7 ~]$ touch file1.default
[zys@centos7 ~]$ ls -ld *default
drwxrwxr-x.  2  zys  zys  6  12月 3 05:28 dir1.default    <== 默认权限是 775
-rw-rw-r--.  1  zys  zys  0  12月 3 05:28 file1.default   <== 默认权限是 664
```

这是为什么呢？其实，这是因为 umask 命令在其中"动了手脚"。在 Linux 操作系统中，umask 命令的值会影响新建普通文件或目录的默认权限。umask 命令的输出如例 3-51 所示。

例 3-51：umask 命令的输出

```
[zys@centos7 ~]$ umask
0002       <== 注意右侧的 3 位数字
```

在终端窗口中直接输入 umask 命令就会显示以数字方式表示的权限值，暂时忽略第 1 位数字，只看后面 3 位数字。umask 命令输出的数字表示要从默认权限中移除的权限。"002"即表示要从文件所有者、文件属组和其他人的权限中分别移除"0""0""2"对应的部分。可以这样理解 umask 命令输出的数字：r、w、x 对应的数字分别是 4、2、1，如果要移除读权限，则写上 4；如果要移除写或执行权限，则分别写上 2 或 1；如果要同时移除写和执行权限，则写上 3；0 表示不移除任何权限。最终，普通文件和目录的实际权限就是默认权限移除 umask 的结果，如下所示。

```
普通文件：默认权限（666）    移除  umask（002）      （664）
         (rw-rw-rw-)     -    (-------w-)    =    (rw-rw-r--)

目录：默认权限（777）    移除  umask（002）      （775）
      (rwxrwxrwx)    -    (-------w-)    =    (rwxrwxr-x)
```

这正是在例 3-50 中看到的结果。如果把 umask 的值设置为 245（即-w-r--r-x），那么新建文件和目录的权限应该如下所示。

```
文件：默认权限（666）    移除  umask（245）      （422）
      (rw-rw-rw-)    -    (-w-r--r-x)    =    (r---w--w-)

目录：默认权限（777）    移除  umask（245）      （532）
      (rwxrwxrwx)    -    (-w-r--r-x)    =    (r-x-wx-w-)
```

修改 umask 值的方法是在 umask 命令后跟修改值，如例 3-52 所示，这和上面的分析结果是一致的。

例 3-52：设置 umask 值

```
[zys@centos7 ~]$ umask 245        // 设置 umask 的值
[zys@centos7 ~]$ umask
0245
[zys@centos7 ~]$ mkdir dir2.default
[zys@centos7 ~]$ touch file2.default
[zys@centos7 ~]$ ls -ld dir2.default  file2.default
dr-x-wx-w-.  2  zys  zys  6  12月 3 05:29  dir2.default   // 用数字表示即 532
-r---w--w-.  1  zys  zys  0  12月 3 05:29  file2.default  // 用数字表示即 422
```

V3-13 了解 umask

请思考：在计算普通文件和目录的实际权限时，能不能把默认权限和 umask 对应位置的数字直接相减呢？例如，777-002=775，或者 666-002=664。（其实，这种方法对目录适用，但对普通文件不适用，请分析其中的原因。）

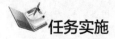
任务实施

实验：文件和目录管理综合实验

上一次，张经理带着小顾在开发服务器上为软件开发中心的所有同事创建了用户和用户组，现在张经理要继续为这些同事配置文件和目录的访问权限，在这个过程中，张经理要向小顾演示文件和目录相关命令的基本用法。

第 1 步，查看 3 个用户组当前有哪些用户，如例 3-53.1 所示。

例 3-53.1：文件和目录管理综合实验——查看用户组

```
[root@centos7 ~]# groupmems -l -g devcenter
xf wbk ss
[root@centos7 ~]# groupmems -l -g devteam1
xf ss
[root@centos7 ~]# groupmems -l -g devteam2
wbk ss
```

第 2 步，创建目录*/home/dev_pub*，用于存放软件开发中心的共享资源。该目录对软件开发中心的所有员工开放读权限，但只有软件开发中心的负责人（即用户 ss）有读写权限，如例 3-53.2 所示。

例 3-53.2：文件和目录管理综合实验——设置目录权限

```
[root@centos7 ~]# cd /home
[root@centos7 home]# mkdir dev_pub
[root@centos7 home]# ls -ld dev_pub
drwxr-xr-x. 2  root root  6  12月 3 23:10    dev_pub
[root@centos7 home]# chown ss:devcenter dev_pub
[root@centos7 home]# chmod 750 dev_pub
[root@centos7 home]# ls -ld dev_pub
drwxr-x---. 2   ss devcenter 6 12月 3 23:10    dev_pub
```

第 3 步，在目录*/home/dev_pub* 中新建文件 *readme.devpub*，用于记录有关软件开发中心共享资源的使用说明。该文件的权限同目录 *dev_pub*，如例 3-53.3 所示。

例 3-53.3：文件和目录管理综合实验——设置文件权限

```
[root@centos7 home]# cd dev_pub
[root@centos7 dev_pub]# touch readme.devpub
[root@centos7 dev_pub]# ls -l readme.devpub
-rw-r--r--. 1  root root  0  12月 3 23:12    readme.devpub
[root@centos7 dev_pub]# chown ss:devcenter readme.devpub
[root@centos7 dev_pub]# chmod 640 readme.devpub
[root@centos7 dev_pub]# ls -l readme.devpub
-rw-r-----. 1  ss devcenter  0   12月 3 23:12    readme.devpub
```

做完这一步，张经理让小顾观察目录 *dev_pub* 和文件 *readme.devpub* 的权限有何不同，并思考读、写和执行权限对文件及目录的不同含义。

第 4 步，创建目录/home/devteam1 和/home/devteam2 分别作为开发一组和开发二组的工作目录，对组内人员开放读写权限，如例 3-53.4 所示。

例 3-53.4：文件和目录管理综合实验——为两个开发小组创建工作目录并设置权限

```
[root@centos7 dev_pub]# cd  ..
[root@centos7 home]# pwd
/home
[root@centos7 home]# mkdir  devteam1
[root@centos7 home]# mkdir  devteam2
[root@centos7 home]# ls  -ld  devteam*
drwxr-xr-x.  2  root root  6  12月  3 23:14        devteam1
drwxr-xr-x.  2  root root  6  12月  3 23:14        devteam2
[root@centos7 home]# chown  -R  ss:devteam1  devteam1
[root@centos7 home]# chown  -R  ss:devteam2  devteam2
[root@centos7 home]# chmod  g+w,o-rx  devteam1
[root@centos7 home]# chmod  g+w,o-rx  devteam2
[root@centos7 home]# ls  -ld  devteam*
drwxrwx---.  2  ss devteam1 6  12月  3 23:14   devteam1
drwxrwx---.  2  ss devteam2 6  12月  3 23:14   devteam2
```

第 5 步，分别切换到用户 ss、xf 和 wbk，执行下面两项测试，检查设置是否成功。具体操作这里不再演示。

① 使用 cd 命令分别进入目录 dev_pub、devteam1 和 devteam2，检查用户能否进入这 3 个目录。如果不能进入，则分析失败的原因。

② 如果能进入上面这 3 个目录，则使用 touch 命令新建测试文件，并使用 mkdir 命令创建测试目录，检查操作能否成功。如果成功，则使用 rm 命令删除测试文件和测试目录；如果不成功，则分析失败的原因。

知识拓展

除了上文提到的文件的 3 种基本权限和默认权限外，在 Linux 操作系统中，文件的隐藏属性也会影响用户对文件的访问。这些隐藏属性对提高系统的安全性而言非常重要。lsattr 和 chattr 两个命令分别用于查看和设置文件的隐藏属性，读者可扫描二维码详细了解。

知识拓展 3.2 修改
文件隐藏属性

任务实训

本实训的主要任务是练习修改文件权限的两种方法，并通过修改 umask 的值观察新建文件和目录的默认权限。结合文件权限与用户和用户组的设置，理解文件的 3 种用户身份及权限对于文件和目录的不同含义。

【实训目的】

（1）掌握文件与用户和用户组的基本概念及关系。

（2）掌握修改文件的所有者和属组的方法。

（3）理解文件和目录的 3 种权限的含义。

（4）掌握使用符号法和数字法设置文件权限的方法。

（5）理解 umask 影响文件和目录默认权限的工作原理。

【实训内容】

文件和目录的访问权限直接关系到整个 Linux 操作系统的安全性，作为一名合格的 Linux 系统管理员，必须深刻理解 Linux 文件权限的基本概念并能够熟练地进行权限设置。请按照以下步骤完成 Linux 用户管理和文件权限配置的综合练习。

（1）以 zys 用户的身份登录操作系统，在终端窗口中切换到 root 用户。

（2）创建用户组 it，将 zys 用户添加到该用户组中。

（3）添加两个新用户 jyf 和 zcc，分别为其设置密码，将 jyf 用户添加到 it 用户组中。

（4）在 /tmp 目录中创建文件 file1 和目录 dir1，并将其所有者和属组分别设置为 zys 和 it。

（5）将文件 file1 的权限依次修改为以下 3 种。对于每种权限，分别切换到 zys、jyf 和 zcc 这 3 个用户，验证这 3 个用户能否对文件 file1 进行读、写、重命名和删除操作。

① rw-rw-rw-

② rw-r--r--

③ r---w-rw-

（6）将目录 dir1 的权限依次修改为以下 4 种。对于每种权限，分别切换到 zys、jyf 和 zcc 这 3 个用户，验证这 3 个用户能否进入 dir1、在 dir1 中新建文件、在 dir1 中删除和重命名文件、修改 dir1 中文件的内容，并分析原因。

① rwxrwxrwx

② rwxr-xr-x

③ rwxr-xrw-

④ r-x-wx--x

任务 3.3　磁盘管理与文件系统

任务陈述

计算机的主要功能是存储数据和处理数据。本任务的关注点是计算机如何存储数据。现在能够买到的数据存储设备有很多，常见的有硬盘、U 盘、CD 和 DVD 等，不同存储设备的容量、外观、转速、价格和用途各不相同。硬盘是计算机硬件系统的主要外部存储设备，本任务从硬盘的物理组成开始讲起，重点介绍文件系统的相关概念和磁盘分区等知识，通过具体实例演示如何进行磁盘配额管理和逻辑卷管理。

知识准备

3.3.1　磁盘的基本概念

磁盘是计算机系统的外部存储设备。相比于内存，磁盘的存取速度较慢，但存储空间要大很多。磁盘分为两种，即硬盘和软盘，软盘现已基本上被淘汰，常用的是硬盘。如何有效地管理拥有大存储空间的硬盘，使数据存储更安全、数据存取更快速，是管理员必须面对和解决的问题。

1. 硬盘的物理组成

硬盘主要由主轴马达、磁头、磁头臂和盘片组成。主轴马达驱动盘片转动，可伸展的磁头臂牵引磁头在盘片上读取数据。为了更有效地组织和管理数据，盘片又被分割为许多小的组成部分。和硬盘存储相关的两个主要概念是磁道和扇区。

（1）磁道：如果固定磁头的位置，当盘片绕着主轴转动时，磁头在盘片上划过的区域是一个圆，则这个圆就是硬盘的一个磁道。磁头与盘片中心主轴的不同距离对应硬盘的不同磁道，磁道以主轴为中心由内向外扩散，构成了整个盘片。一块硬盘由多张盘片构成。

（2）扇区：对于每一个磁道，要把它进一步划分为若干个大小相同的小区域，这就是扇区。扇区是磁盘的最小物理存储单元。过去每个扇区的大小一般为 512 字节，目前大多数大容量磁盘将扇区设计为 4KB。

磁盘是不能直接使用的，必须先进行分区。在 Windows 操作系统中常见的 C 盘、D 盘等不同的盘符其实就是对磁盘进行分区的结果。磁盘分区是把磁盘分为若干个逻辑独立的部分。磁盘分区能够优化磁盘管理，提高系统运行效率和安全性。

磁盘的分区信息保存在被称为"磁盘分区表"的特殊磁盘空间中。现在有两种典型的磁盘分区格式，分别对应两种不同格式的磁盘分区表：一种是传统的主引导记录（Master Boot Record，MBR）格式，另一种是 GUID 磁盘分区表（GUID Partition Table，GPT）格式。关于这两种分区表的具体介绍详见本书配套电子资源。

V3-14　MBR 与 GPT 分区表

2. 磁盘和分区的名称

在 Linux 操作系统中，所有的硬件设备都被抽象为文件进行命名和管理，且有特定的命名规则。硬件设备对应的文件都在目录/dev 中，/dev 后面的内容代表硬件设备的种类。就磁盘而言，旧式的 IDE 接口的硬盘用/dev/hd[a～d]标识；SATA、USB、SAS 等磁盘接口都是使用 SCSI 模块驱动的，这种磁盘统一用/dev/sd[a～p]标识。其中，中括号内的字母表示系统中这种类型的硬件的编号，如/dev/sda 表示第 1 块 SCSI 硬盘，/dev/sdb 表示第 2 块 SCSI 硬盘。分区名则是在硬盘名之后附加表示分区顺序的数字，例如，/dev/sda1 和/dev/sda2 分别表示第 1 块 SCSI 硬盘中的第 1 个分区和第 2 个分区。

3.3.2　磁盘管理的相关命令

前面提到了为什么要对磁盘进行分区，也说明了 MBR 和 GPT 这两种常用的磁盘分区格式。MBR 出现得较早，且目前仍有很多磁盘采用 MBR 分区。但 MBR 的某些限制使得它不能适应现今大容量硬盘的发展。GPT 相比 MBR 有诸多优势，采用 GPT 分区是大势所趋。磁盘分区后要在分区上创建文件系统，也就是通常所说的格式化。最后要把分区和一个目录关联起来，即分区挂载，这样就可以通过这个目录访问和管理分区。

V3-15　磁盘分区的完整操作

1. 磁盘分区相关命令

（1）lsblk 命令

在进行磁盘分区前要先了解系统当前的磁盘与分区状态，如系统有几块磁盘、每块磁盘有几个分区、每个分区的大小和文件系统、采用哪种分区方案等。

lsblk 命令以树状结构显示系统中的所有磁盘及磁盘的分区，如例 3-54 所示。

例 3-54：使用 lsblk 命令查看磁盘及分区信息

```
[zys@centos7 ~]$ su - root
[root@centos7 ~]# lsblk -p
NAME              MAJ:MIN RM    SIZE   RO  TYPE    MOUNTPOINT
/dev/sda          8:0     0     50G    0   disk
├─/dev/sda1       8:1     0     1G     0   part    /boot
├─/dev/sda2       8:2     0     2G     0   part    [SWAP]
└─/dev/sda3       8:3     0     15G    0   part    /
/dev/sr0          11:0    1     1024M  0   rom
```

（2）blkid 命令

使用 blkid 命令可以快速查询每个分区的通用唯一识别码（Universally Unique Identifier，UUID）和文件系统，如例 3-55 所示。UUID 是操作系统为每个磁盘或分区分配的唯一标识符。

例 3-55：使用 blkid 命令查看分区的 UUID

```
[root@centos7 ~]# blkid
/dev/sda3: UUID="bd8ac680-e670-4341-a30c-121853dc6345" TYPE="xfs"
/dev/sda1: UUID="4824a074-7b7c-448e-8618-0de815535f0c" TYPE="xfs"
/dev/sda2: UUID="25a62f6a-434b-4d9e-b582-7b1c8d33490e" TYPE="swap"
```

（3）parted 命令

知道了系统有几块磁盘和几个分区，还可以使用 parted 命令查看磁盘的大小、磁盘分区表的类型及分区详细信息，如例 3-56 所示。

例 3-56：使用 parted 命令查看磁盘分区信息

```
[root@centos7 ~]# parted /dev/sda print
Model: VMware, VMware Virtual S (scsi)
Disk /dev/sda: 53.7GB
Sector size (logical/physical): 512B/512B
Partition Table: msdos
Disk Flags:

Number  Start    End      Size     Type     File system      标志
 1      1049KB   1075MB   1074MB   primary  xfs              启动
 2      1075MB   3223MB   2149MB   primary  linux-swap(v1)
 3      3223MB   19.3GB   16.1GB   primary  xfs
```

（4）fdisk 和 gdisk 命令

MBR 分区表和 GPT 分区表需要使用不同的分区工具。MBR 分区表使用 fdisk 命令，而 GPT 分区表使用 gdisk 命令。如果在 MBR 分区表中使用 gdisk 命令或者在 GPT 分区表中使用 fdisk 命令，则会对分区表造成破坏，所以在分区前一定要先确定磁盘的分区格式。

fdisk 命令的使用方法非常简单，只要把磁盘名称作为参数即可。fdisk 命令提供了一个交互式的操作环境，可以在其中通过不同的子命令提示执行相关操作。gdisk 命令的相关操作和 fdisk 命令的相关操作非常类似。

2. 磁盘格式化

磁盘分区后必须对其进行格式化才能使用，即在分区中创建文件系统。格式化除了清除磁盘或分区中的所有数据外，还对磁盘做了什么操作呢？其实，操作系统需要特定的信息才能有效管理磁盘或分区中的文件，而格式化更重要的意义就是在磁盘或磁盘分区的特定区域中写入这些信息，以达到初始化磁盘或磁盘分区的目的，使其成为操作系统可以识别的文件系统。在传统的文件管理方式中，一个分区只能被格式化为一个文件系统，因此通常认为一个文件系统就是一个分区。但新技术的出现打破了文件系统和磁盘分区之间的这种限制，现在可以将一个分区格式化为多个文件系统，也可以将多个分区合并为一个文件系统。本书的所有实验都采用传统的方法，因此分区和文件系统的概念并不严格加以区分。

使用 mkfs 命令可以为磁盘分区创建文件系统。mkfs 命令的基本语法如下。

```
mkfs  -t  文件系统类型  分区名
```

其中，-t 选项用于指定要在分区中创建的文件系统类型。mkfs 命令看似非常简单，但实际上创建一个文件系统涉及的设置非常多，如果没有特殊需要，则使用 mkfs 命令的默认值即可。

3. 挂载与卸载

挂载分区又称为挂载文件系统，这是分区可以正常使用前的最后一步。简单地说，挂载分区就是把一个分区与一个目录绑定，使目录作为进入分区的入口。将分区与目录绑定的操作称为"挂载"，这个目录就是"挂载点"。分区必须被挂载到某个目录后才可以使用。挂载分区的命令是 mount，它的选项和参数非常复杂，但目前只需要了解其最基本的语法。mount 命令的基本语法如下。

```
mount  [ -t  文件系统类型 ]  分区名  目录名
```

其中，-t 选项用于指定目标分区的文件系统类型。mount 命令能自动检测出分区格式化时使用的文件系统，因此其实不需要使用-t 选项。关于文件系统挂载，需要特别注意以下 3 点。

（1）不要把一个分区挂载到不同的目录中。

（2）不要把多个分区挂载到同一个目录中。

（3）作为挂载点的目录最好是一个空目录。

对于第 3 点，如果作为挂载点的目录不是空目录，那么挂载后该目录中原来的内容会被暂时隐藏，只有把分区卸载才能看到原来的内容。卸载就是解除分区与挂载点的绑定关系，命令是 umount。umount 命令的基本语法如下。可以把分区名或挂载点作为参数进行卸载。

```
umount  分区名 | 挂载点
```

4. 启动挂载分区

使用 mount 命令挂载分区的方法有一个很麻烦的问题，即当系统重启后，分区的挂载点无法保留，需要再次手动挂载才能使用。如果系统有多个分区都要这样处理，则意味着每次系统重启后都要执行一些重复工作。能不能让操作系统在启动时自动挂载这些分区？方法当然是有的，这涉及启动挂载的配置文件*/etc/fstab*。先来查看*/etc/fstab* 文件的内容，如例 3-57 所示。

例 3-57：启动挂载的配置文件*/etc/fstab* 的内容

```
[root@centos7 ~]# cat /etc/fstab
UUID=bd8ac680-e670-4341-a30c-121853dc6345  /          xfs   defaults  0  0
UUID=4824a074-7b7c-448e-8618-0de815535f0c  /boot      xfs   defaults  0  0
UUID=25a62f6a-434b-4d9e-b582-7b1c8d33490e  swap       swap  defaults  0  0
```

/etc/fstab 文件的每一行代表一个分区的文件系统，包括用空格或 Tab 键分隔的 6 个字段，即设备名、挂载点、文件系统类型、挂载参数、dump 备份标志和 fsck 检查标志。每个字段的具体含义参见本书配套电子资源。

Linux 在启动过程中，会从*/etc/fstab* 文件中读取文件系统信息并进行自动挂载。因此只需把文件系统添加到该文件中，就可以实现自动挂载的目的。

上面分别介绍了磁盘分区、文件系统和挂载的基本概念，现在用图 3-4 来说明三者的关系。

可以看到，当使用 cd 命令在不同的目录之间切换时，逻辑上只是把工作目录从一处切换到另一处，但物理上很可能从一个分区转移动到另外一个分区。Linux 文件系统的这种设计，实现了文件系统在逻辑层面和物理层面上的分离，使用户能够以统一的方式管理文件而不用考虑文件所在的分区或物理位置。

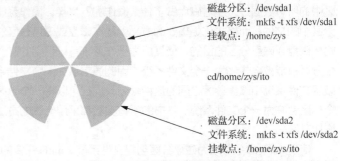

磁盘分区：/dev/sda1
文件系统：mkfs -t xfs /dev/sda1
挂载点：/home/zys

cd/home/zys/ito

磁盘分区：/dev/sda2
文件系统：mkfs -t xfs /dev/sda2
挂载点：/home/zys/ito

图 3-4　磁盘分区、文件系统和挂载的关系

3.3.3　认识 Linux 文件系统

文件系统这个概念相信大家或多或少都听说过。了解文件系统的基本概念和内部结构，对于学习 Linux 操作系统有很大的帮助。文件管理是操作系统的核心功能之一，而文件系统的主要作用正是组织和分配存储空间，提供创建、读取、修改和删除文件的接口，并对这些操作进行权限控制。因此，文件系统是操作系统的重要组成部分。不同的文件系统采用不同的方式管理文件，这主要取决于文件系统的内部数据结构。下面先来了解 Linux 文件系统的内部数据结构。

1. 文件系统的内部数据结构

对一个文件而言，除了文件本身的内容（即用户数据）之外，还有很多附加信息（即元数据），如文件的所有者和属组、文件权限、文件大小、最近访问时间、最近修改时间等。一般来说，文件系统会将文件的内容和元数据分开存放。

V3-16　文件系统的内部数据结构

文件系统内部数据结构如图 3-5 所示。下面重点介绍其中几个关键要素。

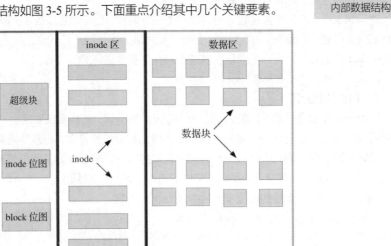

图 3-5　文件系统的内部数据结构

（1）数据块

文件系统管理磁盘空间的基本单位是区块（block，简称块），每个区块都有唯一的编号。区块的大

小有 1KB、2KB 和 4KB 这 3 种。在磁盘格式化的时候要确定区块的大小和数量。除非重新格式化，否则区块的大小和数量不允许改变。用于存储文件实际内容的区块是数据块（Data Block）。

（2）索引节点

索引节点（Index Node）常常简称为 inode。inode 用于记录文件的元数据，如文件占用的数据块的编号。inode 的大小和数量也是在磁盘格式化时确定的。一个文件对应一个唯一的 inode，每个 inode 都有唯一的编号，inode 编号是文件的唯一标识。inode 对于文件来说非常重要，因为操作系统正是利用 inode 编号定位文件所在的数据块的。

使用带-i 选项的 ls 命令可以显示文件或目录的 inode 编号，如例 3-58 所示。

例 3-58：显示文件或目录的 inode 编号

```
[zys@centos7 ~]$ mkdir /tmp/dir1
[zys@centos7 ~]$ touch /tmp/file1
[zys@centos7 ~]$ ls -ldi /tmp/dir1 /tmp/file1
26678646  drwxrwxr-x.  2  zys  zys  6 12月  3 23:23   /tmp/dir1
 9513253  -rw-rw-r--.  1  zys  zys  0 12月  3 23:23   /tmp/file1
```

（3）超级块

超级块（Super Block）是文件系统的控制块，记录和文件系统有关的信息，如数据块及 inode 的数量及使用信息。超级块是处于文件系统最顶层的数据结构，文件系统中所有的数据块和 inode 都要连接到超级块并接受超级块的管理。可以说超级块就代表了一个文件系统，没有超级块就没有文件系统。

（4）block 位图

block 位图又称区块对照表，用于记录文件系统中所有区块的使用状态。新建文件时，利用 block 位图可以快速找到未使用的数据块以存储文件数据。删除文件时，其实只是将 block 位图中相应数据块的状态置为可用，数据块中的文件内容并未被删除。

（5）inode 位图

和 block 位图类似，inode 位图用于记录每个 inode 的状态。利用 inode 位图可以查看哪些 inode 已被使用，哪些 inode 未被使用。

2. 创建链接文件：ln 命令

ln 命令可以在两个文件之间建立链接关系，它有一些像 Windows 操作系统中的快捷方式，但又不完全一样。Linux 文件系统中的链接分为硬链接（Hard Link）和符号链接（Symbolic Link）。下面简单说明这两种链接的不同。

首先来看硬链接文件是如何工作的。前文说过，每个文件都对应一个 inode，指向保存文件实际内容的数据块，因此通过 inode 可以快速找到文件的数据块。简单地说，硬链接就是一个指向原文件的 inode 的链接文件。也就是说，硬链接文件和原文件共享同一个 inode，因此这两个文件的属性是完全相同的，硬链接文件只是原文件的一个"别名"。删除硬链接文件或原文件时，只是删除了这个文件和 inode 的对应关系，inode 本身及数据块都不受影响，仍然可以通过另一个文件名打开。硬链接的原理如图 3-6（a）所示。创建硬链接文件的方法如例 3-59 所示。

例 3-59：创建硬链接文件

```
[zys@centos7 ~]$ touch file1.ori
[zys@centos7 ~]$ echo "CENTOS IS FANTASTIC" > file1.ori
[zys@centos7 ~]$ ls -li file1.ori        // 使用-i 选项显示文件的 inode 编号
162664  -rw-rw-r--.  1  zys  zys  20 12月  3 23:31 file1.ori
```

```
[zys@centos7 ~]$ cat file1.ori
CENTOS IS FANTASTIC
[zys@centos7 ~]$ ln file1.ori file1.hardlink   // ln 命令默认建立硬链接
[zys@centos7 ~]$ ls -li file1.ori file1.hardlink
162664  -rw-rw-r--. 2 zys zys 20 12月 3 23:31 file1.hardlink
162664  -rw-rw-r--. 2 zys zys 20 12月 3 23:31 file1.ori
[zys@centos7 ~]$ rm file1.ori                    // 删除原文件
[zys@centos7 ~]$ ls -li file1.hardlink           // 硬链接文件仍在，inode 不变
162664  -rw-rw-r--. 1 zys zys 20 12月 3 23:31    file1.hardlink
[zys@centos7 ~]$ cat file1.hardlink
CENTOS IS FANTASTIC            <== 内容不变
```

从例 3-59 中可以看出，链接文件 *file1.hardlink* 与原文件 *file1.ori* 的 inode 编号相同，都是 162664。删除原文件 *file1.ori* 后，链接文件 *file1.hardlink* 仍然可以正常打开。另一个值得注意的地方是，创建硬链接文件后，ls -li 命令的第 3 列从 1 变为 2，这个数字表示链接到此 inode 的文件的数量，所以当删除原文件后，这一列的数字又变为 1。

V3-17　硬链接和
符号链接

符号链接也称为软链接（Soft Link）。符号链接是一个独立的文件，有自己的 inode，且其 inode 和原文件的 inode 不同。符号链接的数据块保存的是原文件的文件名，也就是说，符号链接只是通过这个文件名打开原文件，如图 3-6（b）所示。删除符号链接并不影响原文件，但如果原文件被删除了，那么符号链接将无法打开原文件，从而变为一个死链接。和硬链接相比，符号链接更接近于 Windows 操作系统中的快捷方式。创建符号链接文件的方法如例 3-60 所示。

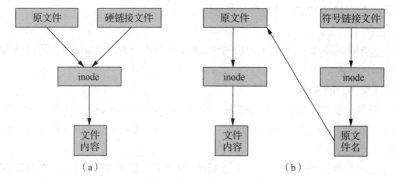

图 3-6　硬链接和符号链接

例 3-60：创建符号链接文件

```
[zys@centos7 ~]$ touch file2.ori
[zys@centos7 ~]$ ls -li file2.ori
162666  -rw-rw-r--. 1 zys zys 0 12月 3 23:33        file2.ori
[zys@centos7 ~]$ ln -s file2.ori file2.softlink   // 使用-s 选项建立符号链接
[zys@centos7 ~]$ ls -li file2.ori file2.softlink  // 两个文件的 inode 不同
162666  -rw-rw-r--. 1 zys zys 0 12月 3 23:33 file2.ori
162667  lrwxrwxrwx. 1 zys zys 9 12月 3 23:34 file2.softlink -> file2.ori
```

```
[zys@centos7 ~]$ rm  file2.ori
[zys@centos7 ~]$ cat  file2.softlink
cat: file2.softlink: 没有那个文件或目录
```

从例 3-60 可以看出，符号链接与原文件的 inode 编号并不相同。在删除原文件后，符号链接文件将无法打开原文件。

3. 文件系统相关命令

（1）查看文件系统磁盘空间使用情况：df 命令

超级块用于记录和文件系统有关的信息，如 inode 和数据块的数量、使用情况、文件系统的格式等。df 命令用于从超级块中读取信息，以显示整个文件系统的磁盘空间使用情况。df 命令的基本语法如下。

```
df    [-ahHiklmPtTv]    [目录或文件名]
```

不加任何选项和参数时，df 命令默认显示系统中所有的文件系统，如例 3-61 所示。其输出信息包括文件系统所在的分区名称、文件系统的空间大小、已使用的磁盘空间、剩余的磁盘空间、磁盘空间使用率和挂载点。

例 3-61：df 命令的基本用法——不加任何选项和参数

```
[root@centos7 ~]# df
文件系统          1K-块        已用      可用       已用%      挂载点
/dev/sda3       15718400    4001512   11716888   26%        /
/dev/sda1       1038336     184296    854040     18%        /boot
```

使用-h 选项会以用户易读的方式显示磁盘容量信息，如例 3-62 所示。

例 3-62：df 命令的基本用法——使用-h 选项

```
[root@centos7 ~]# df -h          // 以用户易读的方式显示磁盘容量信息
文件系统          容量      已用      可用      已用%      挂载点
/dev/sda3       15G       3.9G     12G       26%        /
/dev/sda1       1014M     180M     835M      18%        /boot
```

如果把目录名或文件名作为参数，那么 df 命令会自动分析该目录或文件所在的分区，并把该分区的信息显示出来，如例 3-63 所示。此例中，df 命令分析出目录/bin 所在的分区是/dev/sda3，因此会显示这个分区的磁盘容量信息。

例 3-63：df 命令的基本用法——使用目录名作为参数

```
[root@centos7 ~]# df -h /bin          // 自动分析目录/bin 所在的分区
文件系统          容量      已用      可用      已用%      挂载点
/dev/sda3       15G       3.9G     12G       26%        /
```

（2）查看文件磁盘空间使用情况：du 命令

du 命令用于计算目录或文件所占的磁盘空间大小，其基本语法如下。

```
du    [-abcDhHklLmsSxX]    [目录或文件名]
```

不加任何选项和参数时，du 命令会显示当前目录及其所有子目录的容量，如例 3-64 所示。

例 3-64：du 命令的基本用法——不加任何选项和参数

```
[root@centos7 ~]# du
4     ./.cache/dconf
4     ./.cache/abrt
8     ./.cache
```

可以通过一些选项改变 du 命令的输出。例如，如果想查看当前目录的总磁盘占用量，则可以使用-s 选项；而-S 选项仅会显示每个目录本身的磁盘占用量，但不包括其中的子目录的容量，如例 3-65 所示。

例 3-65：du 命令的基本用法——使用-s 和-S 选项

```
[root@centos7 ~]# du -s
48      .               <== 当前目录的总磁盘占用量
[root@centos7 ~]$ du -S
4       ./.cache/dconf
4       ./.cache/abrt
0       ./.cache         <== 不包括子目录的容量
```

df 和 du 命令的区别在于，df 命令直接从超级块中读取数据，统计整个文件系统的容量信息；而 du 命令会在文件系统中查找所有目录和文件的数据。因此，如果查找的范围太大，则 du 命令可能需要较长的执行时间。

3.3.4 磁盘配额管理

在 Linux 操作系统中，多个用户可以同时登录操作系统完成工作。在没有特别设置的情况下，所有用户共享磁盘空间，只要磁盘还有剩余空间可用，用户就可以在其中创建文件。其中非常关键的一点是，文件系统对所有用户都是"公平"的。也就是说，所有用户平等地使用磁盘，不存在某个用户可以多使用一些磁盘空间，或者多创建几个文件的问题。因此，如果有个别用户创建了很多文件，占用了大量的磁盘空间，那么其他用户的可用空间自然就相应地减少了。这就引出了如何在用户之间分配磁盘空间的问题。

1. 磁盘配额基本概念

默认情况下，所有用户共用磁盘空间，每个用户能够使用的磁盘空间的上限就是磁盘或分区的大小。为了防止某个用户不合理地使用磁盘，如创建大量的文件或占用大量的磁盘空间，从而影响其他用户的正常使用，系统管理员必须要通过某种方法对这种情况加以控制。磁盘配额就是一种在用户之间合理分配磁盘空间的机制，系统管理员可以利用磁盘配额限制用户能够创建的文件的数量或能够使用的磁盘空间。简单地说，磁盘配额就是给用户分配一定数量的"额度"，用户使用完这个额度就无法再创建文件了。

（1）磁盘配额的用途

根据不同的应用场景和实际需求，磁盘配额可以用于实现不同的目的。例如，当需要限制某个用户的最大磁盘配额时，系统管理员可以根据用户的角色或行为习惯为不同用户分配不同的磁盘配额；另外，还可以限制某个用户组的磁盘配额，此时用户组中的所有成员共享磁盘配额。这两种磁盘配额都是针对文件系统实施限制的，只要是在文件系统的挂载目录中创建文件，都会受到磁盘配额的限制。在某些情况下可能只想针对某一目录进行磁盘配额限制，即限制某个目录的最大磁盘配额。目前，XFS文件系统支持目录磁盘配额功能。

（2）磁盘配额的相关参数

磁盘配额主要是通过限制用户或用户组可以创建文件的数量或使用的磁盘空间来实现的。前文提到，每个文件都对应一个 inode，文件的实际内容存储在数据块中。因此，限制用户或用户组可以使用的 inode 数量，也就相当于限制其可以创建文件的数量。同样，限制用户或用户组的数据块使用量，也就限制了其磁盘空间的使用量。

不管是 inode 还是数据块，在设置具体的参数值时，Linux 都支持同时设置"软限制"和"硬限制"两个值，还支持设置"宽限时间"。当用户的磁盘使用量在软限制之内时，用户可以正常使用磁盘。如果使用量超过软限制，但小于硬限制，那么用户会收到操作系统的警告信息。如果在宽限时间内用户将磁盘使用量降至软限制以内，则其依然可以正常使用磁盘。

2. XFS 磁盘配额管理

不同文件系统对磁盘配额功能的支持不尽相同，配置方式也有所不同。下面以 XFS 文件系统为例，介绍磁盘配额的配置步骤和方法。

除了支持用户和用户组磁盘配额外，XFS 还支持目录磁盘配额，即限制在特定目录中所能使用的磁盘空间或创建文件的数量。目录磁盘配额和用户组磁盘配额不能同时启用，所以启用目录磁盘配额时必须关闭用户组磁盘配额。XFS 使用 xfs_quota 命令完成全部的磁盘配额操作。xfs_quota 命令非常复杂，其基本语法如下。

```
xfs_quota -x -c 子命令 分区或挂载点
```

使用-x 选项可开启专家模式，这个选项和-c 选项指定的子命令有关，有些子命令只能在专家模式下使用。xfs_quota 命令通过子命令完成不同的任务，其常用的子命令及其功能说明如表 3-2 所示。

表 3-2　xfs_quota 命令常用的子命令及其功能说明

子命令	功能说明
print	显示文件系统的基本信息
df	和 Linux 操作系统中的 df 命令一样
state	显示文件系统支持哪些磁盘配额功能，在专家模式下才能使用
limit	设置磁盘配额的具体值，在专家模式下才能使用
report	显示文件系统的磁盘配额使用信息，在专家模式下才能使用
timer	设置宽限时间，在专家模式下才能使用
project	设置目录磁盘配额的具体值，在专家模式下才能使用

这里重点介绍 limit、report 和 timer 这 3 个子命令的具体用法。

limit 子命令用于设置磁盘配额，在专家模式下才能使用。limit 子命令的基本语法如下。

```
xfs_quota -x -c "limit [-u | -g] [bsoft | bhard]=N [isoft | ihard]=N name"
partition
```

limit 子命令常用的选项与参数及其功能说明如表 3-3 所示。

表 3-3　limit 子命令常用的选项与参数及其功能说明

选项与参数	功能说明	选项与参数	功能说明
-u	设置用户磁盘配额	bsoft	设置磁盘空间的软限制
-g	设置用户组磁盘配额	bhard	设置磁盘空间的硬限制
isoft	设置文件数量的软限制	ihard	设置文件数量的硬限制
name	用户或用户组名称	partition	分区或挂载点

report 子命令用于显示文件系统的磁盘配额使用信息，在专家模式下才能使用。report 子命令的基本语法如下。

```
xfs_quota -x -c "report [ -u | -g | -p | -b | -i | -h ] " partition
```

report 子命令常用的选项与参数及其功能说明如表 3-4 所示。

表3-4　report 子命令常用的选项与参数及其功能说明

选项与参数	功能说明	选项与参数	功能说明
-u	查看用户磁盘配额使用信息	-b	查看磁盘空间配额信息
-g	查看用户组磁盘配额使用信息	-i	查看文件数量配额信息
-p	查看目录磁盘配额使用信息	-h	以常用的 KB、MB 或 GB 为单位显示磁盘空间
partition	分区或挂载点		

timer 子命令用于设置宽限时间，在专家模式下才能使用。timer 子命令的基本语法如下。

```
xfs_quota -x -c "timer [ -u | -g | -p | -b | -i ] grace_value " partition
```

timer 子命令常用的选项与参数及其功能说明如表3-5所示。

表3-5　timer 子命令常用的选项与参数及其功能说明

选项与参数	功能说明	选项与参数	功能说明
-u	设置用户宽限时间	-b	设置磁盘空间宽限时间
-g	设置用户组宽限时间	-i	设置文件数量宽限时间
-p	设置目录宽限时间	*partition*	分区或挂载点
grace_value	实际宽限时间，默认以秒为单位，也可以使用 minutes、hours、days、weeks 分别表示分钟、小时、天、周，可分别简写为 m、h、d、w		

3.3.5　逻辑卷管理器

1. 逻辑卷管理器基本概念

Linux 系统管理员或多或少都遇到过这样的问题：如何精确评估并分配合适的磁盘空间以满足用户未来的需求？往往一开始以为分配的空间很合适，可是经过一段时间的使用后，随着用户创建的文件越来越多，磁盘空间逐渐变得不够用。常规的解决方法是新增磁盘，重新进行磁盘分区，分配更多的磁盘空间，并把原分区中的文件复制到新分区中。这个过程要花费系统管理员很长时间，且很可能在未来的某个时候又要面对这个问题。还有一种可能是一开始为磁盘分区分配的磁盘空间太大，而用户实际上只使用了其中很小一部分，导致大量磁盘空间被浪费。所以系统管理员需要一种既能灵活调整磁盘分区空间，又不用反复移动文件的方法，这就是接下来要介绍的逻辑卷管理器（Logical Volume Manager，LVM）。

LVM 之所以能允许系统管理员灵活调整磁盘分区空间，是因为它在物理磁盘之上添加了一个新的抽象层次。LVM 将一块或多块磁盘组合成一个存储池，称为卷组（Volume Group，VG），并在卷组上划分出不同大小的逻辑卷（Logical Volume，LV）；物理卷（Physical Volume，PV）创建于物理磁盘或分区之上。LVM 维护物理卷和逻辑卷的对应关系，通过逻辑卷向上层应用程序提供和物理磁盘相同的功能。逻辑卷的大小可根据需要调整，且可以跨越多个物理卷。相比于传统的磁盘分区方式，LVM 更加灵活，可扩展性更好。要想深入理解 LVM 的工作原理，需要明确下面几个基本概念及术语，如图 3-7 所示。

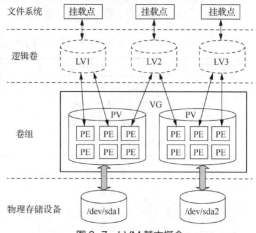

图 3-7　LVM 基本概念

（1）物理存储设备：物理存储设备（Physical Storage Device）就是系统中实际的物理磁盘，实际的数据最终都要存储在物理磁盘中。

（2）物理卷：物理卷是指磁盘分区或逻辑上与磁盘分区具有同样功能的设备。和基本的物理存储介质（如磁盘、分区等）相比，PV 有与 LVM 相关的管理参数，是 LVM 的基本存储逻辑块。

（3）卷组：卷组是 LVM 在物理存储设备上虚拟出来的逻辑磁盘，由一个或多个 PV 组成。

（4）逻辑卷：逻辑卷是逻辑磁盘，而 LV 是在 VG 上划分出来的分区，所以 LV 也要经过格式化和挂载才能使用。

（5）物理块：物理块（Physical Extent，PE）类似于物理磁盘上的数据块，是 LV 的划分单元，也是 LVM 的最小存储单元。

2. LVM 常用命令

LVM 的操作可以划分为 3 个主要阶段，LVM 命令在这 3 个阶段中执行。

（1）PV 阶段

PV 阶段的主要任务是通过物理设备建立 PV，这一阶段的常用命令包括 pvcreate、pvscan、pvdisplay 和 pvremove 等。

（2）VG 阶段

VG 阶段的主要任务是创建 VG，并把 VG 和 PV 关联起来。这一阶段的常用命令包括 vgcreate、vgremove、vgscan 等。

（3）LV 阶段

VG 阶段之后，系统便多了一块虚拟逻辑磁盘。下面要做的就是在这块逻辑磁盘上进行分区操作，也就是把 VG 划分为多个 LV。这一阶段的常用命令包括 lvcreate、lvremove、lvscan 等。

lvcreate 命令的基本语法如下。

```
lvcreate [ -L Size [ UNIT ] ] -l Number -n lvname vgname
```

其中，-L 和-l 选项分别用于指定 LV 容量和 LV 包含的 PE 数量，*lvname* 和 *vgname* 分别表示 LV 名称和 VG 名称。

使用 lvcreate 命令创建 LV 时，有两种指定 LV 大小的方式：第 1 种方式是在-L 选项后跟 LV 容量，单位可以是常见的 m/M（MB）、g/G（GB）等；第 2 种方式是在-l 选项后指定 LV 包含的 PE 的数量。创建好的 LV 的完整名称的格式是*/dev/vgname/lvname*，其中 *vgname* 和 *lvname* 分别是 VG 和 LV 的实际名称。

3.3.6 RAID

1. RAID 基本概念

简单来说，独立冗余磁盘阵列（Redundant Array of Independent Disks，RAID）是将相同数据存储在多个磁盘的不同地方的技术。RAID 将多个独立的磁盘组合成一个容量巨大的磁盘组，结合数据条带化技术，把连续的数据分割成相同大小的数据块，并把每块数据写入阵列中的不同磁盘上。RAID 技术主要具有以下 3 个基本功能。

（1）通过对数据进行条带化，实现对数据的成块存取，减少磁盘的机械寻道时间，提高了数据存取速度。

（2）通过并行读取阵列中的多块磁盘，提高数据存取速度。

（3）通过镜像或者存储奇偶校验信息的方式，对数据提供冗余保护，提高数据存储的可靠性。

根据不同的应用场景需求，有多种不同的 RAID 等级，常见的有 RAID 0、RAID 1、RAID 5 和 RAID 10 等。每个 RAID 等级提供了不同的数据存取性能、安全性和可靠性，具体内容详见本书配套电子资源。

2. RAID 常用命令

Linux 操作系统中用于 RAID 管理的命令是 mdadm。mdadm 命令的基本语法如下。mdadm 命令的常用选项及具体用法详见下文的【任务实施】部分。

```
mdadm    [-ClnxadDfarsS]
```

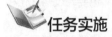 **任务实施**

实验 1：磁盘分区综合实验

张经理之前为开发一组和开发二组分别创建了工作目录。考虑到日后的管理需要，张经理决定为两个开发小组分别创建新的分区，并挂载到相应的工作目录。下面是张经理的操作步骤。

第 1 步，登录到开发服务器，在终端窗口中使用 su - root 命令切换到 root 用户。

第 2 步，使用 lsblk 命令查看系统磁盘及分区信息，如例 3-66.1 所示。

例 3-66.1：磁盘分区综合实验——使用 lsblk 命令查看系统磁盘及分区信息

```
[root@centos7 ~]# lsblk -p
NAME                MAJ:MIN RM  SIZE     RO  TYPE     MOUNTPOINT
/dev/sda            8:0     0   50G      0   disk
├──/dev/sda1        8:1     0   1G       0   part     /boot
├──/dev/sda2        8:2     0   2G       0   part     [SWAP]
└──/dev/sda3        8:3     0   15G      0   part     /
/dev/sr0            11:0    1   1024M    0   rom
```

张经理告诉小顾，系统当前有*/dev/sda* 和*/dev/sr0* 两个设备，*/dev/sr0* 是光盘镜像，而*/dev/sda* 是通过 VMware 虚拟出来的一块硬盘。*/dev/sda* 上有 3 个分区，包括启动分区*/dev/sda1*（*/boot* ）、根分区*/dev/sda3*（*/* ）和交换分区*/dev/sda2*（SWAP）。接下来要在*/dev/sda* 上新建两个分区。

第 3 步，在新建分区前，要先使用 parted 命令查看磁盘分区表的类型，如例 3-66.2 所示。系统当前的磁盘分区表类型是 msdos，也就是 MBR，因此下面使用 fdisk 工具进行磁盘分区。

例 3-66.2：磁盘分区综合实验——使用 parted 命令查看磁盘分区表的类型

```
[root@centos7 ~]# parted /dev/sda print
Model: VMware, VMware Virtual S (scsi)
Disk /dev/sda: 53.7GB
Sector size (logical/physical): 512B/512B
Partition Table: msdos
Disk Flags:

Number  Start    End      Size     Type     File system    标志
1       1049kB   1075MB   1074MB   primary  xfs            启动
2       1075MB   3223MB   2149MB   primary  linux-swap(v1)
3       3223MB   19.3GB   16.1GB   primary  xfs
```

第 4 步，使用 fdisk 命令新建磁盘分区，fdisk 工具的使用方法非常简单，只要把磁盘名称作为参数即可，如例 3-66.3 所示。

例 3-66.3：磁盘分区综合实验——使用 fdisk 命令新建磁盘分区

```
[root@centos7 ~]# fdisk /dev/sda  // 注意，fdisk 的参数是磁盘名称而不是分区名称
命令（输入 m 获取帮助）：
```

第 5 步，启用 fdisk 工具后，会进入交互式的操作环境，输入"m"获取 fdisk 子命令提示，输入"p"查看当前的磁盘分区表信息，如例 3-66.4 所示。

例 3-66.4：磁盘分区综合实验——查看当前的磁盘分区表信息

```
命令（输入 m 获取帮助）：p    <== 查看当前的磁盘分区表信息
磁盘 /dev/sda: 53.7 GB, 53687091200 字节, 104857600 个扇区
Units = 扇区 of 1 * 512 = 512 bytes
扇区大小（逻辑/物理）: 512 字节 / 512 字节
I/O 大小（最小/最佳）: 512 字节 / 512 字节
磁盘标签类型: dos
磁盘标识符: 0x000c63ae


   设备     Boot      Start        End       Blocks   Id  System
/dev/sda1   *        2048      2099199     1048576   83  Linux
/dev/sda2         2099200     6295551     2098176   82  Linux swap / Solaris
/dev/sda3         6295552    37752831    15728640   83  Linux
```

输入子命令"p"后显示的分区表信息和第 3 步中 parted 命令的输出基本相同，具体包括分区名称、是否为启动分区（Boot，用"*"标识）、起始扇区号（Start）、终止扇区号（End）、区块数（Blocks）、文件系统标识（Id）及文件系统名称（System）。从以上输出中至少可以得到如下 3 点信息。

① 当前几个分区的扇区是连续的，每个分区的起始扇区号就是前一个分区的终止扇区号加 1。

② 扇区的大小是 512 字节，区块的大小是 1KB，即两个扇区（2099199 - 2048 + 1 = 1048576×2）。

③ 磁盘一共有 104857600 个扇区，目前只用到 37752831 号扇区，说明磁盘还有可用空间可以进行分区。

第 6 步，输入"n"为开发一组添加一个大小为 4GB 的分区，如例 3-66.5 所示。

例 3-66.5：磁盘分区综合实验——为开发一组添加分区

```
命令（输入 m 获取帮助）：n    <== 添加分区
Partition type:
   p   primary (3 primary, 0 extended, 1 free)
   e   extended
Select (default e):
```

系统询问是要添加主分区还是逻辑分区。在 MBR 分区方式下，主分区和扩展分区的编号是 1~4，从编号 5 开始的分区是逻辑分区。目前磁盘已使用的分区编号是 1、2、3，因此编号 4 可以用于添加一个主分区或扩展分区。需要说明的是，如果编号 1~4 已经被主分区或扩展分区占用，那么输入"n"后不会有这个提示，因为在这种情况下只能添加逻辑分区。下面先添加扩展分区，再在其基础上添加逻辑分区。

第 7 步，输入"e"添加扩展分区，并指定分区的初始扇区和大小，如例 3-66.6 所示。

例 3-66.6：磁盘分区综合实验——添加扩展分区

```
Select (default e): e    <== 添加扩展分区
已选择分区 4
```

```
起始 扇区 (37752832-104857599, 默认为 37752832):          <== 直接按 Enter 键表示采用默认值
将使用默认值 37752832
Last 扇区, +扇区 or +size{K,M,G} (37752832-104857599, 默认为 104857599): +8G
分区 4 已设置为 Extended 类型, 大小设为 4 GiB
```

fdisk 会根据当前的系统分区状态确定新分区的编号，并询问新分区的起始扇区号。可以指定新分区的起始扇区号，但建议采用系统默认值，所以这里直接按 Enter 键即可。下一步要指定新分区的大小，fdisk 工具提供了 3 种指定新分区大小的方式：第 1 种方式是输入新分区的终止扇区号；第 2 种方式是采用"+扇区"的格式，即指定新分区的扇区数；第 3 种方式最简单，采用"+*size*"的格式直接指定新分区的大小即可。这里采用第 3 种方式指定新分区的大小。

第 8 步，按照同样的方式继续添加两个逻辑分区分别作为开发一组和开发二组的分区，大小分别为 4GB 和 2GB。输入"p"再次查看磁盘分区表信息，如例 3-66.7 所示。可以看到，*/dev/sda4* 为新添加的扩展分区，*/dev/sda5* 和 */dev/sda6* 是新添加的两个逻辑分区。

例 3-66.7：磁盘分区综合实验——再次查看磁盘分区表信息

```
命令 (输入 m 获取帮助): p
   设备       Boot    Start        End       Blocks      Id   System
/dev/sda1      *       2048      2099199     1048576     83   Linux
/dev/sda2           2099200     6295551     2098176     82   Linux swap / Solaris
/dev/sda3           6295552    37752831    15728640     83   Linux
/dev/sda4          37752832    54530047     8388608      5   Extended
/dev/sda5          37754880    46143487     4194304     83   Linux
/dev/sda6          46145536    50339839     2097152     83   Linux
```

张经理提醒小顾，此时还不能直接退出 fdisk 工具，因为刚才的操作只保存在内存中，并没有被真正写入磁盘分区表。

第 9 步，输入"w"使以上操作生效，如例 3-66.8 所示。此时，提示信息显示系统正在使用这块磁盘，因此内核无法更新磁盘分区表，必须重新启动系统或通过 partprobe 命令重新读取磁盘分区表。

例 3-66.8：磁盘分区综合实验——使操作生效

```
命令 (输入 m 获取帮助): w          <== 使操作生效
WARNING: Re-reading the partition table failed with error 16: 设备或资源忙.
The kernel still uses the old table. The new table will be used at
the next reboot or after you run partprobe(8) or kpartx(8)
```

第 10 步，使用 partprobe 命令重新读取磁盘分区表，如例 3-66.9 所示。

例 3-66.9：磁盘分区综合实验——使用 partprobe 命令重新读取磁盘分区表

```
[root@centos7 ~]# partprobe -s /dev/sda          // 重新读取磁盘分区表
/dev/sda: msdos partitions 1 2 3 4 <5 6>
```

第 11 步，确认磁盘分区信息，如例 3-66.10 所示。

例 3-66.10：磁盘分区综合实验——确认磁盘分区信息

```
[root@centos7 ~]# lsblk -p /dev/sda
NAME              MAJ:MIN RM  SIZE RO  TYPE   MOUNTPOINT
/dev/sda           8:0     0   50G  0  disk
├─/dev/sda1        8:1     0    1G  0  part   /boot
├─/dev/sda2        8:2     0    2G  0  part   [SWAP]
```

```
├─/dev/sda3       8:3     0   15G  0    part      /
├─/dev/sda4       8:4     0   512B 0    part      <== 新添加的扩展分区
├─/dev/sda5       8:5     0   4G   0    part      <== 新添加的逻辑分区，开发一组使用
└─/dev/sda6       8:6     0   2G   0    part      <== 新添加的逻辑分区，开发二组使用
```

第 12 步，为新创建的分区/*dev/sda5* 和/*dev/sda6* 分别创建 XFS 和 ext4 文件系统，如例 3-66.11 所示。

例 3-66.11：磁盘分区综合实验——为新分区创建文件系统

```
[root@centos7 ~]# mkfs -t xfs /dev/sda5

[root@centos7 ~]# mkfs -t ext4 /dev/sda6
```

第 13 步，再次使用 parted 命令查看两个逻辑分区的信息，确认文件系统是否创建成功，如例 3-66.12 所示。

例 3-66.12：磁盘分区综合实验——再次查看两个逻辑分区的信息

```
[root@centos7 ~]# parted /dev/sda print

Number   Start      End      Size      Type       File system      标志
5        19.3GB     23.6GB   4295MB    logical    xfs
6        23.6GB     25.8GB   2147MB    logical    ext4
```

第 14 步，将分区/*dev/sda5* 和/*dev/sda6* 分别挂载至目录/*home/devteam1* 和/*home/devteam2*，如例 3-66.13 所示。

例 3-66.13：磁盘分区综合实验——挂载分区

```
[root@centos7 ~]# mount /dev/sda5 /home/devteam1

[root@centos7 ~]# mount /dev/sda6 /home/devteam2
```

第 15 步，使用 lsblk 命令确认挂载分区是否成功，如例 3-66.14 所示。

例 3-66.14：磁盘分区综合实验——确认挂载分区是否成功

```
[root@centos7 ~]# lsblk -p /dev/sda5 /dev/sda6
NAME         MAJ:MIN  RM  SIZE     RO  TYPE    MOUNTPOINT
/dev/sda5    8:5      0   4G       0   part    /home/devteam1
/dev/sda6    8:6      0   2G       0   part    /home/devteam2
```

至此，开发一组和开发二组的分区添加成功，且创建了相应的文件系统并挂载到各自的工作目录。张经理叮嘱小顾，今后执行类似任务时一定要提前做好规划，保持思路清晰，在操作过程中要经常使用相关命令来确认操作是否成功。

实验 2：配置启动挂载分区

做完前面的实验，小顾觉得很过瘾，想到软件开发中心将在自己创建的分区中工作，小顾很有成就感。看到小顾得意的表情，张经理让小顾重启机器后再查看两个分区的挂载信息。小顾惊奇地发现，虽然两个分区还在，但是挂载点是空的。张经理向小顾解释，刚才使用的挂载方式在系统重启后就会失效。如果想一直保留挂载信息，就必须让操作系统在启动过程中自动挂载分区，这就需要在挂载配置文件/*etc/fstab* 中进行相关分区的操作。下面是张经理的操作步骤。

第 1 步，以 root 用户身份打开文件/*etc/fstab*，在文件最后添加两行内容，如例 3-67.1 所示。注意，千万不要修改/*etc/fstab* 文件原来的内容，在该文件最后添加新内容即可。

例 3-67.1：配置启动挂载分区——修改配置文件

```
[root@centos7 ~]# vim /etc/fstab
```

```
/dev/sda5 /home/devteam1     xfs        defaults  0  0
/dev/sda6 /home/devteam2     ext4       defaults  0  0
```

第 2 步，张经理提醒小顾，*/etc/fstab* 文件是非常重要的系统配置文件，其配置错误可能会造成系统无法正常启动。为了保证添加的信息没有语法错误，配置完成后一定要记得使用带-a 选项的 mount 命令进行测试。-a 选项的作用是使用 mount 命令对*/etc/fstab* 文件中的文件系统依次进行挂载。如果有语法错误，则会有相应的提示，如例 3-67.2 所示。

例 3-67.2：配置启动挂载分区——使用 mount –a 命令测试文件配置

```
[root@centos7 ~]# mount -a
[root@centos7 ~]# lsblk -p /dev/sda5 /dev/sda6
NAME        MAJ:MIN RM SIZE RO  TYPE    MOUNTPOINT
/dev/sda5   8:5      0  4G   0   part    /home/devteam1   <== 已挂载
/dev/sda6   8:6      0  2G   0   part    /home/devteam2   <== 已挂载
```

第 3 步，卸载分区*/dev/sda5* 和*/dev/sda6*，并重启系统，测试系统自动挂载是否成功，如例 3-67.3 所示。

例 3-67.3：配置启动挂载分区——卸载分区后重启系统

```
[root@centos7 ~]# umount /dev/sda5          // 卸载分区
[root@centos7 ~]# umount /dev/sda6
[root@centos7 ~]# lsblk -p /dev/sda5 /dev/sda6
NAME        MAJ:MIN RM SIZE   RO  TYPE    MOUNTPOINT
/dev/sda5   8:5      0  4G     0   part
/dev/sda6   8:6      0  2G     0   part
[root@centos7 ~]# shutdown -r now       // 重启系统
```

系统重启后使用 lsblk 命令查看两个分区的挂载信息，可以看到挂载点确实得以保留，说明操作系统启动过程中成功挂载了分区，具体过程这里不再演示。

经过这个实验，小顾似乎明白了学无止境的道理，他告诉自己，在今后的学习过程中不能满足于眼前的成功，要有刨根问底的精神，这样才能学到更多的知识。

实验 3：配置磁盘配额

完成前面两个实验后，现在张经理准备带着小顾为开发一组配置磁盘配额。开发一组的分区是*/dev/sda5*，挂载点是目录*/home/devteam1*，文件系统是 XFS。下面是张经理的操作步骤。

第 1 步，检查用户及用户组信息。本实验需要使用开发一组的两个用户，如例 3-68.1 所示。

例 3-68.1：设置 XFS 文件系统磁盘配额——检查用户及用户组信息

```
[root@centos7 ~]# groupmems -l -g devteam1
xf ss
```

第 2 步，检查分区和用户基本信息。这里张经理直接使用 df 子命令查看分区信息，而不是使用 lsblk 命令，如例 3-68.2 所示。

例 3-68.2：设置 XFS 文件系统磁盘配额——检查分区和用户基本信息

```
[root@centos7 ~]# xfs_quota -c "df -h /home/devteam1"
Filesystem    Size    Used    Avail  Use%    Pathname
/dev/sda5     4.0G    32.2M   4.0G   1%      /home/devteam1
```

第 3 步，添加磁盘配额挂载参数。在 XFS 文件系统中启用磁盘配额功能时需要为文件系统添加磁盘配额挂载参数。本例中，需要在*/etc/fstab* 文件的第 4 列添加 usrquota 和 grpquota 或 prjquota，如例 3-68.3 所示。张经理特别提醒小顾，prjquota 和 grpquota 不能同时使用。

例 3-68.3：设置 XFS 文件系统磁盘配额——添加磁盘配额挂载参数

```
[root@centos7 ~]# vim /etc/fstab
/dev/sda5 /home/devteam1 xfs defaults,usrquota,grpquota 0 0
                              <==添加磁盘配额挂载参数
```

第 4 步，添加了分区的磁盘配额挂载参数后，需要先卸载原分区再重新挂载分区才能使设置生效，如例 3-68.4 所示。

例 3-68.4：设置 XFS 文件系统磁盘配额——重新挂载分区

```
[root@centos7 ~]# umount /dev/sda5          // 卸载原分区
[root@centos7 ~]# mount -a                   // 重新挂载分区使设置生效
[root@centos7 ~]# xfs_quota -c "df -h /home/devteam1"
Filesystem    Size   Used   Avail  Use%    Pathname
/dev/sda5     4.0G   32.2M  4.0G   1%      /home/devteam1
```

第 5 步，查看磁盘配额状态，如例 3-68.5 所示。从输出中可以看到，分区*/dev/sda5* 已经启用了用户和用户组的磁盘配额功能，未启用目录磁盘配额功能。其实也可以使用 state 子命令替换 print 以查看更详细的磁盘配额信息，这里不再演示。

例 3-68.5：设置 XFS 文件系统磁盘配额——查看磁盘配额状态

```
[root@centos7 ~]# xfs_quota -c print /dev/sda5
Filesystem          Pathname
/home/devteam1   /dev/sda5 (uquota, gquota)      <== 已启用用户和用户组的磁盘配额功能
```

第 6 步，设置磁盘配额。

① 使用 limit 子命令设置用户和用户组磁盘配额，如例 3-68.6 所示。张经理将用户 xf 的容量软限制和硬限制分别设为 1MB 和 5MB，文件软限制和硬限制分别设为 3 个和 5 个；将用户组 devteam1 的容量软限制和硬限制分别设为 5MB 和 10MB，文件软限制和硬限制分别设为 5 个和 10 个。

例 3-68.6：设置 XFS 文件系统磁盘配额——设置用户和用户组的磁盘配额

```
[root@centos7 ~]# xfs_quota -x -c "limit -u bsoft=1M bhard=5M xf" /dev/sda5
[root@centos7 ~]# xfs_quota -x -c "limit -u isoft=3 ihard=5 xf" /dev/sda5
[root@centos7 ~]# xfs_quota -x -c "limit -g bsoft=5M bhard=10M devteam1" /dev/sda5
[root@centos7 ~]# xfs_quota -x -c "limit -g isoft=5 ihard=10 devteam1" /dev/sda5
```

② 设置宽限时间。张经理将磁盘空间宽限时间设为 10 天，文件数量宽限时间设为 2 周，如例 3-68.7 所示。

例 3-68.7：设置 XFS 文件系统磁盘配额——设置宽限时间

```
[root@centos7 ~]# xfs_quota -x -c "timer -b 10d" /dev/sda5
[root@centos7 ~]# xfs_quota -x -c "timer -i 2w" /dev/sda5
```

第 7 步，测试用户磁盘配额。

① 以用户 xf 的身份在目录*/home/devteam1* 中新建一个大小为 1MB 的文件 *file1*。在创建文件前要先把用户 xf 的有效用户组设置为 devteam1，以保证新建文件的属组为 devteam1，如例 3-68.8 所示。

例 3-68.8：设置 XFS 文件系统磁盘配额——新建指定大小的文件 file1

```
[root@centos7 ~]# su - xf                    // 切换到用户 xf
[xf@centos7 ~]$ newgrp devteam1              // 修改有效用户组，测试用户组磁盘配额时使用
[xf@centos7 ~]$ cd /home/devteam1
[xf@centos7 devteam1]$ dd if=/dev/zero of=file1 bs=1M count=1
[xf@centos7 devteam1]$ ls -lh file1
-rw-r--r--.  1 xf devteam1  1.0M    12月 4 00:47    file1
[xf@centos7 devteam1]$ exit
[xf@centos7 ~]$ exit
```

② 使用 report 子命令查看文件系统的磁盘配额使用情况，如例 3-68.9 所示。其中，Blocks 和 Inodes 两个字段分别表示磁盘空间和文件数量配额的使用量。注意，这一步需要以 root 用户的身份执行操作。

例 3-68.9：设置 XFS 文件系统磁盘配额——查看文件系统的磁盘配额使用情况

```
[root@centos7 ~]# xfs_quota -x -c "report -gubih" /dev/sda5
User quota on /home/devteam1 (/dev/sda5)
                      Blocks                          Inodes
User ID     Used    Soft   Hard Warn/Grace    Used   Soft   Hard Warn/Grace
----------------------------------------- ---------------------------------
xf           1M     1M     5M 00 [------]      1      3      5  00 [------]
Group quota on /home/devteam1 (/dev/sda5)
                      Blocks                          Inodes
Group ID    Used    Soft   Hard Warn/Grace    Used   Soft   Hard Warn/Grace
----------------------------------------- ---------------------------------
devteam1     1M     5M    10M 00 [------]      2      5     10  00 [------]
```

小顾按照张经理的解释仔细检查了当前的磁盘使用情况。他奇怪地发现用户组 devteam1 当前已创建的文件数量是 2，可是用户 xf 明明只创建了一个文件，难道这个目录中有一个隐藏文件的属组也是 devteam1 吗？他把这个想法告诉了张经理。张经理笑着表示赞同小顾的想法，执行了例 3-68.10 所示的操作加以验证。

例 3-68.10：设置 XFS 文件系统磁盘配额——检查用户组文件数量

```
[root@centos7 ~]# su - xf
[xf@centos7 ~]$ cd /home/devteam1
[xf@centos7 devteam1]$ ls -al
drwxrwx---.  2  ss  devteam1      19   12月 4 00:47    .
drwxr-xr-x. 11  root root        119   12月 3 23:14    ..
-rw-r--r--.  1  xf  devteam1 1048576   12月 4 00:47    file1
[xf@centos7 devteam1]$ ls -ld /home/devteam1
drwxrwx---.  2  ss devteam1 19  12月 4 00:47  /home/devteam1
```

看到这个结果，小顾恍然大悟，原来是表示当前目录的"."，即目录*/home/devteam1* 的属组是 devteam1，而它也占用了用户组 devteam1 的磁盘配额。

③ 以用户 xf 的身份在目录*/home/devteam1* 中创建一个大小为 2MB 的文件 *file2*，并查看磁盘配额使用情况，如例 3-68.11 所示。

例 3-68.11：设置 XFS 文件系统磁盘配额——新建指定大小的文件 file2

```
[xf@centos7 devteam1]$ newgrp devteam1
[xf@centos7 devteam1]$ dd if=/dev/zero of=file2 bs=1M count=2
[xf@centos7 devteam1]$ ls -lh file2
-rw-r--r--.  1   xf devteam1 2.0M  12月  4 03:04   file2

[xf@centos7 devteam1]$ exit
[xf@centos7 devteam1]$ exit
[root@centos7 ~]# xfs_quota -x -c "report -gubih" /dev/sda5
User quota on /home/devteam1 (/dev/sda5)
                      Blocks                              Inodes
User ID   Used  Soft  Hard Warn/Grace   Used  Soft  Hard Warn/Grace
------------------------------------- -------------------------------
xf        3M    1M    5M  00 [9 days]    2     3     5  00 [------]
Group quota on /home/devteam1 (/dev/sda5)
                      Blocks                              Inodes
Group ID  Used  Soft  Hard Warn/Grace   Used  Soft  Hard Warn/Grace
-------------------------------------------------------------------
```

注意到在创建文件 file2 时已经超出软限制，因此第 1 个 Grace 字段的值是"9 days"，表示已经开始宽限时间的倒计时。这里的限制指的是软限制，因此 *file2* 文件仍然能够成功创建。当前创建的文件数量是 2，还没有超过软限制 3，因此输出显示文件数量是正常的。可以对用户组 devteam1 的磁盘使用情况进行类似分析。

④ 以用户 xf 的身份在目录*/home/devteam1* 中创建一个大小为 3MB 的文件 *file3*，并查看磁盘配额使用情况，如例 3-68.12 所示。

例 3-68.12：设置 XFS 文件系统磁盘配额——新建指定大小的文件 file3

```
[root@centos7 ~]# su - xf
[xf@centos7 ~]$ newgrp devteam1
[xf@centos7 ~]$ cd /home/devteam1
[xf@centos7 devteam1]$ dd if=/dev/zero of=file3 bs=1M count=3
dd: 写入"file3" 出错：超出磁盘限额
[xf@centos7 devteam1]$ ls -lh file3
-rw-r--r--.  1   xf devteam1 2.0M   12月  4 03:08    file3
[xf@centos7 devteam1]$ exit
[xf@centos7 ~]$ exit
[root@centos7 ~]# xfs_quota -x -c "report -gubih" /dev/sda5
User quota on /home/devteam1 (/dev/sda5)
                      Blocks                              Inodes
User ID   Used  Soft  Hard Warn/Grace   Used  Soft  Hard Warn/Grace
------------------------------------- -------------------------------
xf        5M    1M    5M  00 [9 days]    3     3     5  00 [------]
```

```
Group quota on /home/devteam1 (/dev/sda5)
                     Blocks                        Inodes
Group ID    Used  Soft  Hard Warn/Grace    Used  Soft  Hard Warn/Grace
------------------------------------------------------------------------
devteam1     5M    5M   10M 00 [------]      4    5    10 00 [------]
```

这一次，在创建文件 *file3* 时系统给出了错误提示。因为指定的文件大小超出了用户 xf 的磁盘空间硬限制。虽然文件 *file3* 创建成功了，但实际写入的内容只有 2MB，也就是创建完文件 *file2* 后剩余的磁盘配额空间。对于用户组 devteam1 来说，整个用户组占用的磁盘空间已超过软限制（5MB），距离硬限制（10MB）还有大约 5MB 的余量。

第 8 步，测试用户组磁盘配额。以用户 ss 的身份在目录/home/devteam1 中创建一个大小为 6MB 的文件 *file4*，并查看用户和用户组的磁盘配额使用情况，如例 3-68.13 所示。

例 3-68.13：设置 XFS 文件系统磁盘配额——新建指定大小的文件 file4

```
[root@centos7 ~]# su - ss
[ss@centos7 ~]$ newgrp devteam1
[ss@centos7 ~]$ cd /home/devteam1
[ss@centos7 devteam1]$ dd if=/dev/zero of=file4 bs=1M count=6
dd: 写入"file4" 出错：超出磁盘限额
[ss@centos7 devteam1]$ ls -lh file4
-rw-r--r--.  1  ss devteam1 5.0M    12月 4 03:18    file4
[ss@centos7 devteam1]$ exit
[ss@centos7 ~]$ exit
[root@centos7 ~]# xfs_quota -x -c "report -gbih" /dev/sda5 // 使用root用户执行
Group quota on /home/devteam1 (/dev/sda5)
                     Blocks                        Inodes
Group ID    Used  Soft  Hard Warn/Grace    Used  Soft  Hard Warn/Grace
------------------------------  --------------------------------
devteam1    10M    5M   10M 00 [9 days]      5    5    10 00 [------]
```

例 3-68.6 只为用户 xf 启用了用户磁盘配额功能。但是以用户 ss 的身份创建文件 *file4* 时，系统却提示超出磁盘限额。这是因为用户 ss 当前的有效用户组是 devteam1，而用户组 devteam1 已经启用了用户组磁盘配额功能，所以用户 ss 的操作也会受到相应的限制。结果是虽然文件 *file4* 创建成功，但实际只写入了 5MB 的内容。

用户和用户组的磁盘配额设置完毕，接下来的重点是设置目录磁盘配额。下面是张经理的操作步骤。

第 9 步，添加磁盘配额挂载参数。注意，用户组磁盘配额和目录磁盘配额不能同时使用，因此张经理首先把分区/dev/sda5 的 grpquota 参数改为 prjquota，如例 3-68.14 所示。

例 3-68.14：设置 XFS 文件系统磁盘配额——添加磁盘配额挂载参数

```
[root@centos7 ~]# vim /etc/fstab
/dev/sda5 /home/devteam1 xfs defaults,usrquota,prjquota 0 0
                                        <==添加磁盘配额挂载参数
```

第 10 步，和前面类似，张经理先卸载原分区再重新挂载分区以使设置生效，如例 3-68.15 所示。

例 3-68.15：设置 XFS 文件系统磁盘配额——卸载分区后重新挂载

```
[root@centos7 ~]# umount  /dev/sda5
[root@centos7 ~]# mount  -a        // 重新挂载分区以使设置生效
```

第 11 步，再次查看磁盘配额状态，如例 3-68.16 所示。

例 3-68.16：设置 XFS 文件系统磁盘配额——再次查看磁盘配额状态

```
[root@centos7 ~]# xfs_quota  -c  print  /dev/sda5
Filesystem          Pathname
/home/devteam1    /dev/sda5 (uquota, pquota)              <== 已启用用户和目录磁盘配额功能
```

第 12 步，设置目录磁盘配额。张经理先在目录 */home/devteam1* 中创建了子目录 *log*，再将其磁盘空间软限制和硬限制分别设为 50MB 和 100MB，文件软限制和硬限制分别设为 10 个和 20 个。在 XFS 文件系统中设置目录磁盘配额时需要为该目录创建一个项目，可以在 project 子命令中指定目录和项目标识，如例 3-68.17 所示。

例 3-68.17：设置 XFS 文件系统磁盘配额——设置目录磁盘配额

```
[root@centos7 ~]# mkdir  /home/devteam1/log
[root@centos7 ~]# chown  ss:devteam1  /home/devteam1/log
[root@centos7 ~]# chmod  770  /home/devteam1/log
[root@centos7 ~]# xfs_quota  -x  -c "project -s -p /home/devteam1/log 16" /dev/sda5
Setting up project 16 (path /home/devteam1/log)...
Processed 1 (/etc/projects and cmdline) paths for project 16 with recursion depth
infinite (-1).
[root@centos7 ~]# xfs_quota  -x  -c "limit -p bsoft=50M bhard=100M \
                                                        // 换行继续输入
> isoft=10 ihard=20 16"  /dev/sda5
```

张经理将项目标识符设为 16，这个数字可以自己设定。张经理提醒小顾，还有一种方法也可以设置目录磁盘配额，但是要使用配置文件。张经理要求小顾查阅相关资料自行完成这个任务。

第 13 步，测试目录磁盘配额。

① 张经理以 root 用户的身份创建了一个大小为 40MB 的文件 *file1*，并查看了磁盘配额的使用情况，如例 3-68.18 所示。张经理告诉小顾，report 子命令的输出中 Project ID 为 16 的那一行就是前面为目录 */home/devteam1/log* 设置的目录磁盘配额。

例 3-68.18：设置 XFS 文件系统磁盘配额——创建文件 file1 并查看磁盘配额的使用情况

```
[root@centos7 ~]# cd  /home/devteam1/log
[root@centos7 log]# dd if=/dev/zero of=file1 bs=1M count=40
[root@centos7 log]# ls  -lh  file1
-rw-r--r--.  1   root  root    40M 12月  4 03:49     file1
[root@centos7 log]# xfs_quota  -x  -c  "report -pbih"  /dev/sda5
Project quota on /home/devteam1 (/dev/sda5)
                    Blocks                          Inodes
Project ID  Used  Soft  Hard Warn/Grace   Used   Soft   Hard Warn/Grace
---------------------------------- ----------------------------------
#16       40M  50M  100M 00 [------]    2   10    20 00 [------]
```

② 张经理又创建了一个大小为 70MB 的文件 *file2*，如例 3-68.19 所示。这一次，系统提示设备上

没有分配空间，即分配给目录*/home/devteam1/log* 的磁盘空间已用完，所以实际写入文件*file2* 的内容只有 60MB。张经理还特别提醒小顾，这两个文件是以 root 用户身份创建的，这说明即使是 root 用户也无法突破目录磁盘配额的限制。

例 3-68.19：设置 XFS 文件系统磁盘配额——创建文件 file2 并测试目录磁盘配额

```
[root@centos7 log]# dd if=/dev/zero of=file2 bs=1M count=70
dd: 写入"file2" 出错：设备上没有空间
[root@centos7 log]# ls -lh file2
-rw-r--r--. 1  root  root  60M 12月  4 03:54    file2
[root@centos7 log]# xfs_quota -x -c "report -pbih" /dev/sda5
Project quota on /home/devteam1 (/dev/sda5)
                        Blocks                        Inodes
Project ID   Used   Soft  Hard  Warn/Grace   Used  Soft  Hard  Warn/Grace
------------------------------------------- ------------------------------------
#16          100M   50M   100M  00 [10 days]    3    10    20  00 [------]
```

实验 4：配置 RAID 5 与 LVM

考虑到开发服务器存储的数据越来越多，为提高数据存储的安全性和可靠性，也为以后进一步扩展服务器存储空间留有余地，张经理在虚拟机中配置了 RAID 5 和 LVM 以支持软件开发中心的快速发展。

1. 添加虚拟磁盘

张经理首先为虚拟机添加了 4 块容量为 1GB 的硬盘，如图 3-8 所示。重启虚拟机后，使用 lsblk 命令可以查看新加的 4 块虚拟硬盘的信息，如例 3-69.1 所示。

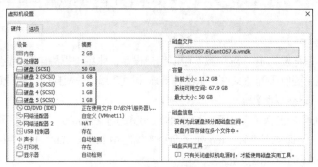

图 3-8　为虚拟机添加虚拟硬盘

例 3-69.1：配置 RAID 5 与 LVM——查看新虚拟硬盘的信息

```
[root@centos7 ~]# lsblk -p
NAME         MAJ:MIN   RM   SIZE   RO   TYPE MOUNTPOINT
/dev/sdb     8:16      0    1G     0    disk
/dev/sdc     8:32      0    1G     0    disk
/dev/sdd     8:48      0    1G     0    disk
/dev/sde     8:64      0    1G     0    disk
```

2. 创建 RAID 5 阵列

使用 mdadm 命令在新加的虚拟硬盘上创建 RAID 5 阵列，并将其命名为*/dev/md0*，如例 3-69.2 所示。

例 3-69.2：配置 RAID 5 与 LVM——创建 RAID 5 阵列

```
[root@centos7 ~]# mdadm -C /dev/md0 -l 5 -n 3 -x 1 /dev/sd[bcde]
mdadm: Defaulting to version 1.2 metadata
mdadm: array /dev/md0 started.
[root@centos7 ~]# mdadm -D /dev/md0
/dev/md0:
        Raid Level : raid5
      Raid Devices : 3
     Total Devices : 4
   Active Devices : 3
  Working Devices : 4
   Failed Devices : 0
    Spare Devices : 1
   Number   Major   Minor   RaidDevice State
       0       8      16        0         active sync   /dev/sdb
       1       8      32        1         active sync   /dev/sdc
       4       8      48        2         active sync   /dev/sdd
       3       8      64        -         spare         /dev/sde
```

3. PV 阶段

在 RAID 5 阵列上创建 PV，具体方法如例 3-69.3 所示。注意，pvscan 命令的最后一行显示了 3 条信息：当前的 PV 数量（1 个）、已经加入 VG 中的 PV 数量（0 个），以及未使用的 PV 数量（1 个）。如果想查看某个 PV 的详细信息，则可以使用 pvdisplay 命令。

例 3-69.3：配置 RAID 5 与 LVM——创建 PV

```
[root@centos7 ~]# pvcreate /dev/md0
  Physical volume "/dev/md0" successfully created.
[root@centos7 ~]# pvscan          // 检查系统中当前的 PV
  PV /dev/md0                      lvm2 [<2.00 GiB]
  Total: 1 [<2.00 GiB] / in use: 0 [0   ] / in no VG: 1 [<2.00 GiB]
```

4. VG 阶段

这一步需要创建 VG 并把 VG 和 PV 关联起来。在创建 VG 时要为 VG 选择一个合适的名称，指定 PE 的大小及关联的 PV。在此例中，要创建的 VG 名为 itovg，PE 大小为 4MB，把*/dev/md0* 分配给 itovg，如例 3-69.4 所示。注意：vgcreate 命令的-s 选项可以指定 PE 的大小，单位可以使用 k/K（KB）、m/M（MB）、g/G（GB）等。itovg 创建好之后可以使用 vgscan 或 vgdisplay 命令查看 VG 信息。如果此时再次查看*/dev/md0* 的详细信息，则可以看到它已经关联到 itovg。

例 3-69.4：配置 RAID 5 与 LVM——关联 PV 和 VG

```
[root@centos7 ~]# vgcreate itovg /dev/md0
  Volume group "itovg" successfully created
[root@centos7 ~]# pvscan
  PV /dev/md0   VG itovg           lvm2 [1.99 GiB / 1.99 GiB free]
  Total: 1 [1.99 GiB] / in use: 1 [1.99 GiB] / in no VG: 0 [0   ]
```

5. LV 阶段

现在 itovg 已经创建好，相当于系统中有了一块虚拟的逻辑磁盘。接下来要做的就是在这块逻辑磁盘中进行分区操作，即将 VG 划分为多个 LV。此例为 LV 指定 1GB 的容量。创建好 LV 后可以使用 lvscan 和 lvdisplay 命令进行查看，如例 3-69.5 所示。

例 3-69.5：配置 RAID 5 与 LVM——创建 LV

```
[root@centos7 ~]# lvcreate -L 1G -n sielv itovg       <== 创建 LV，容量为 1GB
  Logical volume "sielv" created.

[root@centos7 ~]# lvdisplay
  LV Path              /dev/itovg/sielv       <== LV 全称，即完整的路径名
  LV Name              sielv                  <== LV 名称
  VG Name              itovg                  <== VG 名称
  LV Size              1.00 GiB               <== LV 实际容量
  Current LE           256                    <== LV 包含的 PE 数量
```

6. 文件系统阶段

这一阶段的主要任务是为 LV 创建文件系统并挂载，如例 3-69.6 所示。

例 3-69.6：配置 RAID 5 与 LVM——创建文件系统并挂载

```
[root@centos7 ~]# mkfs -t xfs /dev/itovg/sielv           // 创建 XFS 文件系统
[root@centos7 ~]# mkdir -p /mnt/lvm/sie                   // 创建挂载点
[root@centos7 ~]# mount /dev/itovg/sielv /mnt/lvm/sie     // 挂载
[root@centos7 ~]# df -Th /mnt/lvm/sie
文件系统                   类型   容量    已用   可用   已用%   挂载点
/dev/mapper/itovg-sielv   xfs   1018M  33M   986M   4%     /mnt/lvm/sie
```

至此，成功地完成了 LVM 的配置，可以在挂载目录*/mnt/lvm/sie* 中尝试新建文件或进行其他操作，看看它和普通分区有没有不同。实际上，在 LV 中进行的所有操作都会被映射到物理分区，这个映射是由 LVM 自动完成的，作为普通用户感觉不到任何不同。

**知识拓展**

如果想从 LVM 恢复到传统的磁盘分区管理方式，则要按照特定的顺序删除已创建的 LV 和 VG 等。如果想要停用 RAID，则可以在备份 RAID 上的数据后将其删除。一般来说，停用 LVM 和 RAID 要按照特定的顺序进行，读者可扫描二维码了解相关内容。

知识拓展 3.3　停用 LVM 和 RAID

**任务实训**

本实训的主要任务是练习使用 fdisk 工具进行磁盘分区，熟练掌握 fdisk 的各种命令及选项的使用。

【实训目的】

（1）掌握在 Linux 中使用 fdisk 工具管理分区的方法。

（2）掌握使用 mkfs 命令创建文件系统的方法。

（3）掌握文件系统的挂载与卸载的方法。

【实训内容】

按照以下步骤完成磁盘分区管理的练习。

（1）进入 CentOS 7.6，在终端窗口中使用 su - root 命令切换到 root 用户。

（2）使用 lsblk -p 命令查看当前系统的所有磁盘及分区，分析 lsblk 的输出中每一列的含义。思考

如下问题：当前系统有几块磁盘？每块磁盘各有什么接口，有几个分区？磁盘名称和分区名称有什么规律？使用 man 命令学习 lsblk 的其他选项的使用方法并进行试验。

（3）使用 parted 命令查看磁盘分区表的类型，根据磁盘分区表的类型确定分区管理工具。如果是 MBR 格式的磁盘分区表，则使用 fdisk 命令进行分区；如果是 GPT 格式的磁盘分区表，则使用 gdisk 命令进行分区。

（4）使用 fdisk 工具，为系统当前磁盘添加分区。进入 fdisk 交互工作模式，依次完成以下操作。

① 输入 m，获取 fdisk 的子命令提示。在 fdisk 交互工作模式下有很多子命令，每个子命令用一个字母表示，如 n 表示添加分区，d 表示删除分区。

② 输入 p，查看磁盘分区表信息。这里显示的磁盘分区表信息包括分区名称、启动分区标识、起始扇区号、终止扇区号、扇区数、文件系统标识及文件系统名称等。

③ 输入 n，添加新分区。fdisk 工具根据已有分区自动确定新分区号，并提示输入新分区的起始扇区号。这里直接按 Enter 键，即采用默认值。

④ fdisk 工具提示输入新分区的大小。这里采用"+*size*"的方式指定分区大小。

⑤ 输入"p"，再次查看磁盘分区表信息。虽然现在可以看到新添加的分区，但是这些操作目前只是保存在内存中，重启系统后才会真正写入磁盘分区表。

⑥ 输入"w"，保存操作并退出 fdisk 交互工作模式。

（5）使用 shutdown -r now 命令重启系统。在终端窗口中切换到 root 用户。再次使用 lsblk -p 命令查看当前系统的所有磁盘及分区，此时应该能够看到新分区已经出现在磁盘分区表中了。

（6）使用 mkfs 命令为新建的分区创建 XFS 文件系统。

（7）使用 mkdir 命令创建新目录，使用 mount 命令将新分区挂载到新目录。

（8）使用 lsblk 命令再次查看新分区的挂载点，检查挂载是否成功。

项目小结

本项目的 3 个任务是全书的重点内容。任务 3.1 介绍了用户和用户组的基本概念以及与配置文件相关的命令。Linux 是一个多用户操作系统，每个用户有不同的权限，熟练掌握用户和用户组管理的相关命令是 Linux 系统管理员必须具备的基本技能。任务 3.2 是全书的核心内容之一，不管是难度还是重要性，都需要大家格外重视。Linux 操作系统扩展了文件的概念，目录也是一种特殊的文件。不管是 Linux 系统管理员还是普通用户，日常工作中都离不开文件和目录，文件和目录的相关命令是非常常用的 Linux 命令。除了文件和目录的相关命令外，还应该理解文件所有者和属组的基本概念，以及配置文件权限的两种常用方法。任务 3.3 主要介绍了磁盘的基本概念、磁盘管理的相关命令、Linux 文件系统的结构，以及在 XFS 文件系统中设置磁盘配额的方法。普通用户平时不会经常进行磁盘分区和磁盘配额管理，因此对这部分内容的学习要求可适当降低。强烈建议大家尽量多了解一些 Linux 文件系统内部结构的知识，这对日后深入学习 Linux 大有裨益。

项目练习题

1. 选择题

（1）要将当前目录下的文件 file1.c 重命名为 file2.c，正确的命令是（　　　）。

    A. cp file1.c file2.c
        B. mv file1.c file2.c

    C. touch file1.c file2.c
      D. mv file2.c file1.c

（2）下列关于文件/etc/passwd的描述中，（　　　）是正确的。

    A．记录了系统中每个用户的基本信息

    B．只有root用户有权查看该文件

    C．存储了用户的密码信息

    D．详细说明了用户的文件访问权限

（3）关于用户和用户组的关系，下列说法正确的是（　　　）。

    A．一个用户只能属于一个用户组

    B．用户创建文件时，文件的属组就是用户的主组

    C．一个用户可能属于多个用户组，但只能有一个主组

    D．用户的主组确定后无法修改

（4）下列（　　　）命令能将文件a.dat的权限从"rwx------"改为"rwxr-x---"。

    A．chown rwxr-x--- a.dat   B．chmod rwxr-x--- a.dat

    C．chmod g+rx a.dat   D．chmod 760 a.dat

（5）创建新文件时，（　　　）用于定义文件的默认权限。

    A．chmod   B．chown   C．chattr   D．umask

（6）关于Linux文件名，下列说法正确的是（　　　）。

    A．Linux文件名不区分英文字母大小写

    B．Linux文件名可以没有后缀

    C．Linux文件名最多可以包含64个字符

    D．Linux文件名和文件的隐藏属性无关

（7）下列（　　　）命令可以显示文件和目录占用的磁盘空间大小。

    A．df   B．du   C．ls   D．fdisk

（8）对一个目录具有写权限，下列说法错误的是（　　　）。

    A．可以在该目录下新建文件和子目录

    B．可以删除该目录下已有的文件和子目录

    C．可以移动或重命名该目录下已有的文件和子目录

    D．可以修改该目录下文件的内容

（9）若一个文件的权限是"rw-r--r--"，则说明该文件的所有者的权限是（　　　）。

    A．读、写、执行   B．读、写   C．读、执行   D．执行

（10）在Linux操作系统中，新建立的普通用户的主目录默认位于（　　　）目录下。

    A．/bin   B．/etc   C．/boot   D．/home

（11）如果删除原链接文件，则使用原链接（　　　）。

    A．无法再访问原文件   B．仍然可以访问原文件

    C．能否访问取决于文件的所有者   D．能否访问取决于文件的权限

（12）和权限"rw-rw-r--"对应的数字是（　　　）。

    A．551   B．771   C．664   D．660

（13）使用ls -l命令列出下列文件列表，（　　　）表示目录。

    A．drwxrwxr-x. 2   zys zys   6   6月   17 03:10 dir1

    B．-rw-rw-r--. 1   zys zys   32   6月   17 04:29 file1

    C．-rw-rw-r--. 1   zys zys   0   6月   19 03:43 file2

    D．lrw-rw-r--. 1   zys zys   0   6月   19 03:43 file3

（14）下列说法错误的是（　　　　）。

　　A. 文件一旦创建，所有者是不可改变的

　　B. chown 和 chgrp 都可以修改文件属组

　　C. 默认情况下文件的所有者就是创建文件的用户

　　D. 文件属组的用户对文件拥有相同的权限

（15）对于目录而言，执行权限意味着（　　　　）。

　　A. 可以对目录执行删除操作　　　　　　B. 可以在目录下创建或删除文件

　　C. 可以进入目录　　　　　　　　　　　D. 可以查看目录的内容

（16）如果 */home/tmp* 目录下有 3 个文件，那么要删除这个目录，应该使用命令（　　　）。

　　A. cd /home/tmp　　　B. rm /home/tmp　　　C. rmdir /home/tmp　　D. rm -r /home/tmp

（17）关于使用符号法修改文件权限，下列说法错误的是（　　　　）。

　　A. 分别使用 r、w、x 这 3 个字母表示 3 种文件权限

　　B. 权限操作分为 3 类，即添加权限、移除权限和设置权限

　　C. 分别使用 u、g、o 这 3 个字母表示 3 种用户身份

　　D. 不能同时修改多个用户的权限

（18）关于 Linux 文件系统的内部数据结构，下列说法错误的是（　　　　）。

　　A. 文件系统管理磁盘空间的基本单位是区块，每个区块都有唯一的编号

　　B. inode 用于记录文件的元数据，每个文件可以有多个 inode

　　C. inode 通过间接索引的方式扩展文件的容量

　　D. 超级块记录和文件系统有关的信息，所有数据块和 inode 都受到超级块的管理

2. 填空题

（1）Linux 操作系统中的文件路径有两种形式，即_____和_____。

（2）为了保证系统的安全，Linux 将用户密码信息保存在_____文件中。

（3）为了能够把新建立的文件系统挂载到系统目录中，还需要指定该文件系统在整个目录结构中的位置，这个位置被称为_____。

（4）为了能够使用 cd 命令进入某个目录，并使用 ls 命令列出目录的内容，用户需要拥有对该目录的_____和_____权限。

（5）Linux 默认的系统管理员账号是_____。

（6）创建新用户时会默认创建一个和用户名同名的组，称为_____。

（7）Linux 操作系统将用户的身份分为 3 类：_____、_____和_____。

（8）使用数字法修改文件权限时，读、写和执行权限对应的数字分别是_____、_____和_____。

（9）在 Linux 的文件系统层次结构中，最顶层的节点是_____，用_____表示。

（10）影响文件默认权限的设置是_____。

3. 简答题

（1）简述用户和用户组的关系。用户和用户组常用的配置文件有哪些，分别记录了哪些内容？

（2）简述 Linux 文件名和 Windows 文件名的不同。

（3）简述 Linux 文件系统的目录树结构以及绝对路径和相对路径的区别。

（4）简述文件和用户与用户组的关系，以及修改文件所有者与属组的相关命令。

（5）简述文件和目录的 3 种权限的含义。

（6）简述磁盘分区的作用和主要步骤。

项目 4
学习Bash与Shell脚本

04

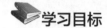

学习目标

【知识目标】

（1）了解 Bash 的功能和特性。

（2）熟悉 Bash 中变量的使用方法和常用的通配符。

（3）了解 Bash 重定向操作的基本概念和用法。

（4）了解 Bash 命令别名和命令历史记录的功能及配置。

（5）了解 Shell 脚本的基本概念和基本语法。

（6）熟悉 Shell 脚本中常用的条件测试运算符。

（7）熟悉 Shell 脚本中的 if 语句分支结构。

（8）熟悉 Shell 脚本中 3 种循环结构的基本语法、区别和联系。

（9）了解 Shell 脚本中函数的定义和使用方法。

【能力目标】

（1）熟练掌握定义和使用 Bash 变量的方法及规则。

（2）熟练使用 Bash 重定向和管道操作。

（3）熟练使用条件测试运算符进行简单的算术、文件和字符串测试。

（4）能够使用 if 语句分支结构编写简单的 Shell 脚本。

（5）能够使用循环结构编写简单的 Shell 脚本。

【素质目标】

（1）增强持之以恒的学习定力。

（2）提高思辨能力。

引例描述

经过这段时间的学习，小顾自我感觉进步很大。他自认为已经比较熟悉Linux的基本概念，能够熟练使用相关命令管理用户和用户组，对文件权限的理解也比较透彻了。可是他总感觉自己掌握的技能与同事相比还有不小的差距。因为小顾经常看到他们快速地执行各种命令，有些操作方法看起来也比较奇怪，自己从来没有接触过。小顾希望能像他们那样工作，可是不知道该从何处入手学习。小顾把自己的困惑告诉张经理，希望张经理能给自己一些指点。张经理首先肯定了小顾最近

取得的成绩，但是与Linux的"浩瀚海洋"相比，这些成绩只能算是"一条小河"。张经理告诉小顾要树立学无止境的学习意识，勇于探索未知的知识领域。从小顾目前的实际情况来看，张经理建议他开始深入学习Bash和Shell脚本，这是Linux操作系统的精华所在。如果能够熟练掌握Bash和Shell脚本，就能像其他同事一样高效工作了。听完张经理的这些话，小顾感到自己又有了新的学习方向，他决定继续踏上Linux学习之路，不管前方还有多少困难和挫折。

任务 4.1 学习 Bash Shell

任务陈述

在前面几个项目的学习中，我们曾提到 Shell，并且在 Shell 终端窗口中使用 Linux 命令完成了很多工作。本任务将重点介绍 Shell 的重要概念和使用方法。Bash 是 CentOS 7.6 默认的 Shell，因此本任务的所有实例均以 Bash 为载体。

知识准备

4.1.1 认识 Bash Shell

Bash Shell（以下简称 Bash）是任何一个 Linux 爱好者都不能错过的重要内容。实际上，前面的项目已经介绍了 Shell 的基本概念并一直在使用它。但是对于 Shell 而言，仅停留在应用层面是不够的，还应该有更深入的理解。

1. 为什么要学习 Shell

现在的 Linux 发行版已经做得非常友好，图形用户界面的功能和性能越来越强大。用户可以像在 Windows 操作系统中那样，通过滑动和单击鼠标完成绝大多数操作及配置。正是因为这一点，可能有人会有这样的疑问：既然能通过图形用户界面实现这么多功能，为什么还要花那么多时间去学习复杂高深的 Shell 呢？确实，不能要求每个 Linux 用户都去学习 Shell。但是如果有志成为 Linux 专家，或者想成为一名合格的 Linux 系统管理员，那么学习并掌握 Shell 就是无论如何也逃避不了的工作。

Shell 位于操作系统内核外层。从功能上来说，Shell 与图形用户界面是一样的，都是为用户提供一个与内核交互的操作环境。但是通过 Shell 完成工作往往效率更高，且能让用户对工作的原理和流程更加清晰。学习 Shell 不用考虑兼容性的问题，因为同一个 Shell 在不同的 Linux 发行版中使用方式是相同的。例如接下来要学习的 Bash，只要在 CentOS 中学会了怎么使用，就可以毫不费力地将其切换到其他操作系统中使用。

自动化运维也是学习 Shell 的重要原因。Linux 系统管理员的很多日常工作都是使用 Shell 脚本完成的。Shell 脚本的运行环境就是 Shell，如果不了解 Shell 的使用方法和运行机制，则会影响 Shell 脚本的编写和维护。任务 4.2 将详细介绍 Shell 脚本的内容。

2. Linux 中常见的 Shell

Bash 是 Linux 操作系统默认的 Shell。除了 Bash 外，还有几种非常优秀的 Shell。下面先来简单了解这些 Shell 的历史及相互关系。

（1）Bourne Shell

首先要介绍的是 Bourne Shell。Bourne Shell 是 UNIX 操作系统最初使用的 Shell，且在每种 UNIX

操作系统中都可以使用。Bourne Shell 的发明人是 Steven Bourne（史蒂夫·伯恩），所以这个 Shell 被命名为 Bourne Shell。Bourne Shell 在编程方面相当优秀，但在用户交互方面做得不如其他几种 Shell。

（2）Bash

Bash 是 Bourne-Again-Shell 的简称，是 Brian Fox（布莱恩·福克斯）于 1987 年为 GNU 计划编写的一个 Shell。Bash 的第 1 个正式版本于 1989 年发布，原本只是为 GNU 操作系统开发的，但实际上它能运行于大多数类 UNIX 操作系统中，Linux 与 macOS 都将它作为默认的 Shell，从这一点足以看出它的优秀。从其名称可以看出，Bash 是 Bourne Shell 的扩展和超集，它是 Bourne Shell 的开源版本，完全向后兼容 Bourne Shell，并且在 Bourne Shell 的基础上增加、增强了很多特性。Bash 有许多特色，可以提供如命令补全、命令别名和命令历史记录等功能，还包含许多 C Shell 和 Korn Shell 的优点，有灵活和强大的编程接口，同时提供友好的图形用户界面。

（3）csh（C Shell）和 tcsh

20 世纪 80 年代早期，Bill Joy（比尔·乔伊）在加利福尼亚大学开发了 C Shell，它是 BSD UNIX 的默认 Shell。C Shell 主要是为了让用户更容易地使用交互式功能，其采用 C 语言风格的语法结构。C Shell 有 52 个内部命令，新增了命令历史记录、命令别名、文件名替换、作业控制等功能。tcsh 是 csh 的增强版，与 csh 完全兼容，现在 csh 已被 tcsh 取代。

（4）ksh（Korn Shell）

在很长一段时间内，只有两类 Shell 供 UNIX 用户选择：Bourne Shell（用于编程）和 C Shell（用于交互）。因为 Bourne Shell 的编程功能非常强大，而 C Shell 具有优秀的交互功能。为了改变这种状况，贝尔实验室的 David Korn（大卫·科恩）开发了 Korn Shell（简称 ksh）。ksh 沿用了 C Shell 的交互功能，并融入了 Bourne Shell 的语法，因此受到广大用户的欢迎和喜爱。ksh 有 42 条内部命令，其语法与 Bourne Shell 相同。ksh 是对 Bourne Shell 的扩展，在大部分内容上与 Bourne Shell 兼容。ksh 具备 C Shell 易用的特点，许多系统安装脚本都是使用 ksh 编写的。

（5）Z Shell

Z Shell 可以说是目前 Linux 操作系统中最庞大的一种 Shell。它有 84 个内部命令，使用起来也比较复杂。Z Shell 集成了 Bash、ksh 的重要特性，同时增加了自己独有的功能。将其命名为 Z Shell 是有原因的：Z 是最后一个英文字母，Z Shell 意即终极 Shell。开发者想告诉用户，有了 Z Shell 就可以把其他 Shell 全部丢掉。Z Shell 比较复杂，因此一般情况下不会被使用。

V4-1 各种不同的 Shell

3. Bash 的功能和特性

Bash 是一个非常优秀的 Shell。Bash 的设计既考虑到了用户使用的便利性，具有友好的图形用户界面，又提供了许多强大的功能，如灵活的编程接口。Bash 具有以下这些功能和特性。

（1）命令历史记录

打开一个 Bash 窗口便开始了一次 Bash 会话。Bash 会将用户在当前会话过程中执行过的命令保存在内存中，用户退出 Bash 会话时会将其保存到文件中。在 Shell 窗口中通过键盘的上下方向键可查阅之前执行的命令，这样既可以快速地执行那些复杂的命令，又可以在系统出现问题时，对历史命令进行审查以查找可能的原因。Bash 历史命令的具体使用方法和相关配置会在 4.1.5 节中进行介绍。

（2）命令别名

命令别名可以把一个很长的命令名简化为一个较短的命令名，或者把一个命令的习惯用法以一个别名代替。例如，可以使用别名 cls 代替 clear 命令（虽然 clear 命令本身也不算长），还可以使用别名 ll 代替 ls -al 命令，这样每次只要使用 ll 命令就可以查看所有文件（包括隐藏文件）的详细信息。命令别名的使用方法详见 4.1.5 节。

（3）命令和文件路径的补全

命令的自动补全功能之前已经介绍过。在命令行窗口中输入命令开头的几个字符后按一次 Tab 键，如果根据这几个字符可以唯一确定一个命令，那么 Bash 会自动补全完整的命令名；如果不能唯一确定一个命令，则可以再按一次 Tab 键，此时 Bash 会把所有以当前已输入字符开头的命令显示在窗口中。

除了命令名可以自动补全外，Bash 对文件路径也提供了自动补全功能，且用法与命令名自动补全相同。当需要为命令指定文件路径作为参数时，Bash 会按照特定的顺序搜索目录及其中的文件。如果 Bash 能够根据已输入的路径唯一确定后续的路径，则直接补全；如果不能唯一确定后续的路径，则可以再按一次 Tab 键，Bash 会给出所有以已输入路径开头的目录或文件列表。

（4）通配符

Bash 支持使用通配符来快速查找和处理文件。例如，如果想查看当前目录中以 log 结尾的日志文件，则可以使用 ls *log 命令。命令中的星号表示任意数量的字符。通配符的具体使用方法详见 4.1.3 节。

（5）管道和重定向

管道和重定向的基本概念及具体使用方法将在 4.1.4 节详细介绍。需要说明的是，管道和重定向操作在 Bash 中使用得非常普遍，可以说是 Linux 系统管理员或运维人员常用的功能之一。即使是普通的 Linux 用户，也经常借助管道和重定向操作完成日常工作。因此建议大家一定要熟练掌握管道和重定向的使用方法。

4.1.2 Bash 变量

Bash 变量是非常重要的知识点，对于后面要学习的 Shell 脚本来说更是不可或缺。普通 Linux 用户可能平时感觉不到变量的存在，但实际上绝大部分应用程序都非常依赖变量。下面将学习什么是变量，以及 Bash 变量的使用方法。

1. 什么是变量

如果大家有一点计算机编程的基础，对变量的概念一定不会陌生。和程序设计语言中的变量一样，Bash 变量也是用一个固定的字符串代表可能发生变化的内容。这个固定的字符串被称为变量名，而它所代表的内容就是变量的值。举例来说，如果以 fname 代表操作系统中的某个文件，如 */home/zys/tmp/file1*，那么当在命令行或 Shell 脚本中读取 fname 的值时，就会得到*/home/zys/tmp/file1*。在这个例子中，fname 是变量名，*/home/zys/tmp/file1* 是变量的值。在 Bash 中引入变量有下面几个好处。

（1）变量可以简化 Shell 脚本，使 Shell 脚本更简洁、更易维护。在 Shell 脚本中经常会多次用到同一个内容，如某个文件名或用户名。如果每次用到都直接使用这些内容，那么当内容变化时就需要修改 Shell 脚本中所有用到这些内容的地方，这种 Shell 脚本的可维护性很差。引入变量后，可以先用一个变量名表示这些内容，在 Shell 脚本的其他地方使用这个变量名。当其内容发生变化时，只要把变量的值设为新的内容即可，大大提高了 Shell 脚本的可维护性。另外，如果这些内容很长（如一个很长的路径名），则使用一个简单且有意义的变量名也能简化 Shell 脚本并提高其可读性。

V4-2 Bash变量的基本用法

（2）变量为进程间共享数据提供了一种新的手段。很多进程在运行时会使用变量存储特定的数据或系统配置，不同的进程可以对同一变量进行读写，这也是进程间共享数据的一种方法。进程间通过变量传递数据时涉及变量的作用域问题，会在下文中介绍。环境变量往往被许多进程共享，下文会详细介绍环境变量的概念和用法。

2. 变量的使用

（1）读取变量值

在命令行中读取变量值最简单的方法是使用 echo 命令，具体使用方法如下。

```
echo $variable_name
```

或者

```
echo ${variable_name}
```

其中，*variable_name* 是变量名。如果 *variable_name* 是一个定义好的变量，则 echo 命令会把变量的值显示在终端窗口中，否则 echo 命令的输出为空。例 4-1 演示了使用这两种方法读取变量值的操作。

例 4-1：读取变量值

```
[zys@centos7 ~]$ echo $SHELL           // 第 1 种方法，SHELL 是一个环境变量
/bin/bash                              <== 这是 SHELL 变量的值
[zys@centos7 ~]$ echo ${SHELL}         // 第 2 种方法
/bin/bash
[zys@centos7 ~]$ echo ${shell}         // shell 变量未定义
       <== 输出为空
```

虽然$variable_name 和${variable_name}都可以读取变量的值，但其实这两种方法在某些场合下会产生不同的效果。在设置变量值时尤其要注意这两种方法的区别，下面将会进行介绍。

（2）设置变量

使用变量之前必须先定义一个变量并设置变量的值，具体方法如下。

```
variable_name=variable_value
```

其中，*variable_name* 和 *variable_value* 分别表示变量名和变量的值，所以设置变量的方法其实很简单，将变量名和变量的值用"="连接起来即可。如果这个变量名已经存在，那么这个操作的实际效果就是设置变量的值，如例 4-2 所示。

例 4-2：设置变量的值

```
[zys@centos7 ~]$ echo $fname                    // fname 尚未定义
             <==变量值为空
[zys@centos7 ~]$ fname=/home/zys/tmp/file1      // 定义 fname 变量并为其赋值
[zys@centos7 ~]$ echo $fname
/home/zys/tmp/file1
[zys@centos7 ~]$ fname=/home/zys/tmp/file2      // 修改 fname 变量的值
[zys@centos7 ~]$ echo $fname
/home/zys/tmp/file2
```

虽然设置变量的方法看似很简单，但其实有很多细节需要注意，否则很可能出现意想不到的错误。下面是设置变量时必须遵循的规则。

① 变量名由字母、数字和下画线组成，但首字符不能是数字。例如，6fname 不是一个合法的变量名。

② 变量名和变量的值用赋值符号"="连接，但"="左右不能直接连接空格。联想到 Shell 命令的语法，就知道这个要求是合理的。因为如果"="两侧有空格，则 Shell 会把变量名当作命令执行。

③ 如果变量的值中有空格，则可以使用双引号或单引号把变量的值引起来，但是要切记双引号和单引号的作用是不同的。具体来说，双引号中的特殊字符（如"$"）会保留特殊含义，而单引号中的所有字符都是一般字符。当使用一个变量的值为另一个变量赋值时，这个区别会有所体现，如例 4-3 所示。SHELL 是一个环境变量，此例中，在设置新变量 myshell1 的值时，使用双引号将$SHELL 包含

在内，最终的效果是 Bash 读取 SHELL 变量的值并把它作为 myshell1 变量值的一部分。设置新变量 myshell2 的值时使用的是单引号，所以 Bash 会将"$SHELL"这 6 个字符本身作为 myshell2 变量值的一部分。如果不了解双引号和单引号的区别，则很可能在设置变量的值时出错。

例 4-3：双引号和单引号的作用

```
[zys@centos7 ~]$ echo $SHELL
/bin/bash
[zys@centos7 ~]$ myshell1="my shell is $SHELL"
[zys@centos7 ~]$ echo $myshell1
my shell is /bin/bash              <== 代入 SHELL 变量的值
[zys@centos7 ~]$ myshell2='my shell is $SHELL'
[zys@centos7 ~]$ echo $myshell2
my shell is $SHELL                 <== 将"$SHELL"本身作为变量的值
```

④ 在变量值中，可以使用转义符"\"将特殊字符转义为一般字符，如例 4-4 所示。此例中使用转义符对空格和"$"进行转义，这和例 4-3 中使用单引号的效果是相同的。

例 4-4：转义符的使用

```
[zys@centos7 ~]$ echo $SHELL
/bin/bash
[zys@centos7 ~]$ myshell2=my\ shell\ is\ \$SHELL        // 使用转义符转义空格和"$"
[zys@centos7 ~]$ echo $myshell2
my shell is $SHELL
```

⑤ 如果要为变量追加新的内容，则建议使用"$*variable_name*"或${*variable_name*}的形式，使用 $*variable* 可能会有问题，如例 4-5 所示。在此例的最后一步，本意是想为 myshell 变量的值追加 ef，但却被 Bash 解释为读取 myshellef 变量的值，而 myshellef 变量并不存在，因此最终的结果是 myshell 变量变为空值。

例 4-5：追加变量内容

```
[zys@centos7 ~]$ myshell="my shell is $SHELL"    // 定义新变量 myshell
[zys@centos7 ~]$ echo $myshell
my shell is /bin/bash
[zys@centos7 ~]$ myshell="$myshell"ab            // 在原值后追加 ab
[zys@centos7 ~]$ echo $myshell
my shell is /bin/bashab
[zys@centos7 ~]$ myshell=${myshell}cd            // 在原值后追加 cd
[zys@centos7 ~]$ echo $myshell
my shell is /bin/bashabcd
[zys@centos7 ~]$ myshell=$myshellef              // 在原值后追加 ef
[zys@centos7 ~]$ echo $myshell
                   <== 变量值为空
```

⑥ 如果要使用命令的执行结果为变量赋值，则可以将命令放到一对反单引号中，即'*command*'。反单引号一般在键盘上数字 1 键的左侧，*command* 代表要执行的命令。也可以将命令放到一对小括号中，并加上前导符"$"，如$(*command*)。例 4-6 演示了如何使用命令的执行结果为变量赋值。

例 4-6：使用命令的执行结果为变量赋值

```
[zys@centos7 ~]$ curdate=`date`                  // 使用反单引号获取命令的执行结果
```

```
[zys@centos7 ~]$ echo $curdate
2020 年 12 月 16 日 星期三 14:48:33 CST
[zys@centos7 ~]$ curdate=$(date)                    // 使用小括号获取命令的执行结果
[zys@centos7 ~]$ echo $curdate
2020 年 12 月 16 日 星期三 14:48:46 CST
```

⑦ 使用赋值符号 "=" 为变量赋值很简单，但是在交互式 Shell 脚本中经常需要获取用户的键盘输入并赋值给一个变量，read 命令为用户提供了获取用户键盘输入的方法。read 命令的使用方法非常简单，如例 4-7 所示。其基本用法是 read 命令后跟变量名，也可以通过-p 选项设置输入提示。

例 4-7：通过 read 命令为变量赋值

```
[zys@centos7 ~]$ read fname
/home/zys/bin/myscript.sh           <== 输入这一行后按 Enter 键
[zys@centos7 ~]$ echo $fname
/home/zys/bin/myscript.sh
[zys@centos7 ~]$ read -p "Your last name please: " lastname   // 设置输入提示
Your last name please: zhang        <== 输入 zhang
[zys@centos7 ~]$ echo $lastname
zhang
```

⑧ Bash 变量的默认数据类型是字符串。因此，默认情况下，var=123 和 var="123"的效果是相同的，但 var=8 和 var=3+5 的效果是完全不同的。因为 Bash 不会把 3+5 视作一个算术表达式。如果想修改变量的数据类型，则可以使用 declare 命令，如例 4-8 所示。其中，-i 选项的作用是将变量的数据类型修改为整数。declare 命令仅支持整数的数值运算，所以 8/5 的结果取整为 1，且将其赋值为浮点数时，Bash 会提示语法错误。

例 4-8：修改变量的数据类型

```
[zys@centos7 ~]$ declare -i var=3*7         // 将变量 var 声明为整数
[zys@centos7 ~]$ echo $var
21
[zys@centos7 ~]$ var=8/5                     // 取整
[zys@centos7 ~]$ echo $var
1
[zys@centos7 ~]$ var=2.3                     // 赋值为浮点数
bash: 2.3: 语法错误：无效的算术运算符 （错误符号是 ".3"）
```

⑨ 可以使用 unset 命令取消或删除变量，在 unset 命令后跟变量名即可，如例 4-9 所示。

例 4-9：删除变量

```
[zys@centos7 ~]$ myshell="my shell is $SHELL"        // 定义新变量
[zys@centos7 ~]$ echo $myshell
my shell is /bin/bash
[zys@centos7 ~]$ unset myshell                       // 删除变量
[zys@centos7 ~]$ echo $myshell
          <== 变量已删除，值为空
```

⑩ 环境变量通常使用大写字符。为了与环境变量区分开，用户自定义的变量一般使用小写字符，但是这一点不是强制性的。

3. 环境变量

前面介绍的变量都是用户自己定义的，可以称为自定义变量。和自定义变量相对的是操作系统内置的变量，即环境变量。环境变量在登录操作系统后默认存在，往往用于保存重要的系统参数，如文件和命令的默认搜索路径、系统语言编码、默认 Shell 等。环境变量可以被系统中所有的应用共享。使用 env 和 export 命令可以查看系统当前的环境变量，如例 4-10 所示。

例 4-10：查看系统当前的环境变量

```
[zys@centos7 ~]$ env          // 也可以使用 export 命令查看
HOSTNAME=centos7.localdomain
SHELL=/bin/bash
HISTSIZE=1000
USER=zys
PATH=/usr/local/bin:/usr/local/sbin:/usr/bin:/usr/sbin:/bin:/sbin:/home/zys/.local/
bin:/home/zys/bin
LANG=zh_CN.UTF-8
HOME=/home/zys
```

其中显示了一些常用的环境变量，如 PATH、SHELL、HOME、LANG 等。这些环境变量都以大写字符表示，这也是约定俗成的规则。export 命令也能用于查看环境变量，但是它更主要的用途在于使父进程定义的变量能被子进程使用，下面就这一点进行详细介绍。

4. 变量的作用范围

在 Bash 中使用变量时必须先定义，否则变量的值为空，这一点是之前已经学习过的。但定义了一个变量后是不是可以一直使用下去，或者说可以在任何地方使用呢？答案是要视情况而定。

这里要先简单说明进程的概念。事实上，每打开一个 Bash 窗口就在操作系统中创建了一个 Bash 进程，在 Bash 窗口中执行的命令也都是进程。前者称为父进程，后者则称为子进程。子进程运行时，父进程一般处于"睡眠"状态。子进程执行完毕后，父进程重新开始运行。项目 5 中会详细介绍进程的相关概念。现在的问题是，在父进程中定义的变量，子进程是否可以继续使用？例 4-11 给出了答案。

例 4-11：在父进程中定义变量

```
[zys@centos7 ~]$ p_var="variable in parent process"// 在父进程中定义的变量
[zys@centos7 ~]$ bash              // 使用 bash 命令创建子进程
[zys@centos7 ~]$ echo $p_var       // 这里已经处于子进程的工作界面
            <== 子进程中没有 p_var 变量，所以输出为空
[zys@centos7 ~]$ exit              // 退出子进程
exit
[zys@centos7 ~]$                   // 返回父进程的工作界面
```

使用 bash 命令可以在当前 Bash 进程中创建一个子进程，同时进入子进程的工作界面。使用 exit 命令可以退出子进程。可以看出，默认情况下子进程不会继承父进程定义的变量，因此子进程中显示的变量值为空。如果想让父进程定义的变量在子进程中继续使用，则要借助上文提到的 export 命令，如例 4-12 所示。

例 4-12：export 命令的使用

```
[zys@centos7 ~]$ p_var="variable in parent process"
[zys@centos7 ~]$ export p_var      // 允许子进程使用该变量
[zys@centos7 ~]$ bash
```

```
[zys@centos7 ~]$ echo $p_var
variable in parent process            <== 子进程继承了该变量
[zys@centos7 ~]$ exit
exit
```

export 命令解决了父子进程共享变量的问题，但 export 命令不是万能的。一方面，export 命令是单向的，即父进程把变量传递给子进程后，在子进程中修改的变量的值无法被传递给父进程，关于这一点大家可以自己动手验证；另一方面，如果重新打开一个 Bash 窗口，则会发现 p_var 变量并没有迁移过去。这涉及 Bash 的环境配置文件，具体原因会在本任务的【知识拓展】部分详细说明。

现在请大家思考一个问题：子进程中定义的变量是否可以在父进程中继续使用？请大家自己动手实践，这里不再演示。

5. 几个特殊的变量

Bash 中有一些内置的变量非常特殊，主要用于设置 Bash 的操作界面或行为。下面介绍几个特殊的 Bash 变量。

（1）PS1

PS1 用于设置 Bash 的命令行提示符，也就是在之前的示例中反复出现的"[zys@centos7 ～]$"或"[root@centos7 ～]#"等。用户可以根据个人习惯和实际需要自行设置命令行提示符的格式及内容。PS1 由一些字段组成，每个字段都用一个特定的符号表示。PS1 的符号及其含义如表 4-1 所示。

V4-3 几个特殊的 Bash 变量

表 4-1 PS1 的符号及其含义

符号	含义
\d	当前日期，格式为"星期 月 日"
\H	完整的主机名
\h	主机名的第一部分，即第 1 个小数点之前的部分
\t	当前时间，格式为 24 小时制的"HH:MM:SS"
\T	当前时间，格式为 12 小时制的"HH:MM:SS"
\A	当前时间，格式为 24 小时制的"HH:MM"
\u	当前用户名
\v	Bash 的版本信息
\w	完整的工作目录名，主目录用~代替
\W	最后一个目录名，即绝对路径中最后一个反斜线"\"右侧的目录名，可使用 basename 命令取得
\#	当前 Bash 窗口中执行的第几条命令
\$	用户身份提示符，普通用户为"$"，root 用户为"#"

先来查看当前的 Bash 环境中命令提示符包含哪些内容，如例 4-13 所示。

例 4-13：查看命令提示符的内容

```
[root@centos7 ~]# echo $PS1
[\u@\h \W]\$
```

对照表 4-1 可知，当前 PS1 的设置包括用户名、主机名、工作目录、用户身份提示符，以及一对中括号"[ ]"和一个"@"符号。如果想显示完整的工作目录，同时把主机名替换为 24 小时制的"HH:MM"，具体方法如例 4-14 所示。需要说明的是，在 Bash 中修改变量 PS1 只会影响当前的 Bash 进程，如果重新打开一个 Bash 窗口或重启操作系统，则变量 PS1 会恢复为默认设置。

例 4-14：修改命令提示符

```
[zys@centos7 ~]$ echo $PS1
[\u@\h \W]\$
[zys@centos7 ~]$ PS1="[\u@\A \w]\$"
[zys@06:35 ~]$cd /tmp                    // 命令提示符发生变化
[zys@06:35 /tmp]$                        // 显示完整的工作目录
```

（2）PS2

PS2 也是命令提示符变量。在 Bash 窗口中，当使用转义符"\"换行输入命令，或者某个命令需要接收用户的输入时，后续行的命令提示符就是由 PS2 控制的。PS2 的设置比较简单，如例 4-15 所示。同样，对 PS2 的修改也只影响当前 Bash 进程。

例 4-15：PS2 的设置

```
[zys@centos7 ~]$ echo $PS2
>                    <== 当前提示符是">"
[zys@centos7 ~]$ ls -l \          // 使用 ls 命令换行输入
> file1
-rw-r--r--.  1  zys devteam   0  1月 21 21:51          file1
[zys@centos7 ~]$ PS2=#            // 将命令提示符修改为"#"
[zys@centos7 ~]$ ls -l \
# file1              <== 修改成功
-rw-r--r--.  1  zys devteam   0  1月 21 21:51          file1
```

除了 PS1 和 PS2，Bash 中还有 PS3 和 PS4 这两个命令提示符变量，感兴趣的读者可以查找相关资料进行学习，这里不过多介绍。

（3）$

"$"本身也是一个变量，可以利用它查看当前 Bash 的进程号（Process Identifier，PID），如例 4-16 所示。

例 4-16：使用$查看 PID

```
[zys@centos7 ~]$ echo $$        // 查看当前 Bash 的进程号
10011
[zys@centos7 ~]$ bash          // 创建 Bash 子进程
[zys@centos7 ~]$ echo $$        // 查看子进程的 PID
10496
```

（4）?

虽然看起来很奇怪，但"?"确实也是一个变量，它可以返回上一个命令的状态码。命令执行完后都会返回一个状态码，一般用 0 表示成功，非 0 表示失败或异常，如例 4-17 所示。在 Shell 脚本中，这个变量经常用于判断命令的执行结果以决定后续执行步骤。在任务 4.2 中学习 Shell 脚本时，还会介绍几个有趣的变量，如$0、$#、$*、$@等。

例 4-17：使用?查看命令状态码

```
[zys@centos7 ~]$ ls file1
file1          <== 存在 file1 文件
[zys@centos7 ~]$ echo $?
0              <== 上一个命令（即 ls file1）执行成功
```

```
[zys@centos7 ~]$ ls  file11
ls: 无法访问 file11: 没有那个文件或目录
[zys@centos7 ~]$ echo  $?
2                  <== 上一个命令（即 ls file11）执行异常
[zys@centos7 ~]$ echo  $?
0                  <== 上一个命令（即 echo $?）执行成功
```

4.1.3 Bash 通配符和特殊符号

通配符是 Bash 的一项非常实用的功能，尤其是当用户需要查找满足某种条件的文件名时，通配符往往能发挥巨大的作用。有些符号在 Bash 中有特殊的含义，这些特殊符号是学习 Bash 时需要特别留意的。本节将介绍 Bash 中的通配符和特殊符号。

V4-4 Bash
通配符和特殊符号

1. 通配符

通配符用特定的符号对文件名进行模式匹配（Pattern Matching），也就是用特定的符号表示文件名的某种模式。当 Bash 在解释命令的文件名参数时，如果遇到这些特定的符号，则使用相应的模式对文件名进行扩展，生成已存在的文件名并传递给命令。Bash 中常用的通配符及其含义如表 4-2 所示。

表 4-2 Bash 中常用的通配符及其含义

符号	含义
*	匹配 0 个或任意多个字符，即可以匹配任何内容
?	匹配任意单一字符
[]	匹配中括号内的任意单一字符，如[xyz]代表可以匹配 x、y 或者 z
[^]	如果中括号内的第 1 个字符是"^"，则表示反向匹配，即匹配除中括号内的字符之外的其他任意单一字符。如[^xyz]表示匹配除 x、y 和 z 之外的任意单一字符
-	"-"代表范围，如 0-9 表示匹配 0 和 9 之间的所有数字，a-z 表示匹配从 a 到 z 的所有小写字母

如果上面的解释不好理解的话，则可以通过例 4-18 来体验使用通配符的方便之处。

例 4-18：通配符的基本用法

```
[zys@centos7 ~]$ ls  *           // 匹配任意文件
f1  F1  f2  F2  file1
[zys@centos7 ~]$ ls  f?          // 匹配以 f 开头，后跟一个字符的文件
f1  f2
[zys@centos7 ~]$ ls  f*          // 匹配以 f 开头的所有文件
f1  f2  file1
[zys@centos7 ~]$ ls  [^f]*       // 匹配不以 f 开头的所有文件
F1  F2
[zys@centos7 ~]$ ls  [fF]?       // 匹配以 f 或 F 开头，后跟一个字符的文件
f1  F1  f2  F2
[zys@centos7 ~]$ ls  f[0-9]      // 匹配以 f 开头，后跟一个数字的文件
f1  f2
```

除了表 4-2 列出的通配符外，Bash 还对通配符进行了扩展，以支持更复杂的文件名匹配模式。感

兴趣的读者可以自行查找相关资料进行学习。

2. 特殊符号

学习 Bash 时要注意特殊符号的使用。应该尽量避免使用特殊符号为文件命名，否则很可能出现各种意想不到的错误。Bash 中常用的特殊符号及其含义如表 4-3 所示。

表 4-3　Bash 中常用的特殊符号及其含义

特殊符号	含义
\	反斜线 "\" 有两个作用。一是作为转义符，放在特殊符号之前，仅表示特殊符号本身；二是放在一条命令的末尾，按 Enter 键后可以换行输入命令（其实是转义后续的回车符）
/	斜线 "/" 是文件路径中目录的分隔符。以 "/" 开头的路径表示绝对路径，"/" 本身表示根目录
|	"|" 是 Bash 的管道符号。管道符号的作用是将管道左侧命令的输出作为管道右侧命令的输入，从而将多条命令连接起来
$	"$" 是变量的前导符号，"$" 后跟变量名可以读取变量的值
&	"&" 可以将 Bash 窗口中的命令作为后台任务执行。后台任务（后台进程）的具体内容详见项目 5
;	在 Bash 窗口中连续执行多条命令时使用分号 ";" 分隔
~	"~" 表示用户的主目录
.	如果文件名以 "." 开头，则表示这是一个隐藏文件。在文件路径中，"." 表示当前目录，".." 表示父目录
> 和 >>	">" 和 ">>" 分别表示覆盖和追加形式的输出重定向
< 和 <<	"<" 和 "<<" 是 Bash 的输入重定向符号
' '	在 Bash 中为变量赋值时，单引号中的内容被视为一个字符串，其中的特殊字符为普通字符
" "	和单引号类似，双引号中的内容被视为一个字符串。但双引号中的特殊字符保留特殊含义，允许变量扩展
` `	反引号中的内容是要执行的具体命令。命令的执行结果可用于为变量赋值或其他用途

4.1.4　重定向和管道操作

1. 输入重定向

在任务 2.1 的【任务实施】部分，已经演示了输出重定向的使用方法。下面介绍与之对应的输入重定向。

下面以 bc 命令为例，先演示标准输入，再演示输入重定向的使用方法。bc 命令以一种交互的方式进行数字运算，也就是说，用户通过键盘（即标准输入）在终端窗口中输入数学表达式，使用 bc 命令后会输出计算结果，如例 4-19 所示。

例 4-19：标准输入——从键盘获得输入内容

```
[zys@centos7 ~]$ bc          // 进入 bc 交互模式
23 + 34          <== 这一行通过键盘输入
57               <== bc 输出计算结果
12 * 3           <== 这一行通过键盘输入
36               <== bc 输出计算结果
quit             <== 退出 bc 交互模式
```

输入重定向是指将原来从键盘输入的数据改为从文件中读取。将例 4-19 中的两个数学表达式保存在一个文件中，通过输入重定向使 bc 命令从这个文件中读取内容并计算结果，如例 4-20 所示。

例 4-20：输入重定向——从文件中获得输入内容

```
[zys@centos7 ~]$ cat  file1
23 + 34
12 * 3
[zys@centos7 ~]$ bc  < file1                    // 输入重定向：从 file1 文件中获得输入内容
57
36
[zys@centos7 ~]$ bc  < file1  > file2           // 同时进行输入重定向和输出重定向
[zys@centos7 ~]$ cat  file2
57
36
```

在例 4-20 中，将两个数学表达式保存在 *file1* 文件中，并使用小于号"<"对 bc 命令进行输入重定向。bc 命令从 *file1* 文件中每次读取一行内容进行计算，并把计算结果显示在屏幕上。例 4-20 还演示了在一条命令中同时进行输入重定向和输出重定向，也就是说，从 *file1* 文件中获得输入内容，并将结果输出到 *file2* 文件中。大家可以结合前面的示例分析这条命令的执行结果。

2. 管道操作

管道命令是 Linux 操作系统的常用操作，其作用是将管道符号"|"左侧命令的输出作为右侧命令的输入。管道命令的具体用法在任务 2.1 的【任务实施】部分已进行演示，这里不赘述。

4.1.5　Bash 命令别名和命令历史记录

命令别名和命令历史记录是 Bash 提供的两种实用功能，可以在一定程度上提高工作效率。

V4-5　Bash 命令
别名和命令历史记录

1. 命令别名

之前介绍 Bash 的特性时已经提到，为命令设置别名可以简化复杂的命令，或者以自己习惯的方式使用命令。在 Bash 中设置命令别名非常简单，其基本语法如下。

```
alias  命令别名='命令 [选项] [参数]'
```

下面简要介绍命令别名的基本概念，具体用法详见【任务实施】部分。

（1）如果没有 alias 关键字，则在 Bash 中设置别名和设置变量几乎是相同的。

（2）单独使用 alias 命令可以查看 Bash 当前已设置的别名。

（3）使用别名可以替换系统已有的命令。常用的例如以 rm 代替 rm -i，当使用 rm 命令删除文件时系统会给出提示。

（4）在命令行中设置的命令别名只对当前 Bash 进程有效。重新登录 Bash 时这些别名就会失效。如果想保留别名的设置，则可以在 Bash 的环境配置文件中设置需要的别名。这样，Bash 启动时会从配置文件中读取相关设置并应用在当前 Bash 进程中。

（5）如果想删除已设置的命令别名，则可以使用 unalias 命令。

2. 命令历史记录

Bash 会保存命令行窗口中执行过的命令，当需要查找过去执行过哪些命令或重复执行某条命令时，这个功能特别有用。Bash 把过去执行的命令保存在历史命令文件中，并为每条命令分配唯一的编号。登录 Bash 时，Bash 会从历史命令文件中读取命令记录并加载到内存的历史命令缓冲区中。在当前 Bash 进程中执行的命令也会被暂时保存在历史命令缓冲区中。退出 Bash 时，Bash 会把历史命令缓冲区中的命令记录写入历史命令文件。

Bash 使用 history 命令处理和历史命令相关的操作。直接执行 history 命令可以显示历史命令缓冲区中的命令记录。其中，HISTSIZE 变量用于指定 history 命令最多可以显示的命令条数，其默认值是 1000。历史命令文件一般是 ~/.bash_history，由 HISTFILE 变量指定。可以通过修改 HISTFILE 变量来使用其他文件保存历史命令。历史命令文件最多可以保存的命令总数是由 HISTFILESIZE 变量指定的，其默认值也是 1000。

默认情况下，history 命令只显示命令编号和命令本身。如果想同时显示历史命令的执行时间，则可以通过设置 HISTTIMEFORMAT 变量来实现。

Bash 除了记录历史命令外，还允许用户快速地查找和执行某条历史命令，常用操作如下。

（1）重复执行上一条命令

在 Bash 中使用!!或!-1 可以快速执行上一条命令；使用!-n 表示执行最近的第 n 条命令；也可以按【Ctrl+P】组合键或键盘的上方向键调出最近一条命令，并按 Enter 键执行该命令；连续按【Ctrl+P】组合键或上方向键可以一直向前显示历史命令。

（2）通过命令编号执行历史命令

使用!n 可以快速执行编号为 n 的历史命令。

（3）通过命令关键字执行历史命令

使用!cmd 可以查找最近一条以 cmd 开头的命令并执行该命令。

（4）通过组合键搜索历史命令

按【Ctrl+R】组合键可以对历史命令进行搜索，找到想要重复执行的命令后按 Enter 键可执行该命令，也可以对历史命令进行修改后再执行该命令。

任务实施

实验：Bash 综合应用

Bash 是 CentOS 7.6 默认的 Shell，张经理对小顾的要求是熟练掌握 Bash 的基本概念和使用方法。利用为软件开发中心配置开发环境的机会，张经理向小顾演示了 Bash 的基本用法。下面是张经理的操作步骤。

第 1 步，登录到开发服务器，打开一个终端窗口。

第 2 步，张经理需要查看 Bash 的环境变量，主要是 PATH 变量的值，如例 4-21.1 所示。张经理告诉小顾，环境变量是用户登录时系统自动定义的变量，使用 env 命令可以查看系统当前有哪些环境变量，PATH 是其中一个非常重要的环境变量。管道命令是 Bash 中使用最为频繁的操作之一，管道符号"|"左侧命令的输出成为右侧命令的输入，一定要熟练掌握管道命令的用法。

例 4-21.1：Bash 综合应用——查看环境变量

```
[zys@centos7 ~]$ env | grep -i path
PATH=/usr/local/bin:/usr/local/sbin:/usr/bin:/usr/sbin:/bin:/sbin:/home/zys/.local/bin:/home/zys/bin
WINDOWPATH=1
[zys@centos7 ~]$ echo $PATH
/usr/local/bin:/usr/local/sbin:/usr/bin:/usr/sbin:/bin:/sbin:/home/zys/.local/bin:/home/zys/bin
```

第 3 步，软件开发中心会把编译好的可执行二进制文件保存在目录*/home/dev_pub/bin* 中，张经理要把这个目录添加到 PATH 变量中，如例 4-21.2 所示。这里，张经理定义了一个中间变量 devbin，并将其追加到 PATH 变量的尾部。

例 4-21.2：Bash 综合应用——追加环境变量值

```
[zys@centos7 ~]$ devbin=/home/dev_pub/bin
[zys@centos7 ~]$ export  PATH=$PATH:$devbin
[zys@centos7 ~]$ echo  $PATH
/usr/local/bin:/usr/local/sbin:/usr/bin:/usr/sbin:/bin:/sbin:/home/zys/.local/
bin:/home/zys/bin:/home/dev_pub/bin
```

命令别名和命令历史记录是 Bash 中的两种常用功能，张经理打算把这两个知识点再给小顾演示一遍。张经理先演示了命令别名的使用方法。

第 4 步，张经理使用 ll 代替 ls -l 命令，并使用 vi 代替 vim，这是很多 Linux 用户都会使用的常用别名，如例 4-21.3 所示。张经理还单独使用 alias 命令查看了系统中当前有哪些别名。

例 4-21.3：Bash 综合应用——设置 ll 和 vi 别名

```
[zys@centos7 ~]$ alias  ll='ls -l'
[zys@centos7 ~]$ ll        // 和ls -l命令的作用相同
-rw-rw-r--.  1   zys zys     0  2月  8 19:35    file1
-rw-rw-r--.  1   zys zys     0  2月  8 19:35    file2
[zys@centos7 ~]$ alias  vi=vim
[zys@centos7 ~]$ alias
alias ll='ls -l'
alias vi='vim'
```

第 5 步，使用 rm 代替 rm -i，如例 4-21.4 所示。

例 4-21.4：Bash 综合应用——使用命令别名代替已有命令

```
[zys@centos7 ~]$ rm  file1
[zys@centos7 ~]$ alias  rm='rm -i'
[zys@centos7 ~]$ rm  file2
rm: 是否删除普通空文件 "file2"?        <== 删除文件时出现提示信息
```

第 6 步，删除刚才设置的 ll 别名，如例 4-21.5 所示。

例 4-21.5：Bash 综合应用——删除命令别名

```
[zys@centos7 ~]$ alias  |  grep  ll
alias ll='ls -l'
[zys@centos7 ~]$ unalias  ll
[zys@centos7 ~]$ alias  |  grep  ll
```

接下来，张经理向小顾演示了命令历史记录的使用方法。

第 7 步，张经理使用 history 命令查看了历史命令缓冲区中的命令历史记录，以及最近 3 条历史命令，还查看了和命令历史记录相关的几个环境变量的默认值，如例 4-21.6 所示。

例 4-21.6：Bash 综合应用——查看命令历史记录及相关环境变量

```
[zys@centos7 ~]$ history
   1  lsblk
   2  su - root
```

```
   3  find . -name file1
   …
[zys@centos7 ~]$ history 3
 358  alias | grep ll
 359  history
 360  history 3
[zys@centos7 ~]$ echo $HISTSIZE
1000
[zys@centos7 ~]$ echo $HISTFILE
/home/zys/.bash_history
[zys@centos7 ~]$ echo $HISTFILESIZE
1000
```

第 8 步，小顾希望既能看到命令编号和命令本身，又能看到历史命令的执行时间。张经理告诉小顾，可以通过设置环境变量 HISTTIMEFORMAT 的值实现该功能，如例 4-21.7 所示。

例 4-21.7：Bash 综合应用——显示历史命令的执行时间

```
[zys@centos7 ~] HISTTIMEFORMAT="%F %T "
[zys@centos7 ~]$ history 4
 365  2023-02-08 19:45:54 echo $HISTFILESIZE
 366  2023-02-08 19:46:33 clear
 367  2023-02-08 19:46:42 HISTTIMEFORMAT="%F %T "
 368  2023-02-08 19:46:55 history 4
```

第 9 步，张经理向小顾演示了重复执行上一条命令的快速方法。小顾说自己平时都是通过键盘的上方向键调出最近一条命令，并按 Enter 键执行该命令的。张经理告诉小顾，还有其他方法可以实现该功能，如例 4-21.8 所示。

例 4-21.8：Bash 综合应用——重复执行上一条命令

```
[zys@centos7 ~]$ mkdir sub_dir
[zys@centos7 ~]$ !!          // 使用!!执行上一条命令
mkdir sub_dir
mkdir: 无法创建目录"sub_dir": 文件已存在
```

第 10 步，使用!n 快速执行编号为 n 的历史命令，如例 4-21.9 所示。

例 4-21.9：Bash 综合应用——通过命令编号执行历史命令

```
[zys@centos7 ~]$ history 2
 369  2023-02-08 19:47:40 mkdir sub_dir
 370  2023-02-08 19:48:18 history 2
[zys@centos7 ~]$ !369        // 执行编号为 369 的命令
mkdir sub_dir
mkdir: 无法创建目录"sub_dir": 文件已存在
```

第 11 步，使用!cmd 查找最近一条以 cmd 开头的命令并执行该命令。例 4-21.10 所示为使用!echo 重复执行 echo $HISTFILESIZE 命令。

例 4-21.10：Bash 综合应用——通过命令关键字执行历史命令

```
[zys@centos7 ~]$ !echo
```

```
echo $HISTFILESIZE              <== 查找到的命令
1000
```

第 12 步，通过【Ctrl+R】组合键搜索历史命令，如例 4-21.11 所示。

例 4-21.11：Bash 综合应用——通过【Ctrl+R】组合键搜索历史命令

```
[zys@centos7 ~]$
(reverse-i-search)`echo`: echo $HISTFILESIZE        <== 输入 "echo" 后出现提示
1000
```

做完这个实验，张经理告诉小顾，上面这些只能算是 Bash 的基础操作。他叮嘱小顾一定不要浅尝辄止，因为关于 Bash 要学习的知识还有很多。小顾再次折服于 Bash 的强大功能，同时更加清楚地认识到自己目前所掌握的知识还远远不够，需要继续努力学习。

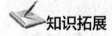
知识拓展

Bash 允许用户根据个人习惯配置 Bash 操作环境，如设置命令提示符的格式、设置命令的历史记录等。这些配置往往离不开 Bash 的环境配置文件。另外，Bash 中的命令可以分为多种不同的类型。读者可扫描二维码详细了解关于 Bash 环境配置文件的具体内容。

知识拓展 4.1　Bash
环境配置文件

任务实训

本实训的主要任务包括练习使用 Bash 变量，熟悉变量使用的规则，使用输入重定向从文件中获得命令参数。同时，使用命令别名和命令历史记录功能体验 Bash 的强大之处。

【实训目的】

（1）掌握 Bash 变量定义的规则和限制。

（2）熟悉 Bash 通配符和特殊符号的使用方法。

（3）掌握输入重定向和输出重定向的常规用法。

（4）掌握命令别名和命令历史记录的基本用法。

【实训内容】

按照以下步骤完成 Bash 基本操作的练习。

（1）进入 CentOS 7.6，打开一个终端窗口。

（2）使用 env 命令查看系统当前有哪些环境变量，分析 PATH、SHELL、HOME 等常见环境变量的内容及含义。

（3）定义一个变量 var_dir，使用 read 命令从键盘读取变量的值。

（4）将 var_dir 变量的值追加到 PATH 变量的末尾。

（5）修改命令提示符，在命令提示符中显示完整的工作目录名。

（6）使用 Bash 通配符查看目录~/tmp 中所有以 f 开头、以 s 结尾的文件。

（7）使用输入重定向将 ls -al 命令的结果输入文件~/tmp/ls.result 中。

（8）使用 cat 命令查看~/tmp/ls.result 文件的内容，并使用 rm 命令删除该文件，这两条命令使用";"连接。

（9）创建两个命令别名，使用 cls 和 ll 分别代替 clear 和 ls -l 命令，并删除别名 cls。

（10）查看最近执行的 10 条历史命令，使用指定编号执行倒数第 5 条命令。

任务 4.2 Shell 脚本

任务陈述

Shell 脚本是 Linux 自动化运维的主要工具，Linux 操作系统启动时会使用 Shell 脚本启动各种系统服务。Shell 脚本包含一组 Linux 命令，执行 Shell 脚本就相当于执行其中的命令。Shell 脚本更强大的功能在于它支持脚本编程语言，能够实现复杂的业务逻辑。本任务将介绍 Shell 脚本的基本概念和编写方法。

知识准备

4.2.1 认识 Shell 脚本

对于普通 Linux 用户来说，平时和 Shell 脚本接触的机会不多。但实际上，从 Linux 操作系统启动到关闭的整个过程，Shell 脚本都发挥着重要作用。Shell 脚本是 Linux 系统管理员和运维人员不可或缺的工具。如果大家学习 Linux 的目的不是从事系统运维工作，则可以暂时跳过本任务，继续学习后面的内容。但是，即使只是简单地了解 Shell 脚本，也会让大家在使用 Linux 的过程中避免一些麻烦。为了让大家不至于在以后的学习和工作中产生"书到用时方恨少"的遗憾，本任务将集中讲解 Shell 脚本的基本概念和使用方法。Shell 脚本是本书中难度偏大的内容，好在大家已经掌握了 Bash 的基础，所以 Shell 脚本的学习会相对容易一些。

V4-6 Shell 脚本的
执行方式

1. Shell 脚本的基本概念

如果用一句话概括学习 Shell 脚本的原因或者 Shell 脚本的最大优势，相信很多人会选择自动化运维。确实，在 Linux 的系统运维工作中，基本上处处都要用到 Shell 脚本，如系统服务监控和启停、业务部署、数据处理和备份、日志分析等。Shell 脚本特别适合用于处理文本类型的数据，而在 Linux 操作系统中，几乎所有的系统配置文件和日志文件等都是文本文件。所以，每个合格的 Linux 系统管理员和运维人员都应该深刻理解并能够熟练编写 Shell 脚本。那么，究竟什么是 Shell 脚本呢？

前面已经介绍过 Shell 的概念。在计算机体系结构中，Shell 是覆盖在操作系统内核外层的命令行界面，主要作用是解释用户输入的命令然后交给内核执行，并向用户返回命令执行的结果。Bash 就是一个非常优秀的 Shell，为用户提供了很多实用且强大的功能。借助这些功能，用户的工作效率得以提升。用户在 Bash 命令行中的操作基本上是"线性"的，操作步骤一般是输入命令——按 Enter 键——返回结果。在执行复杂的任务时，这种操作模式的效率不高。能不能把要执行的所有命令集中到一个文件中，执行时只要指定这个文件名，就可以批量执行其中所有的命令呢？方法当然有，那就是使用 Shell 脚本。

可以把 Shell 脚本简单地理解为一组命令的集合，包含 Shell 脚本的文件也称为脚本文件。当用户将脚本文件提交给 Bash（或其他种类的 Shell）时，Bash 会分析脚本文件中的命令并按照特定的顺序依次执行这些命令。脚本文件中的命令包括 Bash 的内置命令、命令别名或外部命令等。基本上，可以在 Bash 命令行窗口中执行的命令都能放在脚本文件中执行。

如果仅仅是把一组命令集中到 Shell 脚本中统一执行，那么 Shell 脚本的作用至少要缩水一半。

实际上，Shell 脚本的强大更多是来源于它支持以编程的方式编写命令。具体地说，Shell 脚本支持高级程序设计语言中的一些编程要素，如变量、数组、表达式、函数，从而支持算术运算和逻辑判断，以及更高级的分支和循环等程序结构。这样，Bash 执行脚本文件时就不再是线性的，而是可以根据实际需求灵活设计。因此，Shell 脚本也可以被看作一种编程语言。和 C、Java 等编译型的高级编程语言不同的是，Shell 脚本语言是一种解释型的脚本语言。Bash 是解释器，负责解释并执行脚本文件中的语言。关于编译语言和脚本语言的异同这里不展开讨论，感兴趣的读者可以参考相关资料自行学习。

介绍了这么多有关 Shell 脚本的基本概念，下面通过一个示例揭开 Shell 脚本的"神秘面纱"。例 4-22 所示为一个非常简单的 Shell 脚本文件，脚本的内容这里暂不解释，但是相信大家对其中第 4 行的内容一定不会陌生，它其实就是 Bash 中常用的 echo 命令，用于显示一行字符串或变量的值。前面学习 Bash 变量时曾多次使用 echo 命令。

例 4-22：Shell 脚本示例

```
[zys@centos7 bin]$ cat -n myscript.sh
    1    #!/bin/bash
    2    # This is my first shell script
    3
    4    echo "Hello world..."
```

需要说明的是，不同的 Shell 支持的脚本语言不完全相同，但是这些差异并不影响学习者对 Shell 脚本的学习和使用。本任务所介绍的所有 Shell 脚本都是在 Bash 环境中执行的，介绍的语法也都是 Bash 所支持的。

2. 如何执行 Shell 脚本

有了一个包含 Bash 命令的脚本文件，该怎么执行该文件呢？下面介绍执行 Shell 脚本的 3 种方式和它们之间的区别。

第 1 种方式是设置脚本文件的执行权限，直接执行脚本文件，如例 4-23 所示。

例 4-23：Shell 脚本执行方式——设置脚本文件的执行权限

```
[zys@centos7 bin]$ chmod a+x myscript.sh        // 为脚本文件添加执行权限
[zys@centos7 bin]$ ls -l myscript.sh
-rwxr-xr-x. 1  zys devteam  69 12月 30 21:06   myscript.sh
[zys@centos7 bin]$ myscript.sh                  // 输入脚本文件名即可直接执行该文件
Hello world...
```

第 2 种方式是使用 sh 或 bash 命令执行脚本文件，将脚本文件名作为 sh 或 bash 命令的参数即可。sh 其实是 Bash 的链接文件，如例 4-24 所示。不管脚本文件有没有执行权限，都可以采用这种方式执行。

例 4-24：Shell 脚本执行方式——使用 sh 命令或 bash 命令执行脚本文件

```
[zys@centos7 bin]$ which sh
/usr/bin/sh
[zys@centos7 bin]$ ls -l /usr/bin/sh
lrwxrwxrwx. 1  root    root   4  10月 1 13:11    /usr/bin/sh -> bash
[zys@centos7 bin]$ sh myscript.sh        // 相当于 bash myscript.sh
Hello world...
```

第 3 种方式是使用 source 命令或点号"."执行脚本文件，后跟脚本文件名，如例 4-25 所示。

例 4-25：Shell 脚本执行方式——使用 source 命令或点号 "." 执行脚本文件

```
[zys@centos7 bin]$ source myscript.sh    // 相当于 . myscript.sh
Hello world...
```

从输出结果来看，上面 3 种 Shell 脚本执行方式没有任何区别，但它们其实有一个非常大的不同。对于前两种方式，脚本文件是在当前 Bash 进程的子进程中执行的，而第 3 种方式的脚本文件是直接在当前 Bash 进程中执行的。结合前面对 Bash 变量作用范围的介绍，可以得出一条结论：当使用前两种方式执行脚本文件时，在脚本文件中无法使用父进程创建的变量（除非使用 export 命令进行传递），第 3 种方式则不会存在这个问题。对上面的脚本文件进行适当修改即可验证该结论，如例 4-26 所示。

例 4-26：3 种脚本文件执行方式的区别

```
[zys@centos7 bin]$ cat myscript.sh
#!/bin/bash
echo "Hello world..."
echo "current pid is $$"                # 在脚本文件中查询 PID
echo "value of p_var is '$p_var'"       # 在脚本文件中使用变量 p_var
[zys@centos7 bin]$ p_var="variable in parent process"   // 在父进程中定义变量 p_var
[zys@centos7 bin]$ echo $$
10369            <== 父进程 PID
[zys@centos7 bin]$ sh myscript.sh                       // 第 2 种 Shell 脚本执行方式
Hello world...
current pid is 11786     <== 子进程 PID
value of p_var is ''     <== 变量值为空
[zys@centos7 bin]$ source myscript.sh                   // 第 3 种 Shell 脚本执行方式
Hello world...
current pid is 10369     <== 父进程 PID
value of p_var is 'variable in parent process'
```

source 命令在当前进程中执行脚本文件，因此如果在脚本文件中创建了一个变量，那么在脚本文件之外也是可以使用该变量的，如例 4-27 所示。source 命令的这个特性使它可以加载修改过的 Bash 环境配置文件，而不用重新启动 Bash。

例 4-27：在脚本文件之外使用脚本中定义的变量

```
[zys@centos7 bin]$ cat myscript.sh
#!/bin/bash
script_var='variable defined in shell script'  # 在脚本中定义变量 script_var
echo $script_var
[zys@centos7 bin]$ source myscript.sh           //执行脚本文件
variable defined in shell script
[zys@centos7 bin]$ echo $script_var
variable defined in shell script                <== 脚本之外仍能使用变量 script_var
```

大家应该牢记这 3 种 Shell 脚本文件执行方式的区别，以免使用时出现意外。本任务中统一使用第 2 种方式执行 Shell 脚本文件。如果没有特别说明，则脚本文件位于 ~/bin 目录中，名称为 *myscript.sh*。

4.2.2　Shell 脚本的基本语法

在正式编写第 1 个 Shell 脚本之前，我们先从 Shell 脚本的基本语法开始，了解 Shell 脚本的结构和要素，然后逐步编写复杂的脚本。

V4-7　Shell 脚本入门

1. 命令执行顺序

和其他解释型语言一样，Shell 脚本的执行顺序是从上至下、从左至右。也就是说，Bash 按照从上至下、从左至右的顺序解释分析脚本文件的内容，从第 1 条可以执行的语句开始执行。这里，"第 1 条可以执行的语句"可以暂时理解为之前在 Bash 命令行窗口中执行的各种命令。除了这些可以执行的语句外，Shell 脚本还包括不可执行的部分，主要是指脚本文件中的注释。

Shell 脚本的注释以"#"开头。Bash 逐行读取脚本文件的内容，并把出现在"#"之后的任何内容视为注释，除非"#"是字符串的一部分。Bash 直接忽略脚本的注释，因为注释对 Bash 解释执行脚本没有任何帮助。但是对于脚本的开发人员和维护人员来说，注释是非常有必要的。开发人员利用注释说明脚本的相关信息，如脚本的作者、创建日期、版本、更新记录、主要用途，或者是脚本中某段代码的主要逻辑等。如果没有注释，那么脚本的维护将非常困难（除非脚本的内容很少且非常简单），甚至有可能在脚本编写完一段时间后，连开发者本人也不理解自己最初的设计意图。所以，在脚本中合理地添加注释是对自己和他人负责的表现。为节省篇幅，本任务的脚本将尽量减少注释。但在实际工作中，强烈建议大家在脚本中添加必要的注释。

脚本文件的第 1 行一般是以"#!"开头的特殊说明行，如前几例中的"#!/bin/bash"。不能把这一行看作普通的注释。它的作用是指明这个脚本文件使用的 Shell 语法，以及执行前要读取的 Shell 配置文件。如果不明确指定执行脚本使用哪种 Shell，则系统会使用默认的 Shell（由 SHELL 环境变量定义）执行脚本。一旦系统的默认 Shell 和脚本实际使用的语法不一致，执行脚本时就很可能会产生错误。

除了注释外，Bash 对于空行、空格或制表符（Tab）也是直接忽略的。在脚本中添加这些空白内容主要是为了让脚本更加清晰、更有条理，提高脚本的可读性。

执行脚本时，Bash 把回车符当作一条命令的结束符，读到回车符就开始执行这条命令。如果命令比较长，则可以在行末先输入转义符"\"，再按 Enter 键，这样就可以换行后继续输入命令。这一点和 Bash 命令行窗口的操作方法是相同的。"\"的作用是对紧随其后的回车符进行转义，所以输入完"\"后必须马上按 Enter 键，后面不能有空格或 Tab 等空白字符。

2. 脚本状态码

每个脚本文件执行结束后都会向父进程（采用前两种 Shell 脚本文件执行方式）或当前进程（采用第 3 种 Shell 脚本文件执行方式）返回一个整数类型的状态码，用于表示脚本文件的执行结果。一般用 0 表示执行成功，用非 0 表示执行失败。这个状态码可以使用 $? 特殊变量查看。另外，还可以在脚本中使用 exit 命令指定返回值，形式为 exit n，其中 n 是状态码，取值为 0~255，如例 4-28 所示。

例 4-28：指定脚本状态码

```
[zys@centos7 bin]$ cat myscript.sh
#!/bin/bash
echo "Hello world..."
exit 0              # 在脚本中指定退出状态码为 0
[zys@centos7 bin]$ sh myscript.sh
```

```
Hello world...
[zys@centos7 bin]$ echo $?
0
```

Bash 读取到 exit 命令时会把其后的整数作为状态码返回，并结束脚本的运行。如果 exit 命令之后没有明确指定状态码，那么默认返回 exit 命令的前一条命令的状态码。其实脚本文件的末尾都隐含有一条 exit 命令，默认返回文件中最后一条命令的状态码。

3. 脚本参数

如果把脚本文件名看作一条命令，那么同样可以向脚本文件传递参数。在脚本文件中使用参数时需要借助如下几个特殊的变量。

（1）$n

n 是参数的编号，如"$1"表示第 1 个参数，"$2"表示第 2 个参数等。

（2）$#

"$#"表示参数的数量。

（3）$*和$@

"$*"和"$@"都表示脚本的所有参数，但二者稍有不同。"$*"把所有参数视作一个整体，形式为"$1 $2 $3"，参数之间默认用空格分隔；"$@"的使用形式是"$1""$2""$3"，参数之间是独立的。"$*"和"$@"的具体区别在后面学习 for 循环时会详细介绍。

下面对例 4-28 中的脚本稍做修改，在执行时输入两个参数，如例 4-29 所示。

例 4-29：脚本参数

```
[zys@centos7 bin]$ cat myscript.sh
#!/bin/bash
echo "Hello world..."
echo "I'm from $1, $2"
echo "Total of $# parameters: $@"
[zys@centos7 bin]$ sh myscript.sh Jiangsu China        // 输入两个参数
Hello world...
I'm from Jiangsu, China
Total of 2 parameters: Jiangsu China
```

4.2.3 运算符和条件测试

使用脚本进行数据处理或日志分析时，经常涉及算术运算和关系运算、文件分析、字符串比较等条件测试操作。Shell 脚本为此提供了丰富的工具和方法，本节将系统地学习这些工具和方法。学完本节，大家将能够编写简单的 Shell 脚本来完成数据和文件的各种运算及测试，为后面编写更复杂的 Shell 脚本打下坚实的基础。

1. 算术运算

变量值的默认类型是字符串，要使用 declare 命令把变量定义为整数才能进行数值运算，这是在学习 Bash 变量时就已经了解过的。除此之外，在 Shell 脚本中还有其他方法进行数值运算。

常见的方法是采用"$((expr))"的形式，即"$"后跟两层小括号，内层的小括号中是算术表达式。$((expr))只支持整数的算术运算，如果表达式中有变量，则变量可以不使用"$"前导符号，如例 4-30 所示。

例 4-30：算术运算的基本用法

```
[zys@centos7 bin]$ cat myscript.sh
#!/bin/bash
a=5;b=6
echo $(( 5 + 6 ))
echo $(( a + b ))
[zys@centos7 bin]$ sh myscript.sh
11
11
```

还可以使用$((expr))进行整数间的算术比较运算。运算符包括"<"（小于）、">"（大于）、"<="（小于等于）、">="（大于等于）、"=="（等于）和"!="（不等于）。当比较结果为真时返回 1，否则返回 0，如例 4-31 所示。

例 4-31：整数间的算术比较运算

```
[zys@centos7 bin]$ cat myscript.sh
#!/bin/bash
a=5;b=6
echo $((a > b))
echo $((a != b))
[zys@centos7 bin]$ sh myscript.sh
0
1
```

2. test 条件测试

test 命令主要用于判断一个表达式的真假，即表达式是否成立。可以使用之前介绍过的$?特殊变量获取 test 命令的返回值。当表达式为真时，test 命令返回 0，否则返回一个非 0 值（通常为 1）。

test 命令可以进行数值间的关系运算、字符串运算、文件测试及布尔运算，下面分别介绍这些运算的语法。

（1）关系运算

使用 test 命令可以进行整数间的关系运算，关系运算符及其含义如表 4-4 所示。关系运算符只支持整数，不支持字符串，除非字符串的值是整数。关系运算符的使用如例 4-32 所示。

V4-8　Shell 脚本
条件测试

表 4-4　关系运算符及其含义

关系运算符表达式	含义
$n1$ -eq $n2$	当 $n1$ 和 $n2$ 相等时返回真，否则返回假
$n1$ -ne $n2$	当 $n1$ 和 $n2$ 不相等时返回真，否则返回假
$n1$ -gt $n2$	当 $n1$ 大于 $n2$ 时返回真，否则返回假
$n1$ -lt $n2$	当 $n1$ 小于 $n2$ 时返回真，否则返回假
$n1$ -ge $n2$	当 $n1$ 大于等于 $n2$ 时返回真，否则返回假
$n1$ -le $n2$	当 $n1$ 小于等于 $n2$ 时返回真，否则返回假

例 4-32：test 命令的基本用法——关系运算符的使用

```
[zys@centos7 bin]$ cat myscript.sh
#!/bin/bash
```

```
a=11 ; b=16
test $a -eq $b && echo "$a = $b" || echo "$a != $b"
test $a -gt $b && echo "$a > $b" || echo "$a <= $b"
test $a -ge $b && echo "$a >= $b" || echo "$a < $b"
[zys@centos7 bin]$ sh myscript.sh
11 != 16
11 <= 16
11 < 16
```

（2）字符串运算

字符串运算符及其含义如表 4-5 所示，其使用如例 4-33 所示。

表 4-5　字符串运算符及其含义

字符串运算符表达式	含义
-z *str*	当 *str* 为空字符串时返回真，否则返回假
-n *str*	当 *str* 为非空字符串时返回真，否则返回假。-n 可省略
str1 == *str2*	当 *str1* 与 *str2* 相等时返回真，否则返回假
str1 != *str2*	当 *str1* 与 *str2* 不相等时返回真，否则返回假

例 4-33：test 命令的基本用法——字符串运算符的使用

```
[zys@centos7 bin]$ cat myscript.sh
#!/bin/bash
a="centos"
b=""
test -z "$a" && echo "'$a' is null" || echo "'$a' is not null"
test -n "$b" && echo "'$b' is not null" || echo "'$b' is null"
test "$a" == "centos" && echo "'$a' = 'centos'" || echo "'$a' != 'centos'"
[zys@centos7 bin]$ sh myscript.sh
'centos' is not null
'' is null
'centos' = 'centos'
```

字符串表达式中的常量或变量最好用双引号引起来，否则，当其中包含空格时，test 命令会执行错误，如例 4-34 所示。

例 4-34：test 命令的基本用法——字符串中包含空格

```
[zys@centos7 bin]$ cat -n myscript.sh
     1   #!/bin/bash
     2   os="centos 7"
     3   test $os == "centos 7" && echo "centos 7" || echo "not centos 7"
[zys@centos7 bin]$ sh myscript.sh
myscript.sh: 第 3 行: test: 参数太多
not centos 7
```

在例 4-34 中，使用$os == "centos 7"进行字符串运算时，Bash 使用 os 变量的值替换了$os，结果表达式变成了 centos 7 == "centos 7"。这个表达式包括"centos""7""centos 7"3 个参数，而"=="运算

符只支持两个参数的运算，所以脚本返回"参数太多"的错误。使用双引号将"$os"引起来就可以避免这个错误，具体操作这里不再演示。

（3）文件测试

文件测试的操作比较多，包括文件类型测试、文件权限测试和文件比较测试等。文件测试的具体表达式这里不再演示，其详细内容可参见本书配套电子资源。例4-35所示为文件测试的综合示例。

例4-35：test命令的基本用法——文件测试的综合示例

```
[zys@centos7 bin]$ ls -l
-rw-r--r--.  1  zys devteam     15  1月 1 22:07  file2
-rw-r--r--.  1  zys devteam    292  1月 1 22:08  myscript.sh
[zys@centos7 bin]$ cat myscript.sh
#!/bin/bash
f1="myscript.sh"
f2="file2"
test -f "$f1" && echo "$f1: ordinary file " || echo "$f1: not ordinary file"
test -r "$f1" && echo "$f1: readable " || echo "$f1: not readable"
test "$f1" -nt "$f2" && echo "$f1 is newer than $f2" || echo "$f2 is newer than $f1"
[zys@centos7 bin]$ sh myscript.sh
myscript.sh: ordinary file
myscript.sh: readable
myscript.sh is newer than file2
```

（4）布尔运算

可以在test命令中对多个表达式进行布尔运算。两个以上的表达式称为复合表达式，复合表达式的值取决于每个子表达式的值。子表达式可以是前面介绍过的关系运算表达式、字符串运算表达式或文件测试表达式。布尔运算有与运算（and）、或运算（or）及非运算（!）3种，对应的运算符及其含义如表4-6所示。布尔运算符的使用如例4-36所示。

表4-6　布尔运算符及其含义

布尔运算符表达式	含义
expr1 -a *expr2*	当表达式*expr1*和*expr2*同时为真时，复合表达式返回真，否则返回假
expr1 -o *expr2*	当表达式*expr1*和*expr2*任意一个表达式为真时，复合表达式返回真，否则返回假
! *expr*	当表达式*expr*为真时返回假，否则返回真

例4-36：test命令的基本用法——布尔运算符的使用

```
[zys@centos7 bin]$ cat myscript.sh
#!/bin/bash
a=11;b=16
f1="myscript.sh"
f2="file2"
test $a -gt $b -o $a -eq $b && echo "$a >= $b" || echo "$a < $b"
test -e "$f1" -a -r "$f1" && echo "$f1 is readable " || echo "$f1 is not exist or not readable"
```

```
[zys@centos7 bin]$ sh myscript.sh
11 < 16
myscript.sh is readable
```

3. 中括号条件测试

中括号条件测试是和 test 命令等价的条件测试方法，同样支持关系运算、字符串运算、文件测试及布尔运算，只是中括号中的表达式在书写格式上有特别的规定。具体来说，表达式中的操作数、运算符及中括号要用空格分隔。例 4-37 演示了使用中括号进行条件测试的示例，大家注意和 test 命令进行对比，看看二者在形式上是不是非常相似。

例 4-37：中括号条件测试的基本用法

```
[zys@centos7 bin]$ cat myscript.sh
#!/bin/bash
a=11;b=16
fname="myscript.sh"
[ $a -eq $b ] && echo "$a = $b" || echo "$a != $b"
[ -n "$fname" -a "$fname" != "file2" ] && echo "'$fname' != 'file2'"  \
                                                         # 换行输入
|| echo "'$fname' is null or '$fname' = 'file2'"
[ -w "$fname" ] && echo "$fname is writable" || echo "$fname is not writable"
[zys@centos7 bin]$ sh myscript.sh
11 != 16
'myscript.sh' != 'file2'
myscript.sh is writable
```

4.2.4 分支结构

4.2.3 节给出了在 Shell 脚本中进行条件测试的示例，但其实条件测试更多是用在分支结构和循环结构中。这两种结构都需要根据条件测试的结果决定后续的操作。本节先介绍分支结构的使用方法，4.2.5 节再介绍循环结构的使用方法。

从整体形式上看，分支结构有 if 语句和 case 语句两种。相比较而言，if 语句的使用范围更加广泛，下面详细介绍使用 if 语句进行条件测试的方法。case 语句的相关介绍详见本任务的【知识拓展】部分。

V4-9 if 分支结构

1. 基本的 if 语句

基本的 if 语句比较简单，只是对某个条件进行测试。如果条件成立，则执行特定的操作。基本的 if 语句采用以下结构。

```
if  条件表达式 ;  then
     条件表达式成立时执行的命令
fi
```

关于这个结构，有以下几点需要说明。

（1）if 语句以关键字 if 开头。条件表达式可以采用 4.2.3 节介绍的 test 命令或中括号"[ ]"两种形式。中括号条件测试在 if 语句中使用得更多一些，所以后面的示例统一使用中括号。条件表达式可以只包含单一的条件测试，也可以是多个条件测试组成的复合表达式。

（2）可以把复合表达式拆分为多个条件测试，每个中括号包含一个条件测试，并用"&&"或"||"连接各个条件测试。"&&"表示与关系（and），相当于布尔运算中的"-a"运算符；"||"表示或关系（or），相当于布尔运算中的"-o"运算符。

（3）关键字 then 可以和 if 处于同一行，也可以换行书写。当其处于同一行时，必须在条件表达式后添加分号"；"作为条件表达式的结束符；当其处于不同行时，则不需要添加分号。为节省篇幅，下文统一把 then 和 if 置于同一行。

（4）当条件表达式成立时，可以执行一条或多条命令。在脚本的编写方式上，通常使用 Tab 键对命令进行缩进。虽然这不是强制要求，但这样做会让脚本显得有条理、有层次，可读性比较好，所以强烈建议大家从一开始就养成这种良好的脚本编写习惯。

（5）if 语句以关键字 fi 结束。这是一个很有趣的设计，因为 fi 和 if 正好是倒序关系。例 4-38 演示了基本 if 语句的使用。需要说明的是，这个例子只是为了演示 if 语句的基本形式，并不能算是一个结构良好或逻辑严密的脚本。后面将对这个脚本进行优化。

例 4-38：基本 if 语句的使用

```
[zys@centos7 bin]$ cat myscript.sh
#!/bin/bash
read -p "Do you like CentOS Linux(Y/N): " ans          # 从键盘读入 ans 变量的值
if [ "$ans" == "y" ] || [ "$ans" == "Y" ]; then        # 如果 ans 是 y 或 Y
    echo " Very good!!!"
fi
if [ "$ans" == "n" ] || [ "$ans" == "N" ]; then        # 如果 ans 是 n 或 N
    echo " Oh, I'm sorry to hear that!!!"
fi
[zys@centos7 bin]$ sh myscript.sh
Do you like CentOS Linux(Y/N): Y                        <== 输入 "Y"
Very good!!!
```

2. 多重 if 语句

如果仔细分析例 4-38 中的脚本，会发现它至少有两个不足需要改进。第一，如果输入是"y"或"Y"，则经过第一个 if 语句的测试后，还要在第二个 if 语句中进行一次测试，而第二次测试显然是多余的；第二，该脚本假设用户会输入"y""Y""n""N"中的一种答案，但是这个假设在很多情况下是不成立的，而对于假设之外的输入，脚本没有给出任何提醒或错误提示。对于第一个不足，可以通过使用 if-else 结构加以解决。其基本语法如下。

```
if  条件表达式 ；  then
    条件表达式成立时执行的命令
else
    条件表达式不成立时执行的命令
fi
```

和基本的 if 语句相比，if-else 结构使用关键字 else 指定当 if 条件不成立时执行哪些命令，其余部分完全相同。使用 if-else 对例 4-38 进行改进后的脚本如例 4-39 所示。

例 4-39：结构改进后的脚本

```
[zys@centos7 bin]$ cat myscript.sh
#!/bin/bash
```

```
read -p "Do you like CentOS Linux(Y/N): " ans
if [ "$ans" == "y" ] || [ "$ans" == "Y" ]; then
    echo " Very good!!!"
else     # 如果 if 中的条件不成立
    echo " Oh, I'm sorry to hear that!!!"
fi
[zys@centos7 bin]$ sh myscript.sh
Do you like CentOS Linux(Y/N): Y
Very good!!!
```

这一次，如果输入是"y"或"Y"，则只会进行 if 后面的条件测试。这种改进确实解决了前面提到的第一个不足，但引入了一个新问题。因为 if-else 结构是一种二选一的结构。也就是说，if 和 else 之后的命令有且只有一个会被执行。对于例 4-39 中的脚本而言，"y""Y"之外的所有输入都会引发脚本执行 else 之后的命令，这不是一个理想的结果。我们希望的结果是对"y""Y"和"n""N"分别给出不同的提示，对其他输入再给出另外一种提示。if-elif 结构可以帮助我们实现这个目标。其基本语法如下。

```
if   条件表达式 1 ;  then
     条件表达式 1 成立时执行的命令
elif   条件表达式 2;  then
     条件表达式 2 成立时执行的命令
else
     以上所有条件都不成立时执行的命令
fi
```

关键字 elif 是"else if"的意思，if-elif 结构可以有多条 elif 语句。Bash 从 if 语句中的*条件表达式 1* 开始检查。如果条件成立，则执行对应的命令，执行完毕后退出 if-elif 结构；如果不成立，则继续检查下一条 elif 语句中的表达式，直到某条 elif 语句中的表达式成立为止；如果 if 语句和所有 elif 语句之后的表达式都不成立，则执行 else 语句之后的命令。使用 if-elif 结构对例 4-38 进行修改后的脚本如例 4-40 所示。

例 4-40：例 4-38 使用 if-elif 结构修改后的脚本

```
[zys@centos7 bin]$ cat myscript.sh
#!/bin/bash
read -p "Do you like CentOS Linux(Y/N): " ans
if [ "$ans" == "y" ] || [ "$ans" == "Y" ]; then
    echo " Very good!!!"
elif [ "$ans" == "n" ] || [ "$ans" == "N" ]; then
    echo " Oh, I'm sorry to hear that!!!"
else     # 如果 if 和 elif 中的条件都不成立
    echo "Wrong answer!!!"
fi
[zys@centos7 bin]$ sh myscript.sh
Do you like CentOS Linux(Y/N): N
Very good!!!
[zys@centos7 bin]$ sh myscript.sh
```

```
Do you like CentOS Linux(Y/N): X
Wrong answer!!!
```

4.2.5 循环结构

循环结构在 Shell 脚本中使用得非常多。在自动化运维中，经常需要反复执行某种有规律的操作，直到某个条件成立或不成立为止；还有一种常见的情形是对某种操作执行固定的次数，这些都可以通过循环结构实现。本节将介绍几种常见的循环结构，以及控制循环结构执行流程的 break 和 continue 语句。

V4-10 Shell 脚本
的 3 种循环结构

1. while 循环

while 循环主要用于执行次数不确定的某种操作，其基本语法如下。

while [循环表达式] do 　　循环体 done	或者	while [循环表达式] ; do 　　循环体 done

关于 while 循环，有以下几点需要说明。

（1）while 循环以关键字 while 开头，后跟循环表达式。循环表达式可以是使用 test 命令或中括号表示的简单条件测试表达式，也可以是使用布尔运算符的复合表达式。

（2）循环体是关键字 do 和 done 之间的一组命令。关键字 do 可以和 while 处于同一行，也可以换行书写。如果处于同一行，则需要在循环表达式后添加分号“;”作为表达式结束符。这一点和 if 语句中关键字 if 和 then 的关系相同。

（3）while 循环执行时首先检查循环表达式是否成立，成立时执行循环体中的命令，不成立时退出 while 循环结构；循环体执行完毕后，再次检查循环表达式是否成立，并根据检查结果决定是执行循环体还是退出 while 循环。所以 while 循环的执行流程可以概括如下：只要循环表达式为真，就执行循环体，除非循环表达式不成立。

（4）如果循环表达式第一次的检查结果就为假，则直接退出循环结构，循环体一次也不会执行。所以对于 while 循环来说，循环体的执行次数是 0 到任意次。

（5）循环体中应该包含影响循环表达式结果的操作，否则 while 循环会因为循环表达式永远为真而陷入“死循环”。

例 4-41 演示了 while 循环的基本用法。其中使用了一个特殊的 Bash 变量 RANDOM，它会生成一个 0~32767 的随机数。$(($RANDOM*100/32767))的作用是把随机数的范围缩小到 0~99。用户猜测一个数字并输入，脚本对随机数和用户输入的数字进行比较，根据比较结果给出相应提示。这个过程一直持续到用户猜出正确的数字。

例 4-41：while 循环的基本用法

```
[zys@centos7 bin]$ cat myscript.sh
#!/bin/bash
random_num=$(( $RANDOM*100/32767 ))          # 生成 0~99 的随机数
read -p "Input your guess: " guess_num       # 获取用户输入
while [ $random_num -ne $guess_num ]          # 如果不相等，则一直执行循环体
do
    if [ $random_num -gt $guess_num ]; then
        read -p "Input a bigger num: " guess_num
```

```
    else
        read -p "Input a smaller num: " guess_num
    fi
done
echo "Great!!!"
```

2. until 循环

until 循环的基本语法如下。

```
until [ 循环表达式 ]
do
    循环体
done
```

或者

```
until [ 循环表达式 ] ; do
    循环体
done
```

从形式上看，until 循环仅仅是用关键字 until 替换了关键字 while，但其实 until 循环和 while 循环的含义正好相反。until 循环的执行流程可以概括如下：当循环表达式为真时结束循环，否则一直执行循环体。使用 until 循环对例 4-41 进行改写后的脚本如例 4-42 所示。

例 4-42：until 循环的基本用法

```
[zys@centos7 bin]$ cat myscript.sh
#!/bin/bash
random_num=$(( $RANDOM*100/32767 ))
read -p "Input your guess: " guess_num
until [ $random_num -eq $guess_num ]          # 如果相等，则停止循环
do
    if [ $random_num -gt $guess_num ]; then
        read -p "Input a bigger num: " guess_num
    else
        read -p "Input a smaller num: " guess_num
    fi
done
echo "Great!!!"
```

3. for 循环

和前面两种循环不同，for 循环主要用于执行次数确定的某种操作。如果事先知道循环要执行多少次，则使用 for 循环是最合适的。for 循环的基本语法如下。

```
for var in value_list
do
    循环体
done
```

或者

```
for var in value_list ; do
    循环体
done
```

for 循环以关键字 for 开头。for 循环的关键要素是循环变量 *var* 和用空格分隔的变量值列表 *value_list*。for 循环每次把循环变量 var 设为 *value_list* 中的一个值，并代入循环体执行，直到 *value_list* 中的每个值都被使用一遍。所以 for 循环的执行次数就是变量值的数量。例 4-43 演示了 for 循环的基本用法，从中可以清楚地看到 Shell 脚本参数 "$@" 和 "$*" 的不同。

例 4-43：for 循环的基本用法

```
[zys@centos7 bin]$ cat myscript.sh
```

127

```
#!/bin/bash
i=1 ; j=1
echo 'parameters from $* are: '
for var in "$*"        # 将 $* 中的每个值代入循环
do
    echo "parameter $i : " $var
    i=$(( $i + 1 ))
done
echo 'parameters from $@ are: '
for var in "$@"        # 将 $@ 中的每个值代入循环
do
    echo "parameter $j : " $var
    j=$(( $j + 1 ))
done
[zys@centos7 bin]$ sh myscript.sh Jiangsu China
parameters from $* are:
parameter 1 : Jiangsu China
parameters from $@ are:
parameter 1 : Jiangsu
parameter 2 : China
```

　　需要注意的是，变量值列表 *value_list* 不能用双引号引起来，否则其会作为一个整体被赋值给循环变量，但可以用双引号将列表中的每个变量值引起来，尤其是当变量值中包含空格时。另外，在实际的自动化运维脚本中，像例 4-43 那样直接把所有的变量值编写到脚本中是不常见的，例 4-43 只适用于变量值很少的情形。通常的做法是通过一些命令生成一个变量值列表，具体的做法这里不再演示，感兴趣的读者可以查阅相关资料，了解变量值列表的更多形式。

4. break 和 continue 语句

　　正常情况下，前面所介绍的 3 种循环都会持续执行循环体直到某个条件成立（或不成立）。Shell 脚本提供了 break 和 continue 这两种语句，与条件测试结合使用可以改变循环结构的执行流程。这两种语句的作用稍有不同：break 语句的作用是终止整个循环结构，也就是退出循环结构；而 continue 语句是终止循环结构的本轮执行，直接进入下一轮循环。例 4-44 演示了 continue 语句的基本用法。

　　例 4-44：continue 语句的基本用法

```
[zys@centos7 bin]$ cat -n myscript.sh
     1    #!/bin/bash
     2    sum=0
     3    for (( i=1; i<=100; i++ ))
     4    do
     5        if [ $(($i % 2)) -eq 0 ]; then        # 如果 i 为偶数，则停止本轮迭代
     6            continue
     7        fi
     8        sum=$(($sum + $i))
```

```
 9     done
10     echo "sum(1...100) = $sum"
[zys@centos7 bin]$ sh myscript.sh
sum(1...100) = 2500
```

在例 4-44 中，for 循环的循环体包括一个 if 条件测试，当循环变量是偶数（即对 2 取余为 0）时，执行 continue 语句。continue 语句在这里的作用是停止本轮执行（不执行第 8 行的命令），直接进入 for 循环的赋值操作（i++）。所以这个 for 循环实际计算的是 1 到 100 之间所有奇数的和。如果把本例中的 continue 换成 break，那么当 i 的值是 2 时，整个 for 循环就终止了，最终输出是 sum(1...100) = 1。大家可以自己动手修改这个脚本来验证结果。

4.2.6　Shell 函数

函数是 Shell 脚本编程的重要内容。函数代表一段已经编写好的代码，或者说函数就是这段代码的"别名"。在脚本中调用函数就相当于执行它所代表的这段代码。引入函数的最主要目的是提高代码的复用性和将代码模块化。本节将简单介绍 Shell 函数的基本用法。

V4-11　Shell 函数
的基本用法

1.　定义和使用 Shell 函数

Bash 按照从上到下的顺序执行 Shell 脚本，所以在使用函数时必须先定义一个函数。定义函数的标准格式如下。

```
function  函数名 ( )
{
    函数体
    [ return val ]
}
```

定义函数时有以下几点需要注意。

（1）函数定义以关键字 function 开头，function 后跟函数名，其后是一对小括号。可以省略 function 或小括号，但不能同时省略它们。一般选择有意义的字符串作为函数名，最好让其他人看到函数名就能明白函数的主要用途。

（2）大括号括起来的部分称为函数体，也就是调用函数时要执行的命令。

（3）关键字 return 的作用是手动指定函数的返回值或退出码，下面将专门讨论函数的返回值。

（4）和其他绝大多数高级程序设计语言不同的是，调用 Shell 函数时直接使用函数名即可，不需要后跟小括号。

例 4-45 演示了 Shell 函数的基本用法。此例中定义了一个名为 foo 的函数，该函数从用户那里获得一个输入并给出响应。

例 4-45：Shell 函数的基本用法

```
[zys@centos7 bin]$ cat myscript.sh
#!/bin/bash
function  foo ( )        # 定义一个函数，函数名为 foo
{
    read -p "Do you like CentOS Linux(Y/N): " ans
    if [ "$ans" == "y" ] || [ "$ans" == "Y" ]; then
```

```
        echo " Very good!!!"
    elif [ "$ans" == "n" ] || [ "$ans" == "N" ]; then
        echo " Oh, I'm sorry to hear that!!!"
    else
        echo "Wrong answer!!!"
    fi
}


foo        # 调用函数
[zys@centos7 bin]$ sh myscript.sh
Do you like CentOS Linux(Y/N): Y
 Very good!!!
```

2. 函数的参数和返回值

（1）函数参数

大家应该还记得，执行脚本时可以使用参数，其实调用 Shell 函数时也可以使用参数，且两者使用参数的方法相同，都用到了"$@""$*""$#""$n"这几个特殊的变量。不能在定义 Shell 函数时指定参数，这是 Shell 函数和其他编程语言的另一处不同。例 4-46 演示了参数的使用。此例中定义了一个简单的函数 sum，它的作用是计算传入的两个参数的和。

例 4-46：Shell 函数的基本用法——使用参数

```
[zys@centos7 bin]$ cat myscript.sh
#!/bin/bash
function sum ( )        # 定义一个函数，函数名为 sum
{
    echo 'input parameters are: $@ = "'$@'"'
    if [ $# -ne 2 ]; then
        echo "usage: sum n1 n2"
        return 1
    fi
    echo "$1 + $2 = " $(($1 + $2))
}


sum 11 16          # 调用函数，传入两个参数
sum 84             # 调用函数，传入一个参数
[zys@centos7 bin]$ sh myscript.sh
input parameters are: $@ = "11 16"
11 + 16 =  27
input parameters are: $@ = "84"
usage: sum n1 n2
```

现在给大家提出一个问题，如果脚本和函数都带有参数，那么函数中的$1 和$2 等变量究竟表示脚本的参数还是函数的参数呢？请自己动手编写脚本来验证答案。

（2）函数返回值

Shell 函数的返回值是一个带有迷惑性的概念，经常给熟悉 C 语言或其他高级程序设计语言的人带来困扰。因为 Shell 函数的返回值表示函数是否执行成功（一般返回 0），或者执行时遇到的某些异常情况（一般返回非 0 值），而不是指函数体的运行结果。Shell 函数的返回值通过"$?"特殊变量获得。这里以例 4-46 中的 sum 函数为例进行说明，使用 sum 11 16 调用 sum 函数，函数执行成功，因此返回值为 0，而不是函数体的运行结果 27；如果使用 sum 84 调用函数，那么返回值就是一个非 0 值（本例中为 1）。因此，用退出码表述函数的返回值更为准确。可以使用 return 语句手动指定函数的返回值，如果省略，则默认使用函数中最后一条命令的退出码。

有什么方法可以获得函数体的运行结果呢？一种可行的方法是使用 Bash 变量，如例 4-47 所示。注意，这种方法要求用户改变脚本的执行方式，即必须让脚本运行在当前 Bash 进程中。如果脚本在子进程中运行，那么当子进程结束时，对变量进行的所有修改都会消失。

例 4-47：Shell 函数的基本用法——返回函数体的运行结果

```
[zys@centos7 bin]$ var_sum=0
[zys@centos7 bin]$ cat myscript.sh
#!/bin/bash
function sum ( )              # 定义一个函数，函数名为 sum
{
    echo 'input parameters are: $@ = "'$@'"'
    if [ $# -ne 2 ]; then
        echo "usage: sum n1 n2"
        return 1
    fi

    var_sum=$(($1 + $2))      # 在函数中定义变量
}

sum 11 16                    # 调用函数，传入两个参数
[zys@centos7 bin]$ source myscript.sh // 注意脚本调用方式
input parameters are: $@ = "11 16"
[zys@centos7 bin]$ echo $var_sum
27
```

 任务实施

实验：Shell 脚本编写实践

为了向小顾演示 Shell 脚本的强大功能，张经理准备编写一个脚本，从/etc/passwd 文件中读取用户信息，从中筛选出指定用户并输出其用户名、UID 和主目录。实验中用到了在本任务中学习到的条件测试、分支和循环结构，还用到了之前没有学习过的 cut 命令。下面是张经理的操作步骤。

第 1 步，登录到开发服务器，打开一个终端窗口，切换到目录/home/zys/bin 中。

第 2 步，创建一个脚本文件，名为 getuser.sh。在脚本的开始处，先检查传入脚本的参数数量。执行该

脚本时需要指定用户名，因此如果参数数量小于1（即未传入参数），则直接退出脚本，如例 4-48.1 所示。

例 4-48.1：Shell 脚本编写实践——检查脚本参数

```
[zys@centos7 bin]$ cat -n getuser.sh
     1    #!/bin/bash
     2    if [ $# -lt 1 ] ; then              # 如果参数数量小于 1
     3        echo "usage : getuser uname"
     4        exit 1
     5    fi
```

第 3 步，编写用于读取文件的脚本主循环，如例 4-48.2 所示。张经理使用了 Shell 脚本中常用的 while 循环结构，每次从/etc/passwd 文件中读取一行内容并赋值给 userinfo 变量。在循环体的第 9 行使用 echo 命令输出 userinfo 变量的值，这一行只是为了测试每轮循环中 userinfo 变量的值，测试无误后即可删除。

例 4-48.2：Shell 脚本编写实践——主循环中读取文件内容

```
[zys@centos7 bin]$ cat -n getuser.sh
     7    cat /etc/passwd | while read userinfo  # 从/etc/passwd 文件中读取内容
     8    do
     9        echo "read test : ( $userinfo )"       # 注意，此行仅在测试时使用
    10    done
```

第 4 步，使用 cut 命令从 userinfo 变量中提取用户名、UID 和主目录，如例 4-48.3 所示。cut 命令使用分号 ";" 作为分隔符将 userinfo 变量的值分隔为若干字段，从中提取第 1 个、第 3 个和第 6 个字段并分别赋值给 uname、uid 和 homedir 这 3 个变量。

例 4-48.3：Shell 脚本编写实践——提取文件内容

```
[zys@centos7 bin]$ cat -n getuser.sh
     9        uname=`echo $userinfo | cut -d':' -f 1`          # 提取第 1 个字段
    10        uid=`echo $userinfo | cut -d':' -f 3`           # 提取第 3 个字段
    11        homedir=`echo $userinfo | cut -d':' -f 6`       # 提取第 6 个字段
```

第 5 步，检查 uname 变量的值和传入的用户名是否相同。如果不相同，则使用 continue 语句结束本轮循环，直接进入下一轮循环；如果相同，则输出 uname、uid 和 homedir 这 3 个变量的值，如例 4-48.4 所示。

例 4-48.4：Shell 脚本编写实践——检查用户名

```
[zys@centos7 bin]$ cat -n getuser.sh
    13        if [ "$uname" != "$1" ] ; then          # 如果 uname 变量的值和传入的用户
名相同
    14            continue
    15        else
    16            echo "uname=($uname),uid=($uid),homedir=($homedir)"
    17        fi
```

第 6 步，写到这里，脚本已初具雏形。张经理先演示了脚本目前的执行效果，如例 4-48.5 所示。

例 4-48.5：Shell 脚本编写实践——执行脚本

```
[zys@centos7 bin]$ sh getuser.sh                      // 不传入参数
usage : getuser uname
[zys@centos7 bin]$ sh getuser.sh zys                  // 传入一个真实的用户
```

```
uname=(zys),uid=(1000),homedir=(/home/zys)
[zys@centos7 bin]$ sh getuser.sh zyshihihi          // 传入一个不存在的用户
[zys@centos7 bin]$
```

脚本的执行结果看起来符合预期。张经理让小顾思考现在这个版本有没有可以优化的地方。小顾认真分析脚本后发现，在找到指定的用户后，循环结构并没有马上退出，而是继续读取后续的用户信息。虽然在执行结果中没有体现出来，但这其实降低了脚本的执行效率。小顾建议在找到指定的用户后使用 break 语句退出循环。

第 7 步，张经理同意小顾的想法，并对脚本进行了相应修改，如例 4-48.6 所示。

例 4-48.6：Shell 脚本编写实践——及时中断脚本

```
[zys@centos7 bin]$ cat -n getuser.sh
    13          if [ "$uname" != "$1" ] ; then
    14              continue
    15          else
    16              echo "uname=($uname),uid=($uid),homedir=($homedir)"
    17              break
    18          fi
```

第 8 步，张经理补充，如果循环结束之后没有找到指定的用户，则最好能给出一条提示信息，这样可以提高脚本的易用性。为了实现这个功能，可以先定义一个变量 userfound，其默认值为 0。如果找到指定的用户，则将 userfound 的值设为 1。在循环体外部，根据 userfound 变量的值给出相应的提示。修改后的脚本如例 4-48.7 所示。

例 4-48.7：Shell 脚本编写实践——增加提示信息

```
[zys@centos7 bin]$ cat -n getuser.sh
     7    userfound=0         # 变量默认值为 0
     8    cat /etc/passwd | while read userinfo
     9    do
    14          if [ "$uname" != "$1" ] ; then
    15              continue
    16          else
    17              userfound=1        # 如果找到用户，则将变量值设为 1
    18              echo "uname=($uname),uid=($uid),homedir=($homedir)"
    19              break
    20          fi
    21    done
    22
    23    test $userfound -eq 1 && echo "user $1 exists" || echo "user $1 not
found"
```

第 9 步，张经理问小顾这样编写脚本有没有问题，小顾信心满满地表示没有任何问题。于是张经理对脚本进行了测试，如例 4-48.8 所示。

例 4-48.8：Shell 脚本编写实践——测试脚本

```
[zys@centos7 bin]$ sh getuser.sh zys            // 传入一个真实的用户
uname=(zys),uid=(1000),homedir=(/home/zys)
```

133

```
user zys not found              <== 提示用户不存在
[zys@centos7 bin]$ sh getuser.sh zyshihihi              // 传入一个不存在的用户
user zyshihihi not found        <== 提示用户不存在
```

出乎小顾的意料，不管用户是否存在，脚本都提示用户不存在。这说明循环体内部对 userfound 变量的赋值没有效果。张经理让小顾思考脚本失败的原因。遗憾的是，这个问题的难度超出了小顾的能力范围。看到小顾一筹莫展的样子，张经理告诉他，问题出在循环体的执行方式上。脚本的第 8 行使用了管道操作，cat 命令的输出成为 while 循环的输入。但使用管道时，管道右侧的命令实际上会在子进程中执行。根据 4.1.2 节中关于 Bash 变量的介绍，如果在子进程中修改了变量的值，则修改后的变量值是无法传递给父进程的。在此实验中，while 循环在子进程中执行，所以即使在 while 循环体中修改了 userfound 变量的值，在循环的外部（即父进程），userfound 变量的值仍始终为 0。

第 10 步，经过张经理的一番解释，小顾恍然大悟，没想到管道会和 Bash 子进程联系在一起。可是这个问题该如何解决呢？张经理告诉他，使用输入重定向即可解决这个问题，如例 4-48.9 所示。

例 4-48.9：Shell 脚本编写实践——使用输入重定向修改脚本

```
[zys@centos7 bin]$ cat -n getuser.sh
    7    userfound=0
    8    #cat /etc/passwd | while read userinfo
    9    while read userinfo
   10    do
   22    done < /etc/passwd        # 使用输入重定向从/etc/passwd 文件中读取用户信息
   23
```

第 11 步，张经理再次对脚本进行了测试，如例 4-48.10 所示。

例 4-48.10：Shell 脚本编写实践——再次测试脚本

```
[zys@centos7 bin]$ sh getuser.sh zys              // 传入一个真实的用户
uname=(zys),uid=(1000),homedir=(/home/zys)
user zys exists              <== 提示用户存在
[zys@centos7 bin]$ sh getuser.sh zyshihih              // 传入一个不存在的用户
user zyshihih not found      <== 提示用户不存在
```

现在脚本终于可以正常工作了，完整的脚本如例 4-48.11 所示。小顾感觉自己又从张经理身上学到了宝贵的经验，他告诉自己，一定要成为像张经理那样优秀的人，不管要付出多少努力。

例 4-48.11：正则表达式综合应用——完整的脚本

```
[zys@centos7 bin]$ cat -n myscript.sh
    1    #!/bin/bash
    2    if [ $# -lt 1 ] ; then
    3            echo "usage : getuser uname"
    4            exit 1
    5    fi
    6
    7    userfound=0
    8    #cat /etc/passwd | while read userinfo
    9    while read userinfo
   10    do
   11        uname=`echo $userinfo | cut -d':' -f 1`
```

```
12          uid=`echo $userinfo | cut -d':' -f 3`
13          homedir=`echo $userinfo | cut -d':' -f 6`
14
15          if [ "$uname" != "$1" ] ; then
16              continue
17          else
18              userfound=1
19              echo "uname=($uname),uid=($uid),homedir=($homedir)"
20              break
21          fi
22      done < /etc/passwd
23
24      test $userfound -eq 1 && echo "user $1 exists" || echo "user $1 not found"
```

知识拓展

case 语句也是一种在 Shell 脚本中经常使用的条件测试语句。如果一个变量有几个明确的取值，或者符合几种固定的模式，则可以使用 case 语句区分每种情况并进行相应处理，读者可扫描二维码详细了解相关内容。

知识拓展 4.2 Shell 脚本中的 case 语句

任务实训

在编写 Shell 脚本时，除了基本的 Bash 命令外，还会经常用到运算符和条件测试、分支和循环结构，以及函数等 Shell 编程要素。本实训的主要任务是编写一个简单的 Shell 脚本，巩固在本任务中学习到的 Shell 脚本知识。

【实训目的】

（1）熟悉 Shell 脚本的基本语法。

（2）掌握 Shell 脚本中执行条件测试的常用运算符和规则。

（3）掌握 if 语句的基本结构和几种变体。

（4）掌握几种循环结构的语法和异同之处。

【实训内容】

按照以下步骤完成 Shell 脚本的练习。

（1）编写一个 Shell 脚本，脚本中只包含 echo $$这一条有效命令。使用 3 种不同的方式执行脚本文件，查看脚本内部进程的 PID 和当前 Bash 进程的 PID。比较这 3 种执行方式的区别。

（2）编写一个 Shell 脚本，在脚本中执行简单的算术运算，如 3*5、11+16 等。

（3）使用 test 条件测试完成以下几步操作。

① 编写一个 Shell 脚本，在脚本中使用关系测试运算符比较数字的大小关系。

② 编写一个 Shell 脚本，在脚本中使用字符串测试运算符检查字符串是否为空、字符串是否相等。

③ 编写一个 Shell 脚本，在脚本中使用文件测试运算符检查文件是否存在、文件的类型、文件的权限及文件的新旧等。

④ 编写一个 Shell 脚本，在脚本中使用布尔运算符构造复合条件测试表达式，综合运用关系运算、字符串条件测试、文件条件测试。

135

（4）使用中括号条件测试完成上一步的操作。

（5）使用 if 语句检查某个文件是否存在，如果不存在，则给出相应提示。

（6）使用 if-else 结构检查某个字符串是否为空，根据结果给出相应提示。

（7）使用 if-elif 结构将用户输入的数字月份转换为对应的英文表示。如果用户输入的数字不在 1～12 内，则给出错误提示。

（8）分别使用 while 循环、until 循环和 for 循环实现以下功能。

① 计算 1～100 内的所有整数之和。

② 计算 1～100 内的所有偶数之和。

③ 计算 1～100 内的所有奇数之和。

（9）编写一个 Shell 函数。该函数接收一个 UID 作为参数，并根据 UID 显示对应的用户名。

项目小结

本项目重点介绍了 Bash 的基本概念和重要功能，以及 Shell 脚本的编写方法。任务 4.1 介绍了每个 Linux 用户平时都会经常使用的 Bash 功能，如通配符、特殊符号、重定向操作、命令别名和命令历史记录等。即使是普通的 Linux 用户，也应该熟练掌握这些基本概念和使用技巧。任务 4.2 介绍了 Shell 脚本中常用的运算符和条件测试、分支结构和循环结构，以及 Shell 函数等。在学习时要注意将这些概念付诸实践，通过反复练习来理解其使用方法。

项目练习题

1. 选择题

（1）查看 Bash 变量值的正确方法是（　　）。

　　A．echo $var_name　　B．echo !var_name　　C．echo #var_name　　D．echo $(var_name)

（2）关于 Bash 变量，下列说法错误的是（　　）。

　　A．变量可以简化 Shell 脚本的编写，使 Shell 脚本更简洁、更易维护

　　B．变量为进程间共享数据提供了一种新的手段

　　C．使用变量之前必须先定义一个变量并设置变量的值

　　D．6name 是一个合法的变量名

（3）以下和 Linux 命令提示符有关的变量是（　　）。

　　A．PATH　　　　　B．HOSTNAME　　　C．SHELL　　　　D．PS1

（4）关于 Bash 通配符"[^]"，下列说法正确的是（　　）。

　　A．匹配中括号内的任意单一字符

　　B．中括号内的第 1 个字符是"^"，表示反向匹配

　　C．匹配 0 个或任意多个字符，即可以匹配任何内容

　　D．匹配任意单一字符

（5）Bash 中的特殊符号"$"的作用是（　　）。

　　A．"$"可以将 Bash 窗口中的命令作为后台任务执行

　　B．在 Bash 窗口中连续执行多条命令时使用符号"$"分隔

　　C．"$"是变量的前导符号，"$"后跟变量名可以读取变量值

　　D．"$"表示用户的主目录

（6）关于 Bash 重定向操作，下列说法错误的是（　　　）。

    A．默认情况下，标准输入是键盘，标准输出是屏幕

    B．在一个命令后输入"＞"，且后跟文件名，表示将命令执行结果输出到该文件中

    C．"＞＞"也能实现输出重定向，和"＞"的作用相同

    D．输入重定向是指将原来从键盘输入的数据改为从文件中读取，使用"＜"实现

（7）下列设置命令别名的方法正确的是（　　　）。

    A．rm=rm -i　　　　　　B．alias rm=rm –I　　　　C．unalias ls=ls -l　　　D．set ls=ls -l

（8）在 Bash 中查看某条命令的执行结果时，使用的变量是（　　　）。

    A．$#　　　　　　　　B．$*　　　　　　　　　C．$?　　　　　　　　D．$$

（9）在 Bash 脚本中判断文件 fname 是否存在时，使用的方法是（　　　）。

    A．test -f fname　　B．test -r fname　　C．test -e fname　　D．test -x fname

（10）关于 Bash 脚本中 if 语句的说法错误的是（　　　）。

    A．if 语句中的条件表达式可以使用 test 条件测试，也可以使用"[ ]"

    B．if 语句中的条件表达式可以使用单个表达式或复合表达式

    C．if 语句中关键字 if 和 then 可以处于同一行，不需要另加分隔符

    D．if 语句以关键字 fi 结束

（11）关于 while 和 until 循环的关系，下列说法正确的是（　　　）。

    A．如果表达式第一次检查结果为假，则这两种循环都直接退出循环结构

    B．while 循环可以执行 0 至多次，until 循环至少执行 1 次

    C．while 循环和 until 循环不能相互转换

    D．循环表达式为真时，while 循环继续执行。until 循环与之相反

2．填空题

（1）为变量赋值时，变量名和变量值之间用_____连接。变量名_____大小写，删除变量时使用_____命令。

（2）将前一个命令的输出作为后一个命令的输入，这种机制称为_____。

（3）将一个命令的输出写入一个文件中并覆盖原内容，应该使用_____重定向操作。如果是追加到原文件，则应该使用_____重定向操作。

（4）查看变量 var_name 的值的两种方法是_____和_____。

（5）设置和取消命令别名时分别使用_____和_____命令。

（6）history 命令最多可以显示_____条命令，由环境变量_____定义。

（7）Bash 脚本中两种常用的条件测试语法是_____和_____。

（8）Bash 脚本中有 3 种循环结构，分别是_____、_____和_____。

（9）在循环结构中，想要结束本轮循环，可以使用_____语句。

（10）在循环结构中，想要退出循环，可以使用_____语句。

（11）Bash 脚本中的函数以_____开头，调用函数时直接使用_____即可。

3．简答题

（1）简述 Bash 变量的作用及定义变量时的注意事项。

（2）简述两种输出重定向的区别。

（3）分析 Bash 脚本中基本 if 语句及其变体的执行流程。

（4）分析 Bash 脚本中 3 种常用循环结构的执行流程。

项目 5
管理软件与进程

学习目标

【知识目标】

（1）了解 Linux 中软件管理的发展历程。

（2）了解 RPM 的特点和不足。

（3）了解 YUM 软件包管理器的工作原理和优势。

（4）了解进程的相关概念。

（5）熟悉两种任务调度的方法及区别。

【能力目标】

（1）熟练使用 RPM 进行软件查询。

（2）熟练掌握配置 YUM 源的方法。

（3）熟练使用 YUM 工具进行软件管理。

（4）熟练使用常用的工具监控和管理进程。

（5）能够使用 at 命令配置一次性计划任务。

（6）熟练使用 crontab 命令配置周期调度任务。

（7）能够使用 systemctl 工具管理系统服务。

【素质目标】

（1）培养团结互助的合作精神。

（2）形成认真负责的行为习惯。

引例描述

　　公司的软件开发中心最近要启动一个大型研发项目，需要用到一些新的开发平台和软件。为配合好开发中心的研发工作，张经理计划提前在软件开发中心服务器上安装相关软件。这项工作难度不大，他打算让小顾负责。接到这个任务后，小顾忽然意识到自己前段时间忙于Linux其他知识的学习，竟然还从未在Linux操作系统中安装或卸载过任何软件。小顾很想知道Linux操作系统和Windows操作系统在软件管理上有何不同，Linux是不是也有类似Windows中的软件管理工具。小顾决定尽

快掌握在Linux中管理软件的技能，这样如果以后自己需要安装软件，就不用请其他同事帮忙了。

任务 5.1 软件包管理器

任务陈述

经过多年的发展，在 Linux 操作系统中安装、升级或卸载软件已经变为一件非常简单方便的事情。Linux 发行版都提供了功能强大的软件包管理器协助用户高效管理软件。本任务将简述 Linux 中软件管理的发展历程，介绍 Linux 中常用的软件包管理器，并重点介绍 YUM 软件包管理器的配置和使用方法。

知识准备

5.1.1 认识软件包管理器

作为计算机用户，安装、升级和卸载软件应该是常做的事情。在 Windows 操作系统中完成这些工作是非常容易的。以安装软件为例，只要有一个合适的软件安装包，基本上只要单击几次鼠标就能完成软件的安装。Linux 操作系统中的软件安装经历了长期的发展历程。

V5-1 认识软件包
管理器

早期，Linux 软件开发者直接把软件源代码打包发送给用户，用户需要对源代码进行编译，生成二进制可执行文件后再使用软件。这种方式对普通 Linux 用户并不友好。后来，Linux 厂商将软件包发送给用户，降低了用户安装软件的难度。软件包由编译好的二进制可执行文件、配置文档及其他相关说明文档组成。Linux 发行版中有两种主流的软件包管理器，即 RPM 和 Deb。这个阶段的软件包管理器不能处理软件包的依赖关系，即自动下载和安装依赖的软件。高级软件包管理器，如 YUM 和 APT 等，能够解决这个问题，成为现如今用户管理软件的主流方式。

CentOS 使用 YUM 工具管理软件，所以本书主要介绍 YUM 工具的使用方法。对 APT 感兴趣的读者可以参考相关资料自行学习。

5.1.2 RPM

红帽软件包管理器（Red Hat Package Manager，RPM）是由 Red Hat 公司开发的一款软件包管理器，目前在各种 Linux 发行版中得到广泛应用，包括 Fedora、CentOS、SUSE 等。RPM 工具支持的软件包的文件扩展名是".rpm"，使用 RPM 工具管理软件包。其实有了 YUM 之后，RPM 工具的功能就被大大弱化了，所有的软件安装、升级和卸载工作都可以通过 YUM 完成。现在使用得最多的是 RPM 工具提供的查询功能。由于 YUM 基于 RPM，所以下面先来简单了解 RPM 工具的使用方法。

RPM 工具针对所有已安装的软件建立了一个本地软件数据库，作为后续软件升级和卸载的依据。本地软件数据库保存在目录*/var/lib/rpm* 中，RPM 本地数据库文件如例 5-1 所示。注意，千万不要手动修改或删除这些文件，否则很可能导致数据库文件和本地软件信息不一致。

例 5-1：RPM 本地数据库文件

```
[zys@centos7 ~]$ ls -l /var/lib/rpm
```

```
-rw-r--r--.  1   root    root   4280320   1月  9 10:48    Basenames
-rw-r--r--.  1   root    root     16384   12月 7 22:26    Conflictname
-rw-r--r--.  1   root    root    270336   1月 18 12:56    __db.001
[zys@centos7 ~]$ file  /var/lib/rpm/Basenames
/var/lib/rpm/Basenames: Berkeley DB (Btree, version 9, native byte-order)
```

RPM 使用的管理工具是 rpm 命令。使用 rpm 命令查询已安装软件的信息时，其基本语法如下。

```
rpm -q [ -a | -i | -l | -c | -d | -R | -f | -U | -F] software_name
```

其中，-q 选项是必需的，根据所要查询的具体信息使用其他选项即可。使用 rpm 命令查询软件信息的方法如例 5-2 所示。

例 5-2：使用 rpm 命令查询软件信息

```
[zys@centos7 ~]$ rpm -qa                    // 查询所有已安装软件
libosinfo-1.1.0-2.el7.x86_64
libcacard-2.5.2-2.el7.x86_64
[zys@centos7 ~]$ rpm -q openssh             // 查询软件基本信息
openssh-7.4p1-21.el7.x86_64
[zys@centos7 ~]$ rpm -qi openssh            // 查询软件详细信息
Name         : openssh
Version      : 7.4p1
Release      : 21.el7
Architecture: x86_64
[zys@centos7 ~]$ rpm -ql openssh            // 查询软件的相关文件和目录
/etc/ssh
/etc/ssh/moduli
/usr/bin/ssh-keygen
```

另外，使用 rpm 命令的-i 选项可以安装已下载的 RPM 软件包，使用-U 和-F 选项可以升级软件，具体操作这里不再演示。

5.1.3 使用 YUM 管理软件

使用 YUM 管理软件非常简单。配置好 YUM 源之后，基本上只要使用一条命令就能方便地安装、升级和卸载软件。下面先简单说明 YUM 源的基本概念及 YUM 源的相关配置文件。本任务的实验会详细介绍如何配置本地 YUM 源。

YUM 源包含整理好的软件清单和软件安装包，配置好 YUM 源之后，就可以从 YUM 源下载并安装软件了。可以把本地计算机作为本地 YUM 源，也可以配置一个网络 YUM 源，使用网络 YUM 源要求计算机能够连接互联网。配置 YUM 源的关键是在 YUM 配置文件中指明 YUM 源的地址。YUM 源的配置文件在目录*/etc/yum.repos.d* 中，其扩展名是 ".repo"，如例 5-3 所示。

例 5-3：YUM 源的配置文件

```
[zys@centos7 ~]$ su - root
[root@centos7 ~]# cd /etc/yum.repos.d/
[root@centos7 yum.repos.d]# ls
CentOS-Base.repo   CentOS-fasttrack.repo   CentOS-Vault.repo
```

```
CentOS-CR.repo          CentOS-Media.repo          CentOS-x86_64-kernel.repo
CentOS-Debuginfo.repo  CentOS-Sources.repo
```

目录*/etc/yum.repos.d* 中包含多个 YUM 源的配置文件，分别对应不同类型 YUM 源的参考配置文件。默认情况下，YUM 使用的配置文件是 *CentOS-Base.repo*，打开该文件后可以看到其内容，如例 5-4 所示。

例 5-4：CentOS-Base.repo 文件的内容

```
[root@centos7 yum.repos.d]# cat CentOS-Base.repo
# CentOS-Base.repo

[base]
name=CentOS-$releasever - Base
mirrorlist=http://mirrorlist.centos.org/?release=$releasever&arch=$basearch&repo=os&infra=$infra
#baseurl=http://mirror.centos.org/centos/$releasever/os/$basearch/
gpgcheck=1
gpgkey=file:///etc/pki/rpm-gpg/RPM-GPG-KEY-CentOS-7
…
```

其他几个配置文件的结构和该文件基本相同。下面简单介绍 YUM 配置文件的结构和常用的配置项。

① 以 "#" 开头的行是注释行。

② [base]：YUM 源的名称，一定要将其放在中括号中。配置文件中还有其他几个 YUM 源，基本上只要配置 base 这一项即可。

③ name：YUM 源的简短说明。

④ mirrorlist：YUM 源的镜像站点，这一行不是必需的，可以将其注释掉。

⑤ baseurl：YUM 源的实际地址，即 YUM 真正下载 RPM 软件包的地方。这是 YUM 最重要的配置之一，必须保证此处配置的 YUM 源可以正常使用。

⑥ enabled：表示 YUM 源是否生效。将 enabled 设为 1 表示 YUM 源生效，将 enabled 设为 0 表示 YUM 源不生效，也可以省略这一行。

⑦ gpgcheck：表示是否检查 RPM 软件包的数字签名。gpgcheck=1 表示检查，gpgcheck=0 表示不检查。

⑧ gpgkey：表示包含数字签名的公钥文件所在位置，这一行不需要修改，使用默认值即可。

需要说明的是，baseurl 默认配置的是 CentOS 的官方镜像站点，国内用户访问这些站点时一般速度比较慢，建议将其配置为国内比较常用的镜像站点。

YUM 软件包管理器使用 yum 命令管理软件，yum 命令的基本语法如下。

V5-2 配置本地 YUM 源

```
yum list | info | install | update | remove [software_name]
```

yum 命令的子命令表示具体的软件包管理操作，其功能说明如表 5-1 所示。

表 5-1 yum 子命令的功能说明

子命令	功能说明	子命令	功能说明
install	安装软件	update	升级软件
remove	卸载软件	info	查看指定软件的详细信息
list	列出由 YUM 管理的所有软件，或者列出指定软件名的某个软件的详细信息，类似于 rpm -qa		

 **任务实施**

实验：配置本地 YUM 源

使用 yum 命令安装软件前，需要先配置可用的 YUM 源。许多大学和组织机构提供了 YUM 源，但是这要求计算机可以访问互联网。如果计算机没有联网，则可以使用本地光盘或操作系统镜像文件配置一个本地 YUM 源。考虑到软件开发中心服务器访问互联网有诸多限制，张经理决定使用之前安装 CentOS 7.6 时的 ISO 镜像文件配置 YUM 源。张经理告诉小顾，这个镜像文件中其实包含许多常用的软件包，完全可以作为本地 YUM 源使用。下面是张经理的操作步骤。

第 1 步，保证 ISO 镜像文件已加载到系统中并处于连接状态。如果处于未连接状态，则可以鼠标右键单击系统桌面右下角的 CD/DVD 图标，在弹出的快捷菜单中选择【连接】选项，连接 ISO 镜像文件，如图 5-1（a）所示。连接成功后会在桌面上出现一个 CD/DVD 的图标，如图 5-1（b）所示。

（a）　　　　　　　　　　　　　（b）

图 5-1　连接 ISO 镜像文件及 CD/DVD 图标

第 2 步，创建挂载目录*/mnt/centos7*，将镜像文件挂载到这个目录，如例 5-5.1 所示。

例 5-5.1：配置本地 YUM 源——手动挂载 ISO 镜像文件

```
[root@centos7 ~]# mkdir -p /mnt/centos7
[root@centos7 ~]# mount /dev/sr0 /mnt/centos7
mount: /dev/sr0 写保护，将以只读方式挂载
```

张经理提醒小顾，更好的做法是将 ISO 镜像文件设为自动挂载，此时需要在*/etc/fstab* 文件中添加以下内容，如例 5-5.2 所示。挂载 ISO 镜像文件使用的文件系统是 ISO9660。

例 5-5.2：配置本地 YUM 源——自动挂载 ISO 镜像文件

```
[root@centos7 ~]# vim /etc/fstab
/dev/cdrom /mnt/centos7 iso9660 defaults 0 0
[root@centos7 ~]# mount -a
[root@centos7 ~]# lsblk -p | grep centos7
/dev/sr0    11:0    1 9.5G 0 rom /mnt/centos7
```

第 3 步，在目录*/etc/yum.repos.d* 中仅保留 *CentOS-Media.repo* 文件，这是本地 YUM 源的参考文件。修改其他几个 YUM 源配置文件的扩展名并将其移动到备份目录中，如例 5-5.3 所示。

例 5-5.3：配置本地 YUM 源——修改 YUM 源配置文件的扩展名

```
[root@centos7 ~]# cd /etc/yum.repos.d/
[root@centos7 yum.repos.d]# mkdir bak
[root@centos7 yum.repos.d]# mv *repo bak
[root@centos7 yum.repos.d]# mv bak/CentOS-Media.repo .
[root@centos7 yum.repos.d]# ls
bak CentOS-Media.repo
```

第 4 步，修改配置文件 *CentOS-Media.repo*，将配置项 baseurl 设置为镜像文件挂载目录，同时将 gpgcheck 和 enabled 分别修改为 0 和 1，如例 5-5.4 所示。

例 5-5.4：配置本地 YUM 源——修改 YUM 配置文件

```
[root@centos7 yum.repos.d]# vim CentOS-Media.repo
[c7-media]
name=CentOS-$releasever - Media
baseurl=file:///mnt/centos7          <== 修改为实际镜像文件挂载目录
#       file:///media/cdrom/         <== 注释这一行
#       file:///media/cdrecorder     <== 注释这一行
gpgcheck=0          <== 修改为 0
enabled=1           <== 修改为 1
gpgkey=file:///etc/pki/rpm-gpg/RPM-GPG-KEY-CentOS-7
```

第 5 步，张经理以安装 bind 软件为例，向小顾演示如何使用 YUM 源方便地管理软件，如例 5-5.5 所示。这样，本地 YUM 源就配置并安装完成了。

例 5-5.5：配置本地 YUM 源——安装软件

```
[root@centos7 yum.repos.d]# yum install bind -y
已安装:
  bind.x86_64 32:9.11.4-26.P2.el7
作为依赖被安装:
  python-ply.noarch 0:3.4-11.el7
完毕!
```

知识拓展

除了常规的软件管理外，YUM 还提供了软件群组管理的功能。YUM 根据软件的功能将软件分配到不同的软件群组中，可以一次性安装和卸载软件群组中的所有软件，读者可扫描二维码详细了解相关内容。

任务实训

知识拓展 5.1　YUM
软件群组管理

YUM 是 CentOS 7.6 中的高级软件包管理器，利用 YUM 可以方便地完成软件安装、升级和卸载等操作。本实训的主要任务是练习配置本地 YUM 源，并利用本地 YUM 源安装、升级和卸载 vsftpd 软件。

【实训目的】

（1）理解软件包管理器的作用和分类。

（2）掌握本地 YUM 源的配置方法。

（3）熟练使用 YUM 管理软件的常用命令。

【实训内容】

按照以下步骤完成 YUM 软件包管理器练习。

（1）将 CentOS 7.6 镜像文件挂载到目录*/mnt/centos_iso* 中。

（2）配置本地 YUM 源。将配置文件 *CentOS-Media.repo* 中的 baseurl 配置项设置为挂载目录*/mnt/centos_iso*，同时将 gpgcheck 和 enabled 分别修改为 0 和 1。

（3）使用 yum list 命令查看系统当前软件安装信息，使用 yum info 命令查看 vsftpd 软件的详细信息。

（4）使用 yum install 命令安装 vsftpd 软件。

（5）使用 yum update 命令升级 vsftpd 软件。

（6）使用 yum remove 命令卸载 vsftpd 软件。

 **任务 5.2　进程管理和任务调度**

 **任务陈述**

进程是操作系统中非常重要的基本概念，进程管理是操作系统的核心功能之一。从某种程度上说，管理好进程也就相当于管理好操作系统。进程在运行过程中需要访问各种系统资源，这要求进程有相应的访问权限。如果想让操作系统在指定的时间或定期执行某个任务，则需要了解操作系统的任务调度管理。本任务首先介绍进程的基本概念，然后分别介绍进程监控和管理的常用工具、进程与文件权限的关系，以及两种常用的任务调度方法。

知识准备

5.2.1　进程的基本概念

在项目 4 中介绍 Bash 和 Shell 脚本时，曾多次提到进程的概念。作为操作系统中最基本和最重要的概念之一，不管是 Linux 系统管理员还是普通 Linux 用户，都应该熟悉进程的基本概念，并能熟练使用常用的进程监控和管理命令。下面介绍进程的相关知识，包括什么是进程，进程有哪些属性，以及进程的调度等。

V5-3　进程的基本概念

1. 进程与程序

谈到进程，一般首先要讲的是进程和程序的关系。简单来说，进程就是运行在内存中的程序。也就是说，每启动一个应用程序，其实就在操作系统中创建了一个进程。当然，除了用户创建的进程外，操作系统本身也会自动创建很多进程，这些进程往往以守护进程或后台服务的形式在操作系统中运行。进程和程序有几点不同：进程存储在内部存储设备（主要指内存）中，而程序存储在外部存储设备（如硬盘、U 盘等）中；进程是动态的，程序是静态的；进程是临时的，程序是持久的。关于二者的具体不同详见本书配套电子资源。

2. 父进程与子进程

在 Linux 操作系统中，除了 PID 为 1 的 systemd 进程以外，所有的进程都是由父进程通过 fork 系统调用创建的。一个父进程可以创建多个子进程。一般来说，当父进程终止时，子进程也随之终止。反之则不然，父进程不会随着子进程的终止而终止。父进程可以向子进程发送特定的信号来对子进程进行管理。如果父进程不能成功终止子进程，或者子进程因为某些异常情况无法自行终止，则会在操作系统中产生"僵尸"进程。"僵尸"进程往往需要管理员通过特殊操作来手动终止。

3. 进程的状态

进程在内存会经历一系列的状态变化。进程通常有 5 种状态，即创建状态、就绪状态、运行状态、阻塞状态和终止状态。关于各状态的具体含义详见本书配套电子资源。

5.2.2　进程监控和管理

V5-4　进程管理
相关命令

某个进程占用资源过多,应该怎么手动终止它呢? 有的时候明明终止了一个进程,可是没过多久它又出现了, 这是什么原因呢? 这都是和进程管理相关的内容。进程监控和管理是 Linux 系统管理员的重要工作之一,也是很多普通 Linux 用户关心的问题。本节的知识将帮助大家回答这些问题。管理进程的前提是学会监控进程,知道使用哪些命令查看进程的运行状态。Linux 提供了几个查看进程的命令,下面分别介绍这些命令的基本用法。

1. 查看进程

(1) ps 命令

ps 命令可用于查看系统中的当前进程。ps 命令有非常多的选项,通过这些选项可查看特定进程的详细信息,或者控制 ps 命令的输出结果。以常用的 aux 选项组合为例, ps 命令的基本用法如例 5-6 所示。

例 5-6:ps 命令的基本用法

```
[zys@centos7 ~]$ ps aux          // 注意,选项前可以不使用 "-"
USER PID %CPU%MEMVSZ      RSS TTY    STAT START TIME    COMMAND
root    2  0.0    0.0      0    0   ?      S    06:41  0:00 [kthreadd]
zys 11218  0.0    0.2   151784 5500 pts/1  S+   09:15  0:00 vim file1
```

(2) pstree 命令

Linux 还提供了一个非常好用的 pstree 命令,该命令用于查看进程间的相关性。利用这个命令可以清晰地看出进程间的依赖关系,如例 5-7 所示。其中,小括号中的数字表示 PID。如果进程的所有者和父进程的所有者不同,则会在小括号中显示进程的所有者。可以看到, 所有的进程最终都可以上溯到 systemd 进程。它是 Linux 内核调用的第一个进程,因此 PID 为 1, 其他进程都是由 systemd 进程直接或间接创建的。

例 5-7:pstree 命令的基本用法

```
[zys@centos7 ~]$ pstree -pu | more
systemd(1)-+-ModemManager(6553)-+-{ModemManager}(6623)
           |                      `-{ModemManager}(6625)
           |-at-spi-bus-laun(9313,zys)-+-dbus-daemon(9318)---{dbus-daemon}(9319)
```

(3) top 命令

ps 和 pstree 命令只能显示系统进程的静态信息,如果需要实时查看进程信息,则可以使用 top 命令。top 命令的基本语法如下。

```
top [-bcHiOSs]
```

top 命令默认每 3 秒刷新一次进程信息。除了显示每个进程的详细信息外, top 命令还可显示系统硬件资源的占用情况等,这些信息对于系统管理员跟踪系统运行状态或进行系统故障分析非常有用。top 命令的基本用法如例 5-8 所示。

例 5-8:top 命令的基本用法

```
[zys@centos7 ~]$ top -d 10
top - 09:51:07 up 3:09, 3 users, load average: 0.23, 0.11, 0.07
Tasks: 210 total,  3 running, 207 sleeping,  0 stopped,  0 zombie
%Cpu(s):  0.4 us,  0.3 sy,  0.0 ni, 99.2 id,  0.0 wa,  0.0 hi,  0.1 si,  0.0
```

```
   PID   USER   PR NI  VIRT    RES    SHR   S %CPU %MEM  TIME+   COMMAND
  9674   zys    20  0  567620  26968  19440 S  0.2  1.3  0:10.65  vmtoolsd
  7176   root   20  0  57382   19320  6100  S  0.1  1.0  0:02.47  tuned
```

top 命令的输出主要包括两部分。上半部分显示了操作系统当前的进程统计信息与资源使用情况，包括任务总数和每种状态下的任务数，以及 CPU、物理内存和虚拟内存的使用情况等；下半部分是每个进程的资源使用情况。默认情况下，top 命令按照 CPU 使用率（%CPU）从大到小的顺序显示进程信息，如果想以内存使用率（%MEM）显示进程信息，则可以按 M 键。另外，按 P 键可以恢复默认显示方式，按 Q 键可以退出 top 命令。

2. 前后台进程切换

（1）将命令放入后台

如果一条命令需要运行很长时间，则可以把它放入 Bash 后台运行，这样可以不影响终端窗口（又称为前台）的操作。在命令结尾输入"&"符号即可将命令放入后台运行，如例 5-9 所示。

V5-5　前后台
进程切换

例 5-9：后台运行命令——&

```
[zys@centos7 ~]$ find . -name *history &      // 将 find 命令放入后台运行
[1] 9863                 <== 这一行显示了任务号和进程号
./.bash_history          <== 这一行是 find 命令的输出
[1]+ 完成        find . -name *history    <== 这一行表示 find 命令在后台运行结束
```

在此例中，find 命令被放入后台运行，"[1]"表示后台任务号，9863 是 find 命令的进程号。每个后台运行的命令都有任务号，任务号从 1 开始依次增加。find 命令的结果也会在终端窗口中显示出来。另外，当 find 命令在后台运行结束时，终端窗口中会有一行提示。

通过"&"放入后台的进程仍然处于运行状态。如果进程在前台运行时按【Ctrl+Z】组合键，则进程会被放入后台并处于暂停状态，如例 5-10 所示。可以注意到系统提示进程当前的状态是"已停止"，说明进程在后台并没有运行。

例 5-10：后台运行命令——按【Ctrl+Z】组合键

```
[zys@centos7 ~]$ find / -name file1 &>/dev/null  // 按 Enter 键后再按【Ctrl+Z】组合键
^Z
[1]+ 已停止        find / -name file1 &>/dev/null
[zys@centos7 ~]$ bc          // 按 Enter 键后再按【Ctrl+Z】组合键
^Z
[2]+ 已停止        bc
```

（2）jobs 命令

jobs 命令主要用于查看从终端窗口放入后台的进程，使用-l 选项可同时显示进程的 PID，如例 5-11 所示。任务号之后的"+"表示这是最后一个放入后台的进程，而"-"表示这是倒数第 2 个放入后台的进程。

例 5-11：jobs 命令的基本用法

```
[zys@centos7 ~]$ jobs -l
[1]- 10008 停止        find / -name file1 &>/dev/null   <== 倒数第 2 个放入后台的进程
[2]+ 10025 停止        bc      <== 最后一个放入后台的进程
```

（3）bg 命令

如果想让后台暂停的进程重新开始运行，则可以使用 bg 命令，如例 5-12 所示。注意，此例使用";"连接两条命令，这两条命令将会依次执行。

例 5-12：bg 命令的基本用法

```
[zys@centos7 ~]$ bg  1 ; jobs  -l          // bg 命令后跟任务号
[1]- find  / -name file1 &>/dev/null &
[1]- 10008 运行中                    find / -name file1 &>/dev/null &
[[2]+ 10025 停止                     bc
```

（4）fg 命令

fg 命令与 "&" 的作用正好相反，可以把后台的进程恢复到前台继续运行，如例 5-13 所示。

例 5-13：fg 命令的基本用法

```
[zys@centos7 ~]$ jobs  -l
[2]+ 10025 停止             bc
[zys@centos7 ~]$ fg  2        // fg 命令后跟任务号
bc
11*16          <== 这一行是在 bc 交互环境中输入的
176            <== 这一行是 11*16 的结果
quit           <== 退出 bc 交互环境
```

3. 管理进程

kill 命令通过操作系统内核向进程发送信号以执行某些特殊的操作，如挂起进程、正常退出进程或强制终止进程等。kill 命令的基本语法如下。

```
kill  [选项] [ pid ]
```

信号可以通过信号名或编号的方式指定，使用-l 选项可以查看信号名及编号。kill 命令的基本用法如例 5-14 所示。

例 5-14：kill 命令的基本用法

```
[zys@centos7 ~]$ ps  -f  -C  vim,bash,ps
UID       PID  PPID C   STIME   TTY     TIME        CMD
zys     10341 10334 0   08:31   pts/0   00:00:00    bash
zys     13457 10520 0   11:26   pts/1   00:00:00    vim file1
zys     13744 10341 0   11:40   pts/0   00:00:00    ps -f -C vim,bash,ps
[zys@centos7 ~]$ kill  -9  13457         // 结束 PID 为 13457 的进程
```

5.2.3 任务调度管理

日常工作中，经常有定期执行某些任务的需求，如磁盘的定期清理、日志的定期备份，或者对计算机进行定期杀毒等。这很像人们在手机日历应用中设定的事件。例如，工作日会有定时的起床提醒，房贷还款日会有还款提醒等。还有一些任务是一次性的，例如，公司临时安排一个会议，人们希望在会议开始前 15 分钟收到邮件提醒。不管是定期执行的例行任务，还是不定期出现的偶发事件，在 Linux 操作系统中都被称为任务调度。如果想让 Linux 在规定的时间帮助用户执行预定好的动作，则要使用任务调度相关的工具进行相应设置。下面分别介绍和周期任务相关的 crontab 命令，以及用于执行一次性任务的 at 命令和 batch 命令。

V5-6 crontab
任务调度

1. crontab 命令

crontab 命令用于设置需要周期执行的任务，其基本语法如下。

```
crontab [ -u uname ] | -e | -l | -r
```

只有 root 用户能够使用-u 选项为其他用户设置周期任务，没有-u 选项时表示只能设置自己的周期任务。-e、-l 和-r 这 3 个选项分别表示编辑、显示和删除周期任务。在 CentOS 中，每个用户的周期任务都保存在目录*/var/spool/cron* 中以用户名命名的文件中。例如，*/var/spool/cron/zys* 文件中保存的是用户 zys 的周期任务。

使用 crontab -e 命令打开一个 vi 编辑窗口，用户可以在其中添加或删除周期任务，就像编辑一个普通文件一样。除了以"#"开头的注释行外，其他每一行都代表一个周期任务，周期任务由 6 个字段组成，每个字段的含义及其取值如表 5-2 所示。

表 5-2　周期任务中 6 个字段的含义及其取值

字段的含义	分钟	小时	日期	月份	星期	命令
取值	0~59	0~23	1~31	1~12	0~7	需要执行的命令，可以带选项和参数

其中，前面 5 个字段表示执行周期任务的计划时间，最后一个字段是实际需要执行的命令。设置计划时间时，各个字段以空格分隔，且不能为空。注意，星期字段中的 0 和 7 都表示星期日。crontab 命令提供了几个特殊符号以简化计划时间的设置。crontab 命令中的特殊符号及其含义如表 5-3 所示。

表 5-3　crontab 命令中的特殊符号及其含义

特殊符号	含义
*	表示字段取值范围内的任意值，如"*"出现在分钟字段中表示每一分钟都要执行操作
,	表示组合字段取值范围内若干不连续的时间段，如"3,5"出现在日期字段中表示每月的 3 日和 5 日执行操作
-	用于组合字段取值范围内连续的时间段，如"3-5"出现在日期字段中表示每月的 3 日到 5 日执行操作
/num	表示字段取值范围内每隔 num 时间段执行一次，如分钟字段的"*/10"表示每 10 分钟执行一次操作

crontab 命令的基本用法如例 5-15 所示。此例中，把周期任务设置为每 3 分钟向*/tmp/cron_test* 文件写入一行信息。

例 5-15：crontab 命令的基本用法

```
[zys@centos7 ~]$ crontab -e
*/3 * * * * echo "time is `date`" >>/tmp/cron_test
                                        <== 输入该行内容后保存设置并退出
[zys@centos7 ~]$ crontab -l        // 查看当前周期任务
*/3 * * * * echo "time is `date`" >>/tmp/cron_test
[zys@centos7 ~]$ tail -f /tmp/cron_test        // 观察文件/tmp/cron_test的实时变化
"time is 2022年 12月 04日 星期日 06:15:01 CST"
"time is 2022年 12月 04日 星期日 06:18:01 CST"
"time is 2022年 12月 04日 星期日 06:21:01 CST"
```

crontab -r 命令会删除当前用户的所有的 crontab 周期性任务。如果只想删除某一个周期任务，则可以使用 crontab -e 命令打开编辑窗口，并删除对应的任务行，具体操作这里不再演示。

2. at 命令和 batch 命令

使用 at 命令可以设置在指定的时间执行某个一次性任务。at 命令的基本语法如下。

```
at [ -l ] [ -f fname ] [ -d jobnumber ] time
```

V5-7　at 任务调度

其中，-l 选项用于显示当前等待执行的 at 计划任务，相当于 atq 命令；-f 选项用于指定文件来保存执行计划任务所需的命令；-d 选项用于删除指定编号的计划任务，相当于 atm 命令；*time* 参数是计划任务的执行时间。

使用 at 命令会进入一个交互式的 Shell 环境，可输入需要执行的命令。可以输入多条命令，每输入一条命令按 Enter 键继续输入下一条命令。按【Ctrl+D】组合键可以退出 at 命令的交互环境。下面使用 at 命令创建一个计划任务，在当前时刻的 3 分钟后向*/tmp/at_test* 文件中写入一条信息，如例 5-16 所示。此例同时演示了查看 at 计划任务的方法。

例 5-16：at 命令的基本用法

```
[zys@centos7 ~]$ at now +3 minutes
at> echo "time is `date`" >> /tmp/at_test      // 这是要执行的命令
at> <EOT>                                      // 按【Ctrl+D】组合键退出交互环境
job 1 at Sun Dec 4 06:20:00 2022
[zys@centos7 ~]$ at -l                         // 查看 at 计划任务，相当于 atq 命令
1     Sun Dec 4 06:20:00 2022 a zys
[zys@centos7 ~]$ tail -f /tmp/at_test          // 观察文件/tmp/at_test 的实时变化
time is 2022 年 12 月 04 日 星期日 06:20:00 CST  // 只在指定时间执行一次
```

batch 命令和 at 命令的用法相同。不同之处在于，batch 设定的计划任务只有在 CPU 任务负载小于 80%时才会执行。at 计划任务没有这个限制，只要到了指定的时间就会执行。因此 batch 多用于设置一些重要性不高或资源消耗较少的计划任务。这里不再给出 batch 的具体示例，可以参考前面的例子练习 batch 命令的用法。

5.2.4 系统服务管理

CentOS 从版本 7 开始使用 systemd 工具执行系统初始化操作，包括操作系统的主机名、网络设置、语言设置、文件系统格式及各种系统服务的启动等。systemd 使用 systemctl 命令完成所有管理任务。systemctl 命令的功能非常强大，但本书主要使用它来管理系统守护进程和各种网络服务。systemctl 命令的基本语法如下。

```
systemctl cmd sername.service
```

其中，*cmd* 参数表示要执行的操作，如 start 和 stop 分别表示启动和停止服务。*sername* 是服务名，如 httpd.service、crond.service，可以简写为 httpd、crond。systemctl 命令常用的操作及其含义如表 5-4 所示。

表 5-4　systemctl 命令常用操作及其含义

操作	完整形式	含义
start	systemctl start *sername*.service	启动服务，可简写为 systemctl start *sername*，下同
stop	systemctl stop *sername*.service	停止服务
restart	systemctl restart *sername*.service	重启服务，即先停止服务再重新启动服务
reload	systemctl reload *sername*.service	重载服务，即在不重启服务的情况下重新加载服务配置文件使配置生效
enable	systemctl enable *sername*.service	将服务设置为开机自动启动
disable	systemctl disable *sername*.service	取消服务开机自动启动
list-unit-files	systemctl list-unit-files *sername.service*	查看服务是否开机自动启动

例如，上文提到使用 crontab 命令设置周期任务，其实它对应的系统守护进程是 crond。下面以 crond 为例演示 systemctl 命令的基本用法，如例 5-17 所示。

例 5-17：systemctl 命令的基本用法

```
[root@centos7 ~]# systemctl status crond        // 查看 crond 服务的运行状态
● crond.service - Command Scheduler
   Loaded: loaded (/usr/lib/systemd/system/crond.service; enabled; vendor preset:
enabled)
   Active: active (running) since 四 2022-12-22 19:13:32 CST; 19min ago
 Main PID: 1154 (crond)
[root@centos7 ~]# systemctl stop crond          // 停止 crond 服务
[root@centos7 ~]# systemctl restart crond       // 重启 crond 服务
[root@centos7 ~]# systemctl enable crond        // 将 crond 服务设为开机启动
[root@centos7 ~]# systemctl list-unit-files | grep crond
                                                // 查看 crond 服务是否开机启动
crond.service          enabled
```

任务实施

实验：按秒执行的 crontab 周期性任务

学习完 crontab 周期性任务调度工具之后，小顾感觉这个工具很有意思，应该能在系统管理中发挥不小的作用。但是他发现一个问题，crontab 的最小调度单位是分钟，如果想每隔几秒执行一个任务，crontab 是不是无能为力呢？他向张经理请教了这个问题。张经理告诉他，crontab 本身确实无法以秒为单位执行计划任务，但如果把 crontab 计划任务和 Shell 脚本结合起来，就可以轻松解决这个问题。张经理向小顾演示了每隔 10 秒写入一行日志信息的操作，下面是张经理的操作步骤。

第 1 步，编写一个执行实际计划任务的 Shell 脚本，名为 *log.sh*。该脚本比较简单，只是向*/tmp/cron.log* 文件中写入一行日志信息，如例 5-18.1 所示。

例 5-18.1：按秒执行的 crontab 周期性任务——编写任务脚本

```
[zys@centos7 ~]$ vim log.sh
#!/bin/bash
echo "time is `date`" >> /tmp/cron.log
```

第 2 步，编写一个触发 *log.sh* 执行的 Shell 脚本，名为 *cron.sh*。*cron.sh* 脚本中有一个 for 循环，连续调用 6 次 *log.sh* 脚本，每调用一次就使用 sleep 命令休眠 10 秒，如例 5-18.2 所示。

例 5-18.2：按秒执行的 crontab 周期性任务——编写触发脚本

```
[zys@centos7 bin]$ cat cron.sh
#!/bin/bash
waitsecs=10
for (( i=0; i<60; i=(i+waitsecs) ))
do
    sh /home/zys/log.sh
    sleep $waitsecs
```

```
done
```

第 3 步，将 *cron.sh* 加入 crontab 周期性计划任务，设置为每分钟执行一次，如例 5-18.3 所示。

例 5-18.3：按秒执行的 crontab 周期性任务——添加 crontab 周期性计划任务

```
[zys@centos7 ~]$ crontab -e
* * * * * sh /home/zys/cron.sh      <== 设置为每分钟执行一次
```

第 4 步，使用 tail 命令跟踪日志文件，如例 5-18.4 所示。

例 5-18.4：按秒执行的 crontab 周期性任务——跟踪日志文件

```
[zys@centos7 ~]$ tail -f /tmp/cron.log
time is 2022 年 12 月 04 日 星期日 06:43:11 CST
time is 2022 年 12 月 04 日 星期日 06:43:21 CST
time is 2022 年 12 月 04 日 星期日 06:43:31 CST
```

从输出结果看，这个 crontab 周期性任务确实每 10 秒写入一行日志信息。但严格来说，它的执行间隔并不是 10 秒（实际上大于 10 秒），因为执行 *log.sh* 脚本也需要时间。如果对时间精度要求不高，则建议采用这种方法。

第 5 步，张经理向小顾演示了另一种实现该功能的方法。这种方法不使用触发脚本，而直接使用 crontab 设置计划任务，如例 5-18.5 所示。

例 5-18.5：按秒执行的 crontab 周期性任务——设置多个 crontab 周期性任务

```
[zys@centos7 ~]$ crontab -e
* * * * * sh ~log.sh
* * * * * sleep 10 ; sh /home/zys/log.sh
* * * * * sleep 20 ; sh /home/zys/log.sh
* * * * * sleep 30 ; sh /home/zys/log.sh
* * * * * sleep 40 ; sh /home/zys/log.sh
* * * * * sleep 50 ; sh /home/zys/log.sh
```

第 6 步，再次使用 tail 命令跟踪日志文件，如例 5-18.6 所示。

例 5-18.6：按秒执行的 crontab 周期性任务——再次跟踪日志文件

```
[zys@centos7 ~]$ tail -f /tmp/cron.log
time is 2022 年 12 月 04 日 星期日 06:46:11 CST
time is 2022 年 12 月 04 日 星期日 06:46:21 CST
time is 2022 年 12 月 04 日 星期日 06:46:31 CST
time is 2022 年 12 月 04 日 星期日 06:46:41 CST
```

第 2 种方法的工作原理如下：crontab 同时启动多个 Bash 进程，但是每个 Bash 进程"错峰"执行（间隔 10 秒）。可以使用 ps 命令观察实际运行的 Bash 进程，如例 5-18.7 所示。相比于第 1 种方法，这种方法时间精度更高。

例 5-18.7：按秒执行的 crontab 周期性任务——跟踪 Bash 进程

```
[zys@centos7 ~]$ ps -ef | grep log.sh | grep -v grep
zys  14907 14892 0 06:49 ?  00:00:00 /bin/sh -c sleep 30 ; sh /home/zys/log.sh
zys  14909 14893 0 06:49 ?  00:00:00 /bin/sh -c sleep 20 ; sh /home/zys/log.sh
zys  14910 14890 0 06:49 ?  00:00:00 /bin/sh -c sleep 50 ; sh /home/zys/log.sh
zys  14911 14894 0 06:49 ?  00:00:00 /bin/sh -c sleep 10 ; sh /home/zys/log.sh
zys  14912 14891 0 06:49 ?  00:00:00 /bin/sh -c sleep 40 ; sh /home/zys/log.sh
```

知识拓展

和进程一样经常被提起的一个概念是线程。读者可扫描二维码详细了解进程
与线程的具体关系。

知识拓展 5.2　进程
与线程

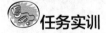

任务实训

本实训的主要任务是练习使用进程监控和管理的常用命令，切换前台任务和后台任务，以及设定
计划调度任务。

【实训目的】

（1）理解进程的基本概念。

（2）熟练掌握进程监控和管理的常用命令。

（3）熟练掌握任务调度管理的两种方法。

【实训内容】

按照以下步骤完成进程管理和任务调度练习。

（1）使用 ps 命令查看系统当前的所有进程。

（2）使用 ps 命令查看当前登录用户的所有进程。

（3）使用 top 命令查看系统当前资源使用情况，每隔 5 秒刷新一次。

（4）编写一个 Shell 脚本，每隔 20 秒输出一条信息，连续执行 10 分钟。

（5）使用 "&" 符号执行以上脚本，将其放入后台运行。

（6）使用 jobs 命令查看后台任务信息。

（7）使用 fg 命令将后台任务调入前台运行。

（8）按【Ctrl+Z】组合键将任务放入后台，此时后台任务处于暂停状态。

（9）使用 bg 命令将后台任务转入运行状态继续运行。

（10）使用 kill 命令强行终止后台任务。

（11）使用 at 命令设定一个计划任务，在当前时间的 5 分钟后执行步骤（4）中编写的 Shell 脚本。

（12）使用 crontab 命令设定一个计划任务，在每年的 6 月 1 日 19 时 28 分（执行时间可自定义）
执行步骤（4）中编写的 Shell 脚本。

项目小结

本项目和 Linux 操作系统中的软件和进程相关。任务 5.1 主要介绍了 Linux 操作系统中软件管理的
发展历程及相关的软件包管理器。从最初直接编译源代码，到如今的 YUM 等高级软件包管理器，在
Linux 中管理软件已变得非常简单。RPM 在本地计算机系统中建立了一个软件数据库，用于记录已安
装软件的相关信息，作为后续升级或卸载软件的基础。RPM 未解决软件包的依赖关系，即不能自动下
载和安装依赖软件。YUM 基于 RPM，弥补了 RPM 的这一缺点。只要配置好 YUM 源，就可以使用简
单的命令安装、升级和卸载软件。任务 5.2 详细介绍了操作系统中非常重要的概念——进程。进程是程
序运行后在内存中的表现形式，通过监控进程的运行可以了解系统当前的工作状态。此外，任务 5.2
还介绍了常用的进程监控和管理命令，包括查询进程静态信息的 ps 命令和查询进程动态信息的 top 命
令。任务调度管理包括进程的前后台切换及计划任务调度。systemd 是 Linux 最新的初始化管理工具。
systemctl 是 systemd 的管理工具，在系统服务管理中发挥着重要作用。

////////// **项目练习题**

1. 选择题

（1）关于通过编译源代码安装软件，下列说法错误的是（　　　）。

    A. 这是 Linux 早期的软件安装方式

    B. 对于普通 Linux 用户来说，编译源代码不是一件轻松的事情

    C. 编译源代码为用户提供了一定的自由度

    D. 编辑源代码不需要考虑硬件平台差异，只要硬件支持即可

（2）关于 RPM，下列说法错误的是（　　　）。

    A. RPM 是由 Red Hat 公司开发的一款软件包管理器，应用广泛

    B. RPM 会在本地计算机系统中建立一个软件数据库

    C. RPM 解决了软件包之间的依赖关系，可以自动安装依赖的软件

    D. RPM 软件包一般会考虑软件的跨平台通用性

（3）rpm　-i　vsftpd 命令的作用是（　　　）。

    A. 查询软件包 vsftpd　　　　　　　　　B. 安装软件包 vsftpd

    C. 升级软件包 vsftpd　　　　　　　　　D. 卸载软件包 vsftpd

（4）rpm　-ql　httpd 命令的作用是（　　　）。

    A. 查询软件 httpd 的所有文件和目录　　　B. 查询软件 httpd 的详细信息

    C. 查询软件 httpd 是否安装　　　　　　　D. 查询软件 httpd 的说明信息

（5）下列关于 YUM 源的说法错误的是（　　　）。

    A. YUM 源包含整理好的软件清单和软件安装包

    B. 配置好 YUM 源之后，就可以从 YUM 源下载并安装软件

    C. YUM 源只能使用网络资源，本地计算机无法配置 YUM 源

    D. YUM 源配置文件的扩展名是“.repo”

（6）关于进程和程序的关系，下列说法错误的是（　　　）。

    A. 进程就是运行在内存中的程序

    B. 进程存储在内存中，而程序存储在外部存储设备中

    C. 程序和进程一样，会经历一系列的状态变化

    D. 进程是动态的，程序是静态的

（7）下列（　　　）命令可以详细显示系统的每一个进程。

    A. ps　　　　　　　　B. ps –f　　　　　　　C. ps -ef　　　　　　D. ps -fu

（8）ps 和 top 命令的主要区别是（　　　）。

    A. ps 用于查看普通用户的进程信息，top 用于查看 root 用户的进程信息

    B. ps 用于查看常驻内存的系统服务，top 用于查看普通进程

    C. ps 用于查看进程详细信息，top 用于查看进程概要信息

    D. ps 用于查看进程静态信息，top 用于查看进程动态信息

（9）复制一个大文件 *bigfile* 到 */etc/oldfile*，可以将其放入后台运行的命令是（　　　）。

    A. cp　bigfile　/etc/oldfile　#　　　　　B. cp　bigfile　/etc/oldfile　&

    C. cp　bigfile　/etc/oldfile　　　　　　　D. cp　bigfile　/etc/oldfile　@

（10）关于 top 命令的说法，错误的是（　　　）。

  A. top 命令可查看进程的动态信息，每 3 秒刷新一次

  B. top 命令只能查看系统进程信息，无法查看系统资源使用情况

  C. top 命令常用于查看系统的资源使用情况及各进程的详细使用信息

  D. 可以通过-d 选项设置 top 命令的刷新间隔

（11）关于后台任务的说法正确的是（ ）。

  A. 通过 "&" 将任务放入后台，任务处于运行状态

  B. 使用 fg 命令可以使后台的进程继续运行

  C. 通过 "&" 将任务放入后台的效果和按【Ctrl+Z】组合键的效果相同

  D. 使用 bg 命令可以使后台的进程恢复到前台继续运行

（12）想要通过 kill 命令强制终止一个 PID 为 11270 的进程，正确的做法是（ ）。

  A. kill -d 11270   B. kill -l 11270

  C. kill -f 11270   D. kill -9 11270

（13）关于计划任务调度，下列说法正确的是（ ）。

  A. at 命令用于设置周期调度任务

  B. crontab 命令用于设置一次性调度任务

  C. 使用 crontab 命令设置计划任务时，最小的时间调度单位是分钟

  D. 使用 at 命令设置的计划任务只有在 CPU 负载比较低时才会执行

2. 填空题

（1）一般来说，软件包包含编译好的_____、_____和_____。

（2）Linux 早期安装软件常用的方式是_____。

（3）RPM 使用的管理命令是_____，RPM 软件包的扩展名是_____。

（4）配置 YUM 源时，baseurl 配置项表示_____。

（5）进程存储在_____中，而程序存储在_____中。

（6）常用于查看进程静态和动态信息的命令分别是_____和_____。

（7）要使程序以后台方式执行，只需在要执行的命令后加上一个_____符号，通过这种方式放入后台的进程处于_____状态。

（8）_____命令可以将后台的进程恢复到前台继续运行。

（9）如果想让后台暂停的进程重新开始运行，则可以使用_____命令。

（10）在 crontab 的配置文件中，时间调度单位分别是_____、_____、_____、_____和_____。

（11）配置一次性计划任务，可以使用_____和_____命令。

（12）使用 systemctl 管理服务时，启动、停止和重启服务的子命令分别是_____、_____和_____。

3. 简答题

（1）简述 Linux 软件管理的发展历史。

（2）简述 RPM 和 YUM 软件包管理器的区别及联系。

（3）简述进程和程序的关系。

项目6

配置网络、防火墙与远程桌面

06

学习目标

【知识目标】

（1）了解网络配置的几种常用方法。

（2）熟悉常用的网络命令。

（3）了解使用 VNC 配置远程桌面的方法。

（4）了解 SSH 服务器的配置方法。

【能力目标】

（1）熟练掌握使用系统图形用户界面配置网络的方法。

（2）熟练掌握通过网卡配置文件配置网络的方法。

（3）掌握使用 nmtui 工具和 nmcli 命令配置网络的方法。

（4）能够使用 VNC 软件配置远程桌面。

（5）能够配置 SSH 服务器。

【素质目标】

（1）树立维护国家网络安全的意识。

（2）增强筑牢网络安全防线和坚守网络安全底线的意识。

（3）培养构建健康网络空间的责任感和荣誉感。

引例描述

　　学习Linux这么久，小顾已经深深喜欢上了这种优秀的操作系统。尤其是对于Shell终端界面，小顾更是"爱不释手"。但是小顾内心其实一直有一个遗憾，使用了这么久的Linux操作系统，他还从未在其中上网、聊天、玩儿游戏。要知道，这些可是小顾每天的"必修课"。那么，怎样才能让他的Linux虚拟机连接网络呢？Linux的网络配置是否复杂呢？Linux中有没有免费的即时聊天软件呢？能不能在Linux中畅快地玩儿游戏呢？带着这些疑问，小顾又一次走进了张经理的办公室。张经理告诉小

顾，Linux操作系统对网络的支持一点也不比Windows操作系统差。为了之后的工作需要，小顾现在可以开始学习如何配置Linux网络了。

任务6.1　配置网络

任务陈述

有人说 Linux 操作系统就是为网络而生的。配置网络就是让一台 Linux 计算机能够与其他计算机通信，这是一个 Linux 系统管理员必须掌握的基本技能，也是后续进行网络服务配置的前提。本任务将介绍 4 种配置网络的方法，在实际的工作中，大家可以选择适合自己的配置方法。

知识准备

6.1.1　网络配置

本书的所有实验均基于 VMware 虚拟机，因此必须首先确定使用哪些网络连接方式。前文说过，VMware 提供了 3 种网络连接方式，分别是桥接模式、NAT 模式和仅主机模式，这 3 种方式有不同的应用场合。

V6-1　VMware 虚拟机的 3 种网络连接方式

（1）桥接模式。在这种模式下，物理机变为一台虚拟交换机，物理机的网卡与虚拟机的虚拟网卡利用虚拟交换机进行通信，物理机与虚拟机在同一网段中，虚拟机可直接利用物理网络访问外网。

（2）NAT 模式。在网络地址转换（Network Address Translation，NAT）模式下，物理机更像一台路由器，兼具 NAT 与 DHCP 服务器的功能。物理机为虚拟机分配不同于自己网段的 IP 地址，虚拟机必须通过物理机才能访问外网。

（3）仅主机模式。这种模式阻断了虚拟机与外网的连接，虚拟机只能与物理机相互通信。

下面以 NAT 模式为例，说明如何为 Linux 配置网络。

首先，为当前虚拟机选择 NAT 网络连接方式。在 VMware 中，选择【虚拟机】→【设置】选项，弹出【虚拟机设置】对话框，如图 6-1 所示。选择【网络适配器】选项，选中【NAT 模式：用于共享主机的 IP 地址】单选按钮，单击【确定】按钮。

图 6-1　【虚拟机设置】对话框

其次，在 VMware 中，选择【编辑】→【虚拟网络编辑器】选项，弹出【虚拟网络编辑器】对话框，如图 6-2 所示。选中【NAT 模式（与虚拟机共享主机的 IP 地址）】单选按钮，单击【NAT 设置】

按钮，弹出【NAT 设置】对话框，查看 NAT 的默认设置，如图 6-3 所示。

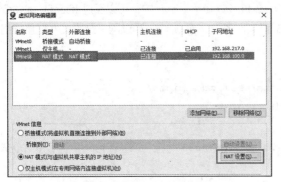

图 6-2 【虚拟网络编辑器】对话框

图 6-3 查看 NAT 的默认设置

这里需要大家记住【NAT 设置】对话框中的子网 IP 地址、子网掩码和网关 IP 地址，之后进行网络配置时会用到这些信息。

1. 图形用户界面网络配置

Linux 初学者适合使用图形界面配置网络，其操作比较简单。打开 CentOS 7.6，单击桌面右上角的快捷启动按钮，即带有声音和电源图标的部分，弹出【有线连接】下拉列表，如图 6-4 所示。因为现在还未正确配置网络，所以有线连接处于关闭状态。选择【有线设置】选项，进入网络系统设置界面，如图 6-5 所示。单击【有线】选项组中的齿轮按钮，设置有线网络，如图 6-6 所示。

图 6-4 【有线连接】下拉列表

图 6-5 网络系统设置界面

在图 6-6 中，选择【IPv4】选项卡，设置 IP 地址获取方式为【手动】，分别设置地址、子网掩码、网关和 DNS。本例中将 IP 地址设置为 192.168.100.100，子网掩码和网关沿用图 6-3 中 NAT 的默认设置，DNS 设置和网关相同，均为 192.168.100.2，单击【应用】按钮保存设置。回到图 6-5 所示的界面，单击【有线】选项组中齿轮左侧的开关按钮，启用有线网络。

2. 网卡配置文件

在 Linux 操作系统中，所有的系统设置都保存在特定的文件中，因此，配置网络其实就是修改网卡配置文件。不同的网卡对应不同的配置文件，而配置文件的命名与网卡的来源有关。从 CentOS 7 开始，eno 代

图 6-6 设置有线网络

表由主板 BIOS 内置的网卡，ens 代表由主板 BIOS 内置的 PCI-E 接口网卡，eth 是默认的网卡编号。网卡配置文件名以 ifcfg 为前缀，位于目录*/etc/sysconfig/network-scripts* 中。可以通过 ifconfig -a 命令查看当前系统的默认网卡配置文件，这里的网卡配置文件名为 *ifcfg-ens33*。通过网卡配置文件配置网络的方法如例 6-1 所示。

例 6-1：通过网卡配置文件配置网络

```
[root@centos7 ~]# cd /etc/sysconfig/network-scripts/
[root@centos7 network-scripts]# ls ifcfg*
ifcfg-ens33  ifcfg-lo
[root@centos7 network-scripts]# vim ifcfg-ens33    // 以 root 用户身份打开网卡配置文件
BOOTPROTO=none
ONBOOT=yes
IPADDR=192.168.100.100
PREFIX=24
GATEWAY=192.168.100.2
DNS1=192.168.100.2
[root@centos7 network-scripts]# systemctl restart network   // 重启网络服务
```

在例 6-1 中，有些配置项已经存在，有些配置项需要手动添加。其中，IPADDR 表示 IP 地址；PREFIX 表示网络前缀的长度，设置为 24 时表示子网掩码是 255.255.255.0；GATEWAY 和 DNS1 分别表示网关和 DNS 服务器，这里均设置为 192.168.100.2。编辑好网卡配置文件后需要使用 systemctl restart network 命令重启网络服务。

有经验的 Linux 系统管理员可能更喜欢通过修改网卡配置文件的方式来配置网络，因为这种方法最直接。但对于 Linux 初学者而言，这种方式很容易出错。尤其是在重启网络服务时，如果因为文件配置错误而无法正常重启服务，则排查这些错误往往要花费初学者很长时间。

V6-2 网卡配置
文件的其他参数

3. nmtui 配置工具

nmtui 是 Linux 操作系统提供的一个具有字符界面的文本配置工具，在终端窗口中，以 root 用户的身份使用 nmtui 命令即可进入网络管理器界面，如图 6-7 所示。

在 nmtui 的【网络管理器】界面中，通过键盘的上、下方向键可以选择不同的操作，通过左、右方向键可以在不同的功能区之间跳转。在【网络管理器】界面中，选择【编辑连接】选项后按 Enter 键，可以看到系统当前已有的网卡及操作列表，如图 6-8 所示。这里选择【ens33】选项并对其进行编辑操作，按 Enter 键后进入 nmtui 的【编辑连接】界面，如图 6-9 所示。

图 6-7 网络管理器界面

图 6-8 网卡及操作列表

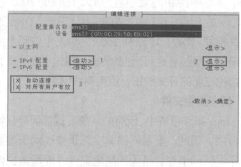

图 6-9 编辑连接界面

通过 nmtui 配置网络的主要操作都集中在【编辑连接】界面中。在【编辑连接】界面位置 1 处的【自动】按钮处按 Space 键,将 IP 地址的配置方式设为【手动】;在位置 2 处的【显示】按钮处按 Space键,显示和 IP 地址相关的文本输入框,依次配置 IP 地址、网关和 DNS 服务器。相关配置信息如图 6-10和图 6-11 所示,配置完成后,单击【确定】按钮,保存配置并退出 nmtui 工具。

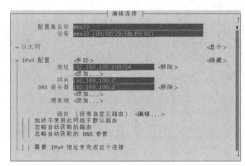
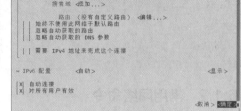

图 6-10 相关配置信息(1)　　　　　图 6-11 相关配置信息(2)

虽然 nmtui 的操作界面不像图形用户界面那么清晰明了,但是熟悉相关操作之后,会发现 nmtui 是一个非常方便的网络配置工具。

V6-3 网卡配置
文件与 nmcli 命令

4. nmcli 配置命令

下面介绍使用 nmcli 命令配置网络的方法。Linux 操作系统通过 NetworkManager守护进程管理和监控网络设置,而 nmcli 命令可以控制 NetworkManager 守护进程。使用 nmcli 命令可以创建、修改、删除、激活和禁用网络连接,还可以控制和显示网络设备状态。使用 nmcli 命令查看系统当前的网络连接的方法如例 6-2 所示。

例 6-2:使用 nmcli 命令查看系统当前的网络连接

```
[root@centos7 ~]# nmcli connection show          // 查看网络连接
NAME    UUID                                 TYPE      DEVICE
ens33   08022a0d-ef2c-4360-86f5-fc45e01dd684 ethernet  ens33
virbr0  9d556c80-8f8c-4d0d-9468-f071638271d2 bridge    virbr0
[root@centos7 ~]# nmcli connection show ens33    // 查看指定网络连接
connection.id:               ens33
ipv4.method:                 manual
ipv4.dns:                    192.168.100.2
ipv4.addresses:              192.168.100.100/24
ipv4.gateway:                192.168.100.2
```

例 6-2 选取了关于 ens33 的一些重要参数,根据参数的名称和值可以很容易地推断出其含义。例如,ipv4.method 表示 IP 地址的获取方式,当前的设置是 manual(手动);ipv4.addresses 表示 IP 地址和子网掩码长度。如果现在要将 IP 地址修改为 192.168.100.200,同时将 DNS 服务器改为 192.168.100.254,那么可以采用例 6-3 所示的方式。

例 6-3:修改网络连接

```
[root@centos7 ~]# nmcli connection modify ens33 \   // 换行继续输入
> ipv4.addresses 192.168.100.200/24 \
> ipv4.dns 192.168.100.254
[root@centos7 ~]# nmcli connection up ens33
```

159

注意，在例 6-3 中，因为完整的命令比较长，所以使用转义符"\"将命令换行继续输入。另外，例 6-3 中的 modify 操作只修改了网卡配置文件，要想使配置生效，还必须手动启用这些设置。现在来查看网卡配置文件，确认配置是否成功写入文件，如例 6-4 所示。nmcli 命令的功能比较强大，用法也比较复杂，感兴趣的读者可以通过 man 命令查看其更详细的用法说明。

例 6-4：查看网卡配置文件

```
[root@centos7 ~]# cat /etc/sysconfig/network-scripts/ifcfg-ens33
IPADDR=192.168.100.200
PREFIX=24
GATEWAY=192.168.100.2
DNS1=192.168.100.254
```

6.1.2 常用网络命令

Linux 系统管理员经常使用一些命令进行网络配置和调试，这些命令功能强大、使用简单。下面介绍几个 Linux 操作系统中常用的网络命令。

V6-4 Linux 操作系统中常用的网络命令

1. ping 命令

ping 命令是最常用的测试网络连通性的工具之一。ping 命令向目的主机连续发送多个 ICMP 分组，记录目的主机能否正常响应及其响应时间。ping 命令的基本语法如下。其中，*dest_ip* 是目的主机的 IP 地址或域名。

```
ping [ -c | -i | -s | -t | -w ] dest_ip
```

ping 命令的基本用法如例 6-5 所示，目的主机分别为人民邮电出版社和教育部的官方网站服务器。需要注意的是，如果没有特殊设置，则 ping 命令会不停地发送数据包，因此需要手动终止 ping 命令，方法是按【Ctrl+C】组合键。另外，为保证虚拟机能连通外网，需要将虚拟机的 DNS 服务器设为192.168.100.2，具体方法参见 6.1.1 节，这里不赘述。

例 6-5：ping 命令的基本用法

```
[zys@centos7 ~]$ ping www.ptpress.com.cn
PING www.ptpress.com.cn (39.96.127.170) 56(84) bytes of data.
64 bytes from 39.96.127.170 (39.96.127.170): icmp_seq=1 ttl=128 time=30.2 ms
64 bytes from 39.96.127.170 (39.96.127.170): icmp_seq=2 ttl=128 time=28.0 ms
^C          <== 按【Ctrl+C】组合键手动终止 ping 命令
[zys@centos7 ~]$ ping -c 3 www.moe.gov.cn          // 只发送 3 个 ICMP 分组
PING hcdnw101.gslb.v6.c.cdnhwc2.com (36.156.217.199) 56(84) bytes of data.
64 bytes from 36.156.217.199 (36.156.217.199): icmp_seq=1 ttl=128 time=11.9 ms
64 bytes from 36.156.217.199 (36.156.217.199): icmp_seq=2 ttl=128 time=13.5 ms
64 bytes from 36.156.217.199 (36.156.217.199): icmp_seq=3 ttl=128 time=12.6 ms
```

2. traceroute 命令

另一个经常用于测试网络连通性的命令是 traceroute。traceroute 命令向目的主机发送特殊的分组，并跟踪分组从源主机到目的主机的传输路径。traceroute 命令的基本用法如例 6-6 所示，目的主机为百度公司的官方网站服务器。

例 6-6：traceroute 命令的基本用法

```
[zys@centos7 ~]$ traceroute www.baidu.com
traceroute to www.baidu.com (36.152.44.95), 30 hops max, 60 byte packets
```

```
1  192.168.100.2 (192.168.100.2)  5.376 ms  5.288 ms  5.197 ms
2  221.178.235.218 (221.178.235.218)  4.955 ms  5.263 ms  5.632 ms
```

3. netstat 命令

netstat 命令是一个综合的网络状态查询命令，可以查看系统开放的端口、服务及路由表等。netstat 命令的基本语法如下。

```
netstat [ -al -c | -l | -tl -u | -n | -r ]
```

如果要查询系统当前所有的 TCP 连接，直接显示 IP 地址，操作方法如例 6-7 所示。

例 6-7：netstat 命令的基本用法——查询 TCP 连接

```
[zys@centos7 ~]$ netstat -ant
Active Internet connections (servers and established)
Proto Recv-Q Send-Q Local Address       Foreign Address      State
tcp      0      0    0.0.0.0:22345       0.0.0.0:*            LISTEN
tcp      0      0    192.168.122.1:53    0.0.0.0:*            ·LISTEN
```

如果想查询路由表，则使用-r 选项即可，如例 6-8 所示。

例 6-8：netstat 命令的基本用法——查询路由表

```
[zys@centos7 ~]$ netstat -r
Kernel IP routing table
Destination   Gateway         Genmask        Flags  MSS  Window  irtt  Iface
default       192.168.100.2   0.0.0.0        UG     0    0       0     ens33
192.168.0.0   0.0.0.0         255.255.255.0  U      0    0       0     ens33
192.168.122.0 0.0.0.0         255.255.255.0  U      0    0       0     virbr0
```

4. ifconfig 命令

ifconfig 命令可用于查看或配置 Linux 中的网络设备。ifconfig 命令的参数比较多，这里不展开介绍。下面仅演示使用 ifconfig 命令查看指定网络接口信息的方法，如例 6-9 所示。

例 6-9：ifconfig 命令的基本用法

```
[zys@centos7 ~]$ ifconfig ens33          // 查看ens33 网络接口的相关信息
ens33: flags=4163<UP,BROADCAST,RUNNING,MULTICAST> mtu 1500
        inet 192.168.100.100 netmask 255.255.255.0 broadcast 192.168.100.255
        inet6 fe80::2c73:9d:1146:8f8b prefixlen 64 scopeid 0x20<link>
        ether 00:0c:29:5d:e9:02 txqueuelen 1000 (Ethernet)
```

5. nslookup 命令

nslookup 命令主要用于查询域名对应的 IP 地址等信息。nslookup 命令的基本用法如例 6-10 所示。Server 字段表示提供域名信息的 DNS 服务器，Address 字段表示域名对应的 IP 地址。

例 6-10：nslookup 命令的基本用法

```
[zys@centos7 ~]# nslookup www.ptpress.com.cn
Server:      192.168.100.2           <== DNS 服务器
Address:     192.168.100.2#53
Non-authoritative answer:            <== 非权威应答
Name:www.ptpress.com.cn
Address: 39.96.127.170               <== 域名对应的 IP 地址
```

6. wget 命令

wget 是在 Linux 操作系统中使用较多的命令行下载管理器之一，使用 wget 命令可以下载一个文件、多个文件，也可以下载整个目录甚至整个网站。wget 支持 HTTP、HTTPS、FTP，还可以使用 HTTP 代理。wget 是一个非交互式工具，因此可以很轻松地通过脚本、cron 周期性计划任务和终端窗口调用。使用 wget 命令下载单个文件时，提供文件的 URL 即可，如例 6-11 所示。下载的文件默认以原始名称保存，使用-O 选项可以指定输出文件名。wget 还支持断点续传功能，使用-c 选项可以重新启动下载中断的文件，这里不再演示。

例 6-11：使用 wget 命令下载文件

```
[zys@centos7 ~]$ wget http://dangshi.people.com.cn/GB/437131/index.html
[zys@centos7 ~]$ ls -l index.html
-rw-rw-r--.  1  zys zys     10755    3月 26 21:03        index.html
```

在日常的网络管理中，系统管理员经常使用这些命令进行网络配置和调试。限于篇幅，本节只简单介绍了这些常用网络命令的基本用法。感兴趣的读者可以自行查询相关资料进行深入学习。

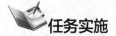

任务实施

实验：配置服务器网络

最近，软件开发中心购买了一台新的开发服务器，作为原开发服务器的备份。张经理为新机器安装了 CentOS 7.6。张经理让小顾通过网卡配置文件配置网络，下面是小顾的操作步骤。

第 1 步，登录到新开发服务器，在终端窗口中使用 su - root 命令切换到 root 用户。

第 2 步，使用 cd 命令切换到网卡配置文件所在目录*/etc/sysconfig/network-scripts*。

第 3 步，使用 ifconfig -a 命令查看当前系统的默认网卡配置文件，这里的网卡配置文件名称为 *ifcfg-ens33*。

第 4 步，使用 vim 文本编辑器打开 *ifcfg-ens33* 文件，并添加相应内容，如例 6-12 所示。

例 6-12：修改网卡配置文件

```
[root@centos7 ~]# vim /etc/sysconfig/network-scripts/ifcfg-ens33
BOOTPROTO=none
ONBOOT=yes
IPADDR=192.168.100.100
PREFIX=24
GATEWAY=192.168.100.2
DNS1=192.168.100.2
```

第 5 步，使用 systemctl restart network 命令重启网络服务。

第 6 步，使用 ping 命令测试新开发服务器与原开发服务器间的连通性。

使用网卡配置文件配置网络和使用 nmcli 命令配置网络非常相似，都是对某些网络参数进行赋值。读者可扫描二维码详细了解这两种方式的对应关系。

知识拓展 6.1　网卡配置文件和 nmcli 的对应关系

任务实训

为操作系统配置网络并保证计算机的网络连通性是每一个 Linux 系统管理员的主要工作之一。本实训的主要任务是练习通过不同的方式配置虚拟机网络，熟悉各种方式的操作方法。在桥接模式和 NAT 模式下分别为虚拟机配置网络并测试网络连通性。

【实训目的】

（1）掌握 Linux 操作系统中常见的网络配置方法。

（2）理解各种网络配置方法的操作要点及不同参数的含义。

（3）巩固网络配置的学习效果。

【实训内容】

按照以下步骤完成网络配置练习。

（1）登录到虚拟机，在终端窗口中使用 su - root 命令切换到 root 用户。

（2）使用 cd 命令切换到网卡配置文件所在目录*/etc/sysconfig/network-scripts*。

（3）使用 ifconfig 命令查看当前系统的默认网卡配置文件。

（4）修改网卡配置文件，添加相应内容。

（5）使用 systemctl restart network 命令重启网络服务。

（6）使用 ping 命令测试虚拟机与物理机的连通性。

任务 6.2　配置防火墙

任务陈述

防火墙是提升计算机安全级别的重要机制，可以有效防止计算机遭受来自外部的恶意攻击和破坏。通过定义一组防火墙规则，防火墙可以对来自外部的网络流量进行匹配和分类，并根据规则决定是允许还是拒绝流量通过。firewalld 是 CentOS 7 及之后版本默认使用的防火墙。在本任务中，将介绍 firewalld 的基本概念、firewalld 的安装和启停、firewalld 的基本配置与管理。

知识准备

6.2.1　firewalld 的基本概念

firewalld 是一种支持动态更新的防火墙实现机制。firewalld 的动态性是指可以在不重启防火墙的情况下创建、修改和删除规则。firewalld 使用区域和服务来简化防火墙的规则配置。

1. 区域

区域包括一组预定义的规则。可以把网络接口（即网卡）和流量源指定到某个区域中，允许哪些流量通过防火墙取决于主机所连接的网络及用户为网络定义的安全级别。

V6-5　认识
firewalld

计算机有可能通过网络接口与多个网络建立连接。firewalld 引入了区域和信任级别的概念，把网络分配到不同的区域中，并为网络及其关联的网络接口或流量源指定信任级别，不同的信任级别代表默认开放的服务有所不同。一个网络连接只能属于一个区域，但是一个区域可以包含多个网络连接。在区域中定义规则后，firewalld 会把这些规则应用到进入该区域的网络流量上。可以把区域理解为 firewalld 提供的防火墙策略集合（或策略模板），用户可以根据实际的使用场景选择合适的策略集合。

firewalld 预定义了 9 个区域，分别是丢弃区域、限制区域、隔离区域、工作区域、信任区域、外部区域、家庭区域、内部区域和公共区域。

2. 服务

服务是端口和协议的组合，表示允许外部流量访问某种服务需要配置的所有规则的集合。使用服务配置防火墙规则的最大好处就是可以减少配置工作量。在 firewalld 中放行一个服务，就相当于打开与该服务相关的端口和协议、启用数据包转发等功能，可以将多步操作集成到一条简单的规则中。

6.2.2　firewalld 的安装和启停

firewalld 在 CentOS 7.6 中是默认安装的。CentOS 7.6 还支持以图形用户界面的方式配置防火墙，即 firewall-config 工具，这个工具会默认安装。安装 firewalld 和 firewall-config 工具的方法如例 6-13 所示。

例 6-13：安装 firewalld 和 firewall-config 工具

```
[root@centos7 ~]# yum install firewalld -y            // 默认已安装
[root@centos7 ~]# yum install firewall-config -y      // 默认已安装
```

启动和停止 firewalld 时，将 firewalld 作为参数代入表 5-4 所示的命令中即可。例如，使用 systemctl restart firewalld 命令可以重启 firewalld 服务。

6.2.3　firewalld 的基本配置

配置 firewalld 可以使用 firewall-config 工具、firewall-cmd 命令和 firewall-offline-cmd 命令。在终端窗口中输入 firewall-config 命令，或者选择【应用程序】→【杂项】→【防火墙】选项，即可弹出【防火墙配置】对话框，如图 6-12 所示。

V6-6　firewalld
图形用户配置界面

图 6-12　【防火墙配置】对话框

firewall-cmd 命令是 firewalld 提供的命令行接口，功能十分强大，可以完成各种规则配置。本任务主要介绍如何使用 firewall-cmd 命令配置防火墙规则。

1. 查看 firewalld 的当前状态和当前配置

（1）查看 firewalld 的当前状态

除了可以使用 systemctl status firewalld 命令查看 firewalld 的具体状态信息外，还可以使用 firewall-cmd

命令来快速查看 firewalld 的运行状态，如例 6-14 所示。

例 6-14：查看 firewalld 的运行状态

```
[root@centos7 ~]# firewall-cmd --state
running
```

（2）查看 firewalld 的当前配置

使用带--list-all 选项的 firewall-cmd 命令可以查看默认区域的完整配置，如例 6-15 所示。

例 6-15：查看默认区域的完整配置

```
[root@centos7 ~] # firewall-cmd --list-all
public (active)
   interfaces: ens33
   services: ssh dhcpv6-client samba dns http ftp amanda-k5-client
```

如果想查看特定区域的信息，则可以使用--zone 选项指定区域名。也可以专门查看区域某一方面的配置，如例 6-16 所示。

例 6-16：查看区域某一方面的配置

```
[root@centos7 ~]# firewall-cmd --list-all --zone=work          // 指定区域名
work
  target: default
  services: ssh dhcpv6-client
[root@centos7 ~]# firewall-cmd --list-services                 // 只查看服务信息
ssh dhcpv6-client
[root@centos7 ~]# firewall-cmd --list-services --zone=public   // 组合使用
ssh dhcpv6-client http
```

2. firewalld 的两种配置模式

firewalld 的配置有运行时配置和永久配置（或持久配置）之分。运行时配置是指在 firewalld 处于运行状态时生效的配置，永久配置是 firewalld 重载或重启时应用的配置。在运行模式下进行的更改只在 firewalld 运行时有效，如例 6-17 所示。

例 6-17：修改运行时配置

```
[root@centos7 ~]# firewall-cmd --add-service=http          // 只修改运行时配置
```

当 firewalld 重启时，其会恢复为永久配置。如果想让更改在 firewalld 下次启动时仍然生效，则需要使用--permanent 选项。但即使使用了--permanent 选项，这些修改也只会在 firewalld 下次启动后生效。使用--reload 选项重载永久配置可以使永久配置立即生效并覆盖当前的运行时配置，如例 6-18 所示。

例 6-18：修改永久配置

```
[root@centos7 ~]# firewall-cmd --permanent --add-service=http // 修改永久配置
[root@centos7 ~]# firewall-cmd --reload   // 重载永久配置
```

一种常见的做法是先修改运行时配置，验证修改正确后，再将修改提交到永久配置中。可以借助--runtime-to-permanent 选项来实现这种需求，如例 6-19 所示。

例 6-19：先修改运行时配置，再将修改提交到永久配置中

```
[root@centos7 ~]# firewall-cmd --add-service=http           // 只修改运行时配置
[root@centos7 ~]# firewall-cmd --runtime-to-permanent  // 将修改提交到永久配置中
```

3. 基于服务的流量管理

服务是端口和协议的组合，合理地配置服务能够减少配置工作量，避免一些错误。

（1）使用预定义服务

使用服务管理网络流量最直接的方法就是把预定义服务添加到 firewalld 的允许服务列表中，或者从允许服务列表中移除预定义服务，如例 6-20 所示。使用--add-service 选项可以将预定义服务添加到 firewalld 的允许服务列表中。如果想从列表中移除某个预定义服务，则可以使用--remove-service 选项。

V6-7 firewalld
服务配置

例 6-20：添加或移除预定义服务

```
[root@centos7 ~]# firewall-cmd --list-services  // 查看当前允许服务列表
ssh dhcpv6-client
[root@centos7 ~]# firewall-cmd --permanent --add-service=http
                                              // 添加预定义服务
[root@centos7 ~]# firewall-cmd --reload          // 重载防火墙的永久配置
[root@centos7 ~]# firewall-cmd --list-services
ssh dhcpv6-client http
```

（2）配置服务端口

每种预定义服务都有相应的监听端口，如 HTTP 服务的监听端口是 80，操作系统根据端口号决定把网络流量交给哪个服务进行处理。如果想开放或关闭某些端口，则可以采用例 6-21 所示的方法。

例 6-21：开放或关闭端口

```
[root@centos7 ~]# firewall-cmd --list-ports
                <== 当前没有配置
[root@centos7 ~]# firewall-cmd --add-port=80/tcp
[root@centos7 ~]# firewall-cmd --list-ports
80/tcp
[root@centos7 ~]# firewall-cmd --remove-port=80/tcp
[root@centos7 ~]# firewall-cmd --list-ports
```

4. 基于区域的流量管理

区域关联了一组网络接口和源 IP 地址，可以在区域中配置复杂的规则以管理来自这些网络接口和源 IP 地址的网络流量。

V6-8 firewalld
区域配置

（1）查看可用区域

使用带--get-zones 选项的 firewall-cmd 命令可以查看系统当前可用的区域，但是不显示每个区域的详细信息。如果想查看所有区域的详细信息，则可以使用--list-all-zones 选项；也可以结合使用--list-all 和--zone 两个选项来查看指定区域的详细信息，如例 6-22 所示。

例 6-22：查看指定区域的详细信息

```
[root@centos7 ~]# firewall-cmd --get-zones
block dmz drop external home internal public trusted work
[root@centos7 ~]# firewall-cmd --list-all-zones
block
  target: %%REJECT%%
  icmp-block-inversion: no
[root@centos7 ~]# firewall-cmd --list-all --zone=home
home
```

```
    target: default
    icmp-block-inversion: no
```

（2）修改指定区域的规则

如果没有特别说明，则 firewall-cmd 命令默认将修改的规则应用在当前活动区域中。要想修改其他区域的规则，则可以通过--zone 选项指定区域名，如例 6-23 所示，其表示在 work 区域中放行 SSH 服务。

例 6-23：修改指定区域的规则

```
[root@centos7 ~]# firewall-cmd --add-service=ssh --zone=work
```

（3）修改默认区域

如果没有明确地把网络接口和某个区域关联起来，则 firewalld 会自动将其关联到默认区域。firewalld 启动时会加载默认区域的配置并激活默认区域。firewalld 的默认区域是 public，也可以修改默认区域，如例 6-24 所示。

例 6-24：修改默认区域

```
[root@centos7 ~]# firewall-cmd --get-default-zone        // 查看当前默认区域
public
[root@centos7 ~]# firewall-cmd --set-default-zone work    // 修改默认区域
[root@centos7 ~]# firewall-cmd --get-default-zone        // 再次查看当前默认区域
work
```

（4）关联区域和网络接口

网络接口关联到哪个区域，进入该网络接口的流量就适用于哪个区域的规则。因此，可以为不同区域制定不同的规则，并根据实际需要把网络接口关联到合适的区域，如例 6-25 所示。

例 6-25：关联区域和网络接口

```
[root@centos7 ~]# firewall-cmd --get-active-zones        // 查看活动区域的网络接口
public
    interfaces: ens33
[root@centos7 ~]# firewall-cmd --zone=work --change-interface=ens33
```

也可以直接修改网络接口配置文件，在该文件中设置 ZONE 参数，将网络接口关联到指定区域，如例 6-26 所示。

例 6-26：修改网络接口配置文件，将网络接口关联到指定区域

```
[root@centos7 ~]# vim /etc/sysconfig/network-scripts/ifcfg-ens33
ZONE=work
```

（5）创建新区域

除了 firewalld 内置的 9 个区域外，还可以创建新区域，如例 6-27 所示。可以像使用内置区域一样使用创建的新区域。

例 6-27：创建新区域

```
[root@centos7 ~]# firewall-cmd --get-zones
block dmz drop external home internal public trusted work
[root@centos7 ~]# firewall-cmd --permanent --new-zone=myzone
[root@centos7 ~]# firewall-cmd --reload
[root@centos7 ~]# firewall-cmd --get-zones
block dmz drop external home internal myzone public trusted work
```

（6）配置区域的默认规则

当数据包与区域的所有规则都不匹配时，可以使用区域的默认规则处理数据包，包括接受（ACCEPT）、拒绝（REJECT）和丢弃（DROP）3 种处理方式。ACCEPT 表示默认接受所有数据包，除非数据包被某些规则明确拒绝；REJECT 和 DROP 默认拒绝所有数据包，除非数据包被某些规则明确接受。REJECT 会向源主机返回响应信息；DROP 则直接丢弃数据包，没有任何响应信息。

可以使用--set-target 选项配置区域的默认规则，如例 6-28 所示。

例 6-28：配置区域的默认规则

```
[root@centos7 zones]# firewall-cmd --permanent --zone=work --set-target=ACCEPT
[root@centos7 zones]# firewall-cmd --reload
[root@centos7 zones]# firewall-cmd --zone=work --list-all
work
  target: ACCEPT
  icmp-block-inversion: no
```

（7）添加和删除流量源

流量源是指某一特定的 IP 地址或子网。可以使用--add-source 选项把来自某一流量源的网络流量添加到某个区域中，这样即可将该区域的规则应用在这些网络流量上。例如，在工作区域中允许所有来自192.168.100.0/24 子网的网络流量通过，删除流量源时使用--remove-source 选项替换--add-source 即可，如例 6-29 所示。

例 6-29：添加和删除流量源

```
[root@centos7 ~]# firewall-cmd --zone=work --add-source=192.168.100.0/24
[root@centos7 ~]# firewall-cmd --runtime-to-permanent
[root@centos7 ~]# firewall-cmd --zone=work --remove-source=192.168.100.0/24
```

（8）添加和删除源端口

根据流量源端口对网络流量进行分类处理也是比较常见的做法。使用--add-source-port 和--remove-source-port 两个选项可以在区域中添加和删除源端口，以允许或拒绝来自某些端口的网络流量通过，如例 6-30 所示。

例 6-30：添加和删除源端口

```
[root@centos7 ~]# firewall-cmd --zone=work --add-source-port=3721/tcp
[root@centos7 ~]# firewall-cmd --zone=work --remove-source-port=3721/tcp
```

（9）添加和删除协议

可以根据协议来决定是接受还是拒绝使用某种协议的网络流量。常见的协议有 TCP、UDP、ICMP 等。在内部区域中添加 ICMP 即可接受来自对方主机的 ping 测试，如例 6-31 所示。

例 6-31：添加和删除 ICMP

```
[root@centos7 ~]# firewall-cmd --zone=internal --add-protocol=icmp
[root@centos7 ~]# firewall-cmd --zone=internal --remove-protocol=icmp
```

firewalld 会按照以下顺序进行处理，以确定对接收到的网络流量具体使用哪个区域的规则。

① 网络流量的源地址。

② 接收网络流量的网络接口。

③ firewalld 的默认区域。

也就是说，如果按照网络流量的源地址可以找到匹配的区域，则将其交给相应的区域进行处理；如果没有匹配的区域，则查看接收网络流量的网络接口所属的区域；如果没有明确配置，则交给

firewalld 的默认区域进行处理。

 **任务实施**

实验：配置服务器防火墙

前段时间，张经理为开发服务器配置好了网络。最近，小顾听到部分开发人员反映开发服务器安全性不高，经常受到外部网络的攻击。小顾将这一情况反馈给张经理。张经理告诉小顾，不对服务器进行安全设置确实是一种非常"不专业"的做法。为了提高开发服务器的安全性，保证软件项目资源不被非法获取和恶意破坏，张经理决定使用 CentOS 7.6 自带的 firewalld"加固"开发服务器。下面是张经理的操作步骤。

第 1 步，登录到开发服务器，在终端窗口中使用 su - root 命令切换到 root 用户。

第 2 步，将 firewalld 的默认区域修改为工作区域，如例 6-32.1 所示。

例 6-32.1：配置服务器防火墙——查看并修改默认区域

```
[root@centos7 ~]# firewall-cmd --get-default-zone        // 查看当前默认区域
public
[root@centos7 ~]# firewall-cmd --set-default-zone work    // 修改默认区域
```

第 3 步，关联开发服务器的网络接口和工作区域，并把工作区域的默认处理规则设为拒绝，如例 6-32.2 所示。

例 6-32.2：配置服务器防火墙——关联开发服务器的网络接口和工作区域并设置默认处理规则

```
[root@centos7 ~]# firewall-cmd --zone=work --change-interface=ens33
[root@centos7 ~]# firewall-cmd --permanent --zone=work --set-target=REJECT
```

第 4 步，考虑到开发人员经常使用 FTP 服务上传和下载项目文件，张经理决定在防火墙中放行 FTP 服务，如例 6-32.3 所示。

例 6-32.3：配置服务器防火墙——放行 FTP 服务

```
[root@centos7 ~]# firewall-cmd --list-services
ssh dhcpv6-client
[root@centos7 ~]# firewall-cmd --zone=work --add-service=ftp   // 放行 FTP 服务
[root@centos7 ~]# firewall-cmd --list-services
ssh dhcpv6-client ftp
```

第 5 步，允许源于 192.168.62.0/24 子网的流量通过，即添加流量源，如例 6-32.4 所示。

例 6-32.4：配置服务器防火墙——添加流量源

```
[root@centos7 ~]# firewall-cmd --zone=work --add-source=192.168.62.0/24
```

第 6 步，将运行时配置添加到永久配置中，如例 6-32.5 所示。

例 6-32.5：配置服务器防火墙——将运行时配置添加到永久配置中

```
[root@centos7 ~]# firewall-cmd --runtime-to-permanent
```

做完这个实验，张经理叮嘱小顾，对服务器的安全管理"永远在路上"，不能有丝毫松懈。张经理又向小顾详细讲解了安全风险的复杂性和多样性。张经理告诉小顾，应对安全风险最好的办法就是提高自身应对风险的能力，这就是"打铁还需自身硬"蕴含的道理。虽然小顾还不能完全理解张经理的深意，但他分明感觉肩上多了一份沉甸甸的责任……

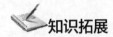 **知识拓展**

firewalld 还提供了一些更高级的功能，如 IP 地址伪装和端口转发等，读者可扫
描二维码详细了解相关内容。

知识拓展 6.2
firewalld 的其他功能

 **任务实训**

随着计算机网络技术的迅速发展和普及，计算机受到的安全威胁越来越多，信息安全也越来越受
人们重视。防火墙是提高计算机安全等级，减少外部恶意攻击和破坏的重要手段。

【实训目的】

（1）理解防火墙的重要作用和意义。

（2）熟悉 firewalld 的基本概念和常用配置命令。

【实训内容】

在本任务中，将对一台安装了 CentOS 7.6 的虚拟机配置 firewalld，具体要求如下。

（1）将 firewalld 的默认区域设为内部区域。

（2）关联虚拟机的网络接口和默认区域，并将默认区域的默认处理规则设为接受。

（3）在防火墙中放行 DNS 和 HTTP 服务。

（4）允许所有 ICMP 类型的网络流量通过。

（5）允许源端口是 2046 的网络流量通过。

（6）将运行时配置添加到永久配置中。

任务 6.3　配置远程桌面

 任务陈述

经常使用 Windows 操作系统的用户非常熟悉远程桌面。启用远程桌面功能后，可以在一台本地计
算机（远程桌面客户端）中控制网络中的另一台计算机（远程桌面服务器），并在其中执行各种操作，
就像使用本地计算机一样。Linux 操作系统为计算机网络提供了强大的支持，当然也包含远程桌面功
能。本任务将介绍两种在 Linux 操作系统中实现远程桌面连接的方法。

 知识准备

6.3.1　VNC 远程桌面

1. VNC 工作流程

虚拟网络控制台（Virtual Network Console，VNC）是一款非常优秀的远程控制软件。从工作原理
上讲，VNC 主要分为两部分，即 VNC Server（VNC 服务器）和 VNC Viewer（VNC 客户端），其工作
流程如下。

（1）用户从 VNC 客户端发起远程连接请求。

（2）VNC 服务器收到 VNC 客户端的请求后，要求 VNC 客户端提供远程连接密码。

（3）VNC 客户端输入密码并提交给 VNC 服务器验证。VNC 服务器验证密码的合法性及 VNC 客户端的访问权限。

（4）通过 VNC 服务器的验证后，VNC 客户端请求 VNC 服务器显示远程桌面环境。

（5）VNC 服务器利用 VNC 通信协议将桌面环境传送至 VNC 客户端，并允许 VNC 客户端控制 VNC 服务器的桌面环境及输入设备。

2. 启动 VNC 服务

需要先安装 VNC 服务器软件才能启动 VNC 服务，具体安装方法参见本任务的【任务实施】部分的实验 1。在终端窗口中启动 VNC 服务的命令语法如下。

```
vncserver :桌面号
```

VNC 服务器为每个 VNC 客户端分配一个桌面号，编号从 1 开始。注意，vncserver 命令和冒号之间有空格。如果要关闭 VNC 服务，则可以使用-kill 选项，如 "vncserver -kill :*桌面号*"。

VNC 服务器使用的 TCP 端口号从 5900 开始。桌面号 1 对应的端口号为 5901（5900+1），桌面号 2 对应的端口号为 5902，以此类推。可以使用 netstat 命令检查某个桌面号对应的端口是否处于监听状态。

使用 VNC 服务时，还需要安装 VNC 客户端，如 RealVNC。具体使用方法参见本任务的【任务实施】部分的实验 1。

V6-9　配置 VNC
远程桌面

6.3.2　OpenSSH

1. SSH 服务

常见的网络服务协议，如 FTP 和远程登录协议 Telnet 等都是不安全的网络协议。一方面是因为这些协议在网络中使用明文传输数据；另一方面，这些协议的安全验证方式存在缺陷，很容易受到中间人攻击。所谓的中间人攻击，可以理解为攻击者在通信双方之间安插一个 "中间人"（一般是计算机）的角色，由中间人进行信息转发，从而实现信息篡改或信息窃取。

安全外壳（Secure Shell，SSH）协议是专为提高网络服务的安全性而设计的安全协议。使用 SSH 协议提供的安全机制，可以对数据进行加密传输，有效防止在远程管理过程中出现信息泄露问题。另外，使用 SSH 协议传输的数据是经过压缩的，可以提高数据的传输速度。

SSH 服务由客户端和服务器两部分组成。SSH 服务在客户端和服务器之间提供了两种级别的安全验证。第 1 种级别是基于口令的安全验证，SSH 客户端只要知道服务器的账号和密码就可以登录到远程服务器。这种安全验证方式可以实现数据的加密传输，但是不能防止中间人攻击。第 2 种级别是基于密钥的安全验证，这要求 SSH 客户端创建一对密钥，即公钥和私钥。详细的密钥验证原理这里不展开讨论。

配置 SSH 服务器时要考虑是否允许以 root 用户身份进行登录。root 用户权限太大，可以修改 SSH 配置文件以禁止 root 用户登录 SSH 服务器，降低系统安全风险。

2. OpenSSH

OpenSSH 是一款开源的 SSH 软件，基于 SSH 协议实现数据加密传输。OpenSSH 在 CentOS 7.6 中是默认安装的。OpenSSH 的守护进程是 sshd，主配置文件为*/etc/ssh/sshd_config*。使用 OpenSSH 自带的 ssh 命令可以访问 SSH 服务器。ssh 命令的基本语法如下。

V6-10　配置
OpenSSH 服务器

```
ssh [ -p port ] username@ip_address
```

其中，*username* 和 *ip_address* 分别表示 SSH 服务器的用户名和 IP 地址。如果不指定 *port* 参数，则 ssh 命令使用 SSH 服务的默认监听端口，即 TCP 的 22 号端口，可以在 SSH 主配置文件中修改此端口，以免受到攻击。

任务实施

实验1：配置 VNC 远程桌面

自从部署好开发服务器，小顾就经常和张经理到公司机房中进行各种日常维护。小顾想知道能不能远程连接开发服务器，这样就能在办公室完成日常维护工作。张经理本来也有这个打算，所以就利用这个机会向小顾演示了如何配置开发服务器的远程桌面。张经理先指导小顾在 CentOS 7.6 中完成实验，再到开发服务器中进行部署。虚拟机的网络连接方式是 NAT 模式，IP 地址为 192.168.100.100。下面是张经理的操作步骤。

第 1 步，在 CentOS 7.6 中安装 VNC 服务器软件，如例 6-33.1 所示。

例 6-33.1：配置 VNC 远程桌面——安装 VNC 服务器软件

```
[root@centos7 ~]# yum install tigervnc-server -y        // 安装 VNC 服务器软件
```

第 2 步，启用 VNC 服务，开放 1 号桌面，使用 netstat 命令检查桌面 1 对应的 TCP 端口是否处于监听状态，如例 6-33.2 所示。

例 6-33.2：配置 VNC 远程桌面——启用 VNC 服务

```
[root@centos7 ~]# vncserver :1
Password:        <== 设置 VNC 密码
Verify:          <== 确认设置 VNC 密码
Would you like to enter a view-only password (y/n)? n        <== 输入 n
[zys@centos7 ~]$ netstat -an | grep 5901
tcp      0    0    0.0.0.0:5901            0.0.0.0:*            LISTEN
tcp6     0    0    :::5901                 :::*                LISTEN
```

第 3 步，关闭防火墙。VNC 远程连接可能因为防火墙的限制而失败，这里先简单地关闭防火墙以保证 VNC 远程连接成功，如例 6-33.3 所示。

例 6-33.3：配置 VNC 远程桌面——关闭防火墙

```
[root@centos7 ~]# systemctl stop firewalld        // 关闭防火墙
[root@centos7 ~]# firewall-cmd --state            // 查询防火墙状态
not running              <== 防火墙已关闭
```

这样就完成了 VNC 服务器的安装和配置，下面要在 VNC 客户端上通过 RealVNC 软件测试 VNC 远程连接。张经理将物理机作为 VNC 客户端，并提前在物理机中安装了 RealVNC 软件。

第 4 步，运行 RealVNC 软件，输入 VNC 服务器的 IP 地址和桌面号，单击【Connect】按钮，发起 VNC 远程连接，如图 6-13 所示。

第 5 步，在弹出的对话框中输入 VNC 远程连接密码，单击【OK】按钮，如图 6-14 所示。

图 6-13　发起 VNC 远程连接

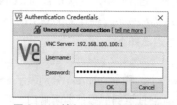

图 6-14　输入 VNC 远程连接密码

如果密码验证通过，则可以进入 CentOS 桌面，即 VNC 远程连接成功，如图 6-15 所示。单击窗口上方工具栏中的【关闭连接】按钮即可结束 VNC 远程连接。

张经理告诉小顾，配置 VNC 服务器不涉及配置文件，因此过程比较简单。下面要介绍的配置 OpenSSH 服务器的操作会相对困难一些，需要格外小心。

图 6-15　VNC 远程连接成功

实验 2：配置 OpenSSH 服务器

本实验需要使用两台安装了 CentOS 7.6 的虚拟机分别作为 SSH 服务器和客户端，主机名分别为 sshserver 和 sshclient，IP 地址分别为 192.168.100.100 和 192.168.100.110，网络连接方式采用 NAT 模式。张经理向小顾演示了基于口令的 SSH 安全验证方式，下面是张经理的操作步骤。

第 1 步，在 SSH 服务器上启用 SSH 服务并关闭防火墙，如例 6-34.1 所示。

例 6-34.1：配置 OpenSSH 服务器——启用 SSH 服务并关闭防火墙

```
[root@sshserver ~]# systemctl restart sshd          // 启用 SSH 服务
[root@sshserver ~]# netstat -an | grep :22          // 检查 SSH 监听端口
tcp      0    0   0.0.0.0:22        0.0.0.0:*        LISTEN
tcp6     0    0   :::22             :::*            LISTEN
[root@sshserver ~]# systemctl stop firewalld
```

第 2 步，在 SSH 客户端中访问 SSH 服务，如例 6-34.2 所示。张经理告诉小顾，基于口令的安全验证基本上不需要配置，直接启用 SSH 服务即可（可能需要设置防火墙）。但这种做法其实非常不安全，因为 root 用户的权限太大，以 root 用户的身份远程访问 SSH 服务会给 SSH 服务器带来一定的安全隐患。

例 6-34.2：配置 OpenSSH 服务器——访问 SSH 服务

```
[zys@sshclient ~]$ ssh root@192.168.100.100
Are you sure you want to continue connecting (yes/no)? yes    <== 确认
root@192.168.100.100's password:        <== 输入密码
Last login: Sun Dec 4 14:08:03 2022
[root@sshserver ~]# exit                 // 退出远程登录
登出
[zys@sshclient ~]$
```

第 3 步，修改 SSH 主配置文件，禁止以 root 用户的身份访问 SSH 服务，同时修改 SSH 服务的监听端口，如例 6-34.3 所示。注意，修改 SSH 主配置文件之后一定要重启 SSH 服务。

例 6-34.3：配置 OpenSSH 服务器——修改 SSH 主配置文件

```
[root@sshserver~]# cat /etc/ssh/sshd_config
Port 22345                <== 修改 SSH 服务默认的监听端口为 22345
PermitRootLogin no        <== 禁止 root 用户使用 SSH 服务
```

第 4 步，重启 SSH 服务，如例 6-34.4 所示。重启 SSH 服务前先使用 semanage 命令修改 SELinux 默认目录的安全上下文。张经理提醒小顾要记得使用 netstat 命令检查 SSH 服务端口是否处于监听状态。

例 6-34.4：配置 OpenSSH 服务器——重启 SSH 服务

```
[root@sshserver~]# semanage port -a -t ssh_port_t -p tcp 22345
```

```
[root@sshserver ~]# systemctl  restart  sshd
[root@sshserver ~]# netstat  -an  |  grep  :22345
tcp     0     0    0.0.0.0:22345         0.0.0.0:*        LISTEN
tcp6    0     0    :::22345              :::*             LISTEN
```

第 5 步，使用 ssh 命令默认访问 SSH 服务，但是这一次要使用-p 选项指定新的 SSH 监听端口，如例 6-34.5 所示。此例中前两次连接都以失败告终，张经理让小顾根据错误提示分析失败的具体原因。第 3 次以软件开发中心负责人用户 ss 的身份发起连接，且指定远程端口为 22345，结果显示连接成功。

例 6-34.5：配置 OpenSSH 服务器——指定端口访问 SSH 服务

```
[zys@sshclient ~]# ssh  root@192.168.100.100
ssh: connect to host 192.168.100.100 port 22: Connection refused    <== 连接 22
号端口被拒绝
[zys@sshclient ~]$ ssh  root@192.168.100.100  -p  22345
root@192.168.100.100's password:      <== 输入密码
Permission denied, please try again.   <== 访问被拒绝
[zys@sshclient ~]$ ssh  ss@192.168.100.100  -p  22345
ss@192.168.100.100's password:      <== 输入密码
[ss@sshserver ~]$ exit
[zys@sshclient ~]$
```

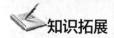**知识拓展**

SSH 服务还提供了基于密钥的安全验证方式，这样在登录 SSH 服务器时不用每次都输入密码，读者可扫描二维码详细了解具体配置方法。

知识拓展 6.3　基于密钥的安全验证

**任务实训**

利用远程桌面可以连接到 Linux 服务器进行各种操作。本实训的主要任务是配置 VNC 远程桌面和 OpenSSH 服务器，远程连接到安装 CentOS 7.6 的虚拟机。

【实训目的】

（1）理解远程桌面的基本概念和用途。

（2）理解 VNC 的工作机制。

（3）理解 SSH 服务的两种安全验证方式。

【实训内容】

按照以下步骤完成远程桌面连接练习。

（1）准备一台安装了 CentOS 7.6 的虚拟机作为远程桌面服务器。配置虚拟机服务器网络，保证虚拟机和物理机网络连通。

（2）在终端窗口中使用 su - root 命令切换到 root 用户，配置 YUM 源，安装 VNC 服务器软件。

（3）启用 VNC 服务，使用 netstat 命令查看相应端口是否处于监听状态。

（4）使用物理机作为 VNC 客户端，在物理机中安装 RealVNC 软件。

（5）运行 RealVNC 软件，输入 VNC 服务器的 IP 地址及桌面号，测试 VNC 远程桌面连接。

（6）在远程桌面服务器上启用 SSH 服务，检查 22 号端口是否处于监听状态。

（7）再准备一台安装了 CentOS 7.6 的虚拟机作为 SSH 客户端。在 SSH 客户端中使用 ssh 命令连接

SSH 服务器，尝试能否连接成功。

（8）在 SSH 服务器中修改 SSH 主配置文件，禁止 root 用户登录 SSH 服务器，修改 SSH 服务端口为 12123，端口修改成功后重启 SSH 服务。

（9）在 SSH 客户端中再次使用 ssh 命令连接 SSH 服务器，观察能否连接成功。

项目小结

Linux 操作系统具有十分强大的网络功能和丰富的网络工具。作为 Linux 系统管理员，在日常工作中经常会遇到和网络相关的问题，因此必须熟练掌握 Linux 操作系统的网络配置和网络排错方法。任务 6.1 介绍了 4 种网络配置方法，每种方法都有不同的特点。任务 6.1 还介绍了几个常用的网络命令，这些命令有助于大家配置和调试网络。应对网络安全风险是网络管理员的重要职责，防火墙是网络管理员经常使用的安全工具。任务 6.2 介绍了 CentOS 7.6 自带的 firewalld 的基本概念和配置方法。远程桌面是计算机用户经常使用的网络服务之一，利用远程桌面可以方便地连接到远程服务器进行各种管理操作。任务 6.3 介绍了两种配置 Linux 远程桌面的方法。第 1 种方法是使用 VNC 远程桌面软件，操作比较简单；第 2 种方法是配置 SSH 服务器，可以修改 SSH 主配置文件以增加 SSH 服务器的安全性。

项目练习题

1. 选择题

（1）在 VMware 中，物理机与虚拟机在同一网段中，虚拟机可直接利用物理网络访问外网，这种网络连接方式是（   ）。

  A．桥接模式　　　　B．NAT 模式　　　　C．仅主机模式　　　　D．DHCP 模式

（2）在 VMware 中，物理机为虚拟机分配不同于自己网段的 IP 地址，虚拟机必须通过物理机才能访问外网，这种网络连接方式是（   ）。

  A．桥接模式　　　　B．NAT 模式　　　　C．仅主机模式　　　　D．DHCP 模式

（3）在 VMware 中，虚拟机只能与物理机相互通信，这种网络连接方式是（   ）。

  A．桥接模式　　　　B．NAT 模式　　　　C．仅主机模式　　　　D．DHCP 模式

（4）有两台运行 Linux 操作系统的计算机，主机 A 的用户能够通过 ping 命令测试与主机 B 的连接，但主机 B 的用户不能通过 ping 命令测试与主机 A 的连接，可能的原因是（   ）。

  A．主机 A 的网络设置有问题

  B．主机 B 的网络设置有问题

  C．主机 A 与主机 B 的物理网络连接有问题

  D．主机 A 有相应的防火墙设置阻止了来自主机 B 的 ping 命令测试

（5）在计算机网络中，唯一标识一台计算机身份的是（   ）。

  A．子网掩码　　　　B．IP 地址　　　　C．网络地址　　　　D．DNS 服务器

（6）下列哪个命令可以测试两台计算机之间的连通性（   ）。

  A．nslookup　　　　B．nmcli　　　　C．ping　　　　D．arp

（7）要想测试两台计算机之间的报文传输路径，可以使用命令（   ）。

  A．ping　　　　B．traceroute　　　　C．nmcli　　　　D．nmtui

（8）以下不属于 netstat 命令功能的是（　　　）。

    A. 配置网络 IP 地址等信息　　　　　　B. 检测端口是否处于监听状态

    C. 查看路由表　　　　　　　　　　　　D. 查看网络服务状态

（9）网卡配置文件参数和 nmcli 命令参数的对应关系错误的是（　　　）。

    A. TYPE 对应 connection.type　　　　　B. IPADDR 对应 ipv4.addresses

    C. DOMAIN 对应 ipv4.dns-search　　　　D. GATEWAY 对应 ipv4.dns

（10）关于 SSH 服务，下列说法错误的是（　　　）。

    A. SSH 服务由客户端和服务器两部分组成

    B. SSH 提供基于口令的安全验证和基于密钥的安全验证

    C. SSH 服务默认的监听端口是 23

    D. 可以通过修改配置文件禁止 root 用户登录 SSH 服务器

2. 填空题

（1）VMware 的网络连接方式有_____、_____和_____。

（2）CentOS 7.6 的网卡配置文件默认保存在_____目录下。

（3）重启网络服务的命令是_____。

（4）命令 nmcli connection show 的作用是_____。

（5）SSH 服务默认的监听端口是_____。

3. 简答题

（1）简述 VMware 的 3 种网络连接方式。

（2）简述在 Linux 操作系统中配置网络的几种方法。

（3）简述 Linux 中常用的网络配置命令及其功能。

项目 7
网络服务配置与管理

07

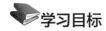**学习目标**

【知识目标】

（1）理解 Samba 服务的基本原理与文件结构。

（2）理解 NFS 服务的基本原理与文件结构。

（3）理解 DHCP 服务的基本原理。

（4）理解 DNS 服务的基本概念、功能和域名解析过程。

（5）理解 Web 服务的基本原理与工作过程。

（6）理解 FTP 服务的基本原理、工作模式和认证模式。

（7）理解邮件服务的基本概念与工作原理。

（8）理解数据库服务的基本概念与类型。

【能力目标】

（1）熟练掌握在 CentOS 7.6 中配置 YUM 源的方法。

（2）熟练掌握 Samba 服务器的配置和验证方法。

（3）熟练掌握 NFS 服务器的配置和验证方法。

（4）熟练掌握 DHCP 服务器的配置和验证方法。

（5）熟练掌握 DNS 服务器的配置和验证方法。

（6）熟练掌握 Apache 服务器的配置和验证方法。

（7）熟练掌握 FTP 服务器的配置和验证方法。

（8）熟练掌握邮件服务器的配置和验证方法。

（9）熟练掌握数据库服务器的配置和验证方法。

【素质目标】

（1）提高全面、客观分析问题的能力。

（2）形成认真负责的行为习惯。

引例描述

  软件开发中心正在筹建一间新的员工实训室，计划配备60台安装了Windows 10和CentOS 7.6 操作系统的计算机，专门用于新员工的培训。张经理是这间实训室的管理员，需要完成实训室的 基础网络配置，还要在实训室的一台服务器上配置常用的网络服务，包括Samba、DHCP、DNS、

Apache和FTP等，对外提供文件共享、动态IP地址分配、域名解析、Web访问和文件传输等服务。张经理把小顾叫到办公室，向他说明了这次任务。小顾对这些服务既熟悉又陌生。虽然小顾之前经常使用这些服务，但是他从来没有想过有一天自己要搭建一台服务器供他人使用。对小顾来说，这是一个完全未知的领域，但是他觉得这个任务非常有意义，于是决定接受这个挑战。小顾迫不及待地开始了网络服务配置与管理的学习。

任务 7.1　Samba 服务配置与管理

任务陈述

在实际的工作环境中，经常需要在 Windows 和 Linux 操作系统之间共享文件或打印机。虽然传统的 FTP 可以用来共享文件，但是它不能直接修改远程服务器中的文件。Linux 操作系统中有一款免费的 Samba 软件可以完美地解决这个问题。本任务主要介绍 Samba 服务的安装和配置。

知识准备

7.1.1　Samba 服务概述

Samba 主要用来在不同的操作系统之间提供文件和打印机共享服务。在正式讲解 Samba 服务的配置方式之前，先来了解一下 Samba 的工作原理。

1. Samba 的工作原理

Samba 基于网络基本输入/输出系统（Network Basic Input/Output System，NetBIOS）协议实现。根据 NetBIOS 协议的规定，在一个局域网中进行通信的主机必须有一个唯一的名称，这个名称被称为 NetBIOS Name。在 NetBIOS 协议中，两台主机的通信一般要经历以下两个步骤。

V7-1　认识Samba
服务

（1）登录对方主机。要想登录对方主机，对方主机和自己的主机必须加入相同的群组（Workgroup），在这个群组中，每台主机都有唯一的 NetBIOS Name，通过 NetBIOS Name 定位对方主机。

（2）访问共享资源。根据对方主机提供的权限访问共享资源。有时候，即使能够登录对方主机，也不代表可以访问其所有资源，这取决于对方主机开放了哪些资源及每种资源的访问权限。

Samba 服务通过以下两个后台守护进程来支持以上两个步骤。

（1）nmbd：用来处理和 NetBIOS Name 相关的名称解析服务及文件浏览服务。可以把它看作 Samba 自带的域名解析服务。默认情况下，nmbd 守护进程绑定到 UDP 的 137 和 138 号端口上。

V7-2　Samba
如何工作

（2）smbd：提供文件和打印机共享服务，以及用户验证服务，这是 Samba 服务的核心功能。默认情况下，smbd 守护进程绑定到 TCP 的 139 和 445 号端口上。

正常情况下，当启用 Samba 服务后，主机就会启用 137、138、139 和 445 号端口，并启用相应的 TCP/UDP 监听服务。

2. Samba 服务的搭建步骤

Samba 服务基于客户机/服务器模式运行。一般来说，搭建 Samba 服务需要经过以下几个步骤。

（1）安装 Samba 软件。Samba 本身是一款免费软件，但并不是所有的 Linux 发行版都会提供完整的 Samba 软件套件，需要安装一些额外的 Samba 软件包才能使用 Samba 服务。

（2）配置 Samba 服务端。Samba 服务的主配置文件中有许多参数需要配置，包括全局参数与共享参数等。这是搭建 Samba 服务的过程中最关键的一步。

（3）创建共享目录。在 Samba 服务端创建作为共享资源对外发布的目录，并设置适当的访问权限。

（4）添加 Samba 用户。Samba 用户不同于 Linux 操作系统用户，必须单独添加，但是添加 Samba 用户前必须先创建同名的 Linux 操作系统用户。

（5）启用 Samba 服务。配置好 Samba 服务端后即可启动 Samba 服务，也可以将其设置为开机自动启动。

（6）在 Samba 客户端访问共享资源。可以通过 Windows 或 Linux 客户端访问 Samba 服务。为了提高系统安全性，一般要求在 Samba 服务端输入 Samba 用户名和密码。

下面介绍如何安装 Samba 软件。

7.1.2 Samba 服务的安装与启停

CentOS 7.6 操作系统中默认安装了一些 Samba 软件包，但是需要安装一些额外的软件包才能使用 Samba 服务。安装 Samba 软件的方法如例 7-1 所示。

例 7-1：安装 Samba 软件

```
[root@centos7 ~]# yum install samba -y        // 一键安装 Samba 软件
[root@centos7 ~]# rpm -qa | grep samba        // 安装 Samba 软件后再次查看信息
samba-4.10.16-5.el7.x86_64
samba-client-libs-4.10.16-5.el7.x86_64
```

Samba 服务的启停非常简单。Samba 服务的后台守护进程名为 smb，启停 Samba 服务时，将 smb 作为参数代入表 5-4 所示的命令中即可。例如，使用 systemctl restart smb 命令可以重启 Samba 服务。

7.1.3 Samba 服务端配置

安装好 Samba 软件后，可以在*/etc/samba/*目录中看到 *smb.conf* 和 *smb.conf.example* 两个文件。*smb.conf* 是 Samba 服务的主配置文件，而 *smb.conf.example* 文件中有关于各个配置项的详细解释，可以供用户参考使用。

1. Samba 主配置文件

*smb.conf*文件中包含 Samba 服务的大部分参数配置，其文件结构如例7-2所示。

例 7-2：smb.conf 文件结构

```
[global]
      workgroup = SAMBA
      security = user
[homes]
      comment = Home Directories
```

V7-3　Samba
配置文件

```
        valid users = %S, %D%w%S
[printers]
        comment = All Printers
        path = /var/tmp
```

Samba 服务参数分为全局参数和共享参数两类，相应的，*smb.conf* 文件也分为全局参数配置和共享参数配置两大部分。参数配置的基本格式是"*参数名=参数值*"。*smb.conf* 文件中以"#"开头的行表示注释，以";"开头的行表示 Samba 服务可以配置的参数，它们都起注释说明的作用，可以忽略。

（1）全局参数

全局参数的配置对整个 Samba 服务器有效。在 *smb.conf* 文件中，"[global]"之后的部分表示全局参数。根据全局参数的内在联系，可以进一步将其分为网络相关参数、日志相关参数、名称解析相关参数、打印机相关参数、文件系统相关参数等。下面就一些经常使用的全局参数做简单介绍。

① 网络相关参数，如工作组名称、NetBIOS Name 等。其常用参数及含义如下。

a. workgroup = 工作组名称：设置局域网中的工作组名称，如 workgroup = MYGROUP，使用 Samba 服务的主机的工作组名称要相同。

b. netbios name = 主机 NetBIOS Name：同一工作组中的主机拥有唯一的 NetBIOS Name，如 netbios name=MYSERVER，这个名称不同于主机的主机名。

c. server string = 服务器描述信息：默认显示 Samba 版本，如 server string = Samba Server Version %v，建议将其修改为具有实际意义的服务器描述信息。

d. interfaces = 网络接口：如果服务器有多个网卡（网络接口），则可以指定 Samba 要监听的网络接口。可以指定网卡名称，也可以指定网卡的 IP 地址，如 interfaces = lo eth0 192.168.12.2/24。

e. hosts allow = 允许主机列表：设置主机"白名单"，白名单中的主机可以访问 Samba 服务器的资源。主机用其 IP 地址表示，多个 IP 地址之间用空格分隔。可以单独指定一个 IP 地址，也可以指定一个网段，如 hosts allow = 127. 192.168.12 192.168.62.213。

f. hosts deny = 禁止主机列表：设置主机"黑名单"，黑名单中的主机禁止访问 Samba 服务器的资源。hosts deny 的配置方式和 hosts allow 相同，如 hosts deny = 127. 192.168.12 192.168.62.213。

② 日志相关参数，用于设置日志文件的名称和大小。其常用参数及含义如下。

a. log file = 日志文件名：设置 Samba 服务器中日志文件的存储位置和日志文件的名称，如 log file = /var/log/samba/log.%m。

b. max log size = 最大容量：设置日志文件的最大容量，以 KB 为单位，值为 0 时表示不做限制。当日志文件的大小超过最大容量时，会对日志文件进行轮转，如 max log size = 50。

③ 安全性相关参数，主要用来设置密码安全性级别。其常用参数及含义如下。

a. security = 安全性级别：此设置会影响 Samba 客户端的身份验证方式，是 Samba 最重要的设置之一，如 security = user，security 可设置为 share、user、server 和 domain。其中，share 表示 Samba 客户端不需要提供账号和密码，安全性较低；user 使用得比较多，表示 Samba 客户端需要提供账号和密码，这些账号和密码保存在 Samba 服务器中并由 Samba 服务器负责验证账号和密码的合法性；server 表示账号和密码交由其他 Windows NT 或 Samba 服务器来验证，是一种代理验证；domain 表示指定由主域控制器进行身份验证。需要说明的是，在 Samba 4.0 中，share 和 server 的功能已被弃用。

b. passdb backend = 账号和密码存储方式：设置如何存储账号和密码，有 smbpasswd、tdbsam 和 ldapsam 3 种方式，如 passdb backend = tdbsam。

c. encrypt passwords = yes|no：设置是否对账号的密码进行加密，一般启用此选项，即 encrypt passwords = yes。

（2）共享参数

共享参数用来设置共享域的各种属性。共享域是指在 Samba 服务器中共享给其他用户的文件或打印机资源。设置共享域的格式是"[*共享名*]"，共享名表示共享资源对外显示的名称。共享域的属性及功能如表 7-1 所示。

表 7-1　共享域的属性及功能

共享域的属性	功能
comment	共享目录的描述信息
path	共享目录的绝对路径
browseable	共享目录是否可以浏览
public	是否允许用户匿名访问共享目录
read only	共享目录是否只读，当与 writable 发生冲突时，以 writable 为准
writable	共享目录是否可写，当与 read only 发生冲突时，忽略 read only
valid users	允许访问 Samba 服务的用户和用户组，格式为 valid users=*用户名* 或 valid users=@*用户组名*
invalid users	禁止访问 Samba 服务的用户和用户组，格式同 valid users
read list	对共享目录只有读权限的用户和用户组
write list	可以在共享目录中进行写操作的用户和用户组
hosts allow	允许访问该 Samba 服务器的主机 IP 地址或网络
hosts deny	不允许访问该 Samba 服务器的主机 IP 地址或网络

[homes]和[printers]是两个特殊的共享域。其中，[homes]表示共享用户的主目录，当使用者以 Samba 用户身份登录 Samba 服务器后，会看到自己的主目录，目录名称和用户的用户名相同；[printers]表示共享打印机。[homes]共享域配置示例如例 7-3 所示。

例 7-3：[homes]共享域配置示例

```
[homes]
    comment = Home Directory
    browseable = no
    writable = yes
    valid users = %S
```

还可以根据需要自定义共享域。例如，要共享 Samba 服务器中的*/ito/pub/*目录，共享名是"ITO"，ito 用户组的所有用户都对其有访问权限，但只有用户 ss 对其具有完全控制权限，如例 7-4 所示。

例 7-4：自定义共享域

```
[ITO]
    comment =ITO's Public Resource
    path = /ito/pub
    browseable = yes
    writable = no
    admin users = ss
    valid users = @ito
```

在例 7-4 中，虽然共享目录在服务器中的实际路径是*/ito/pub/*，但是使用者看到的名称是 ITO。请思考：为什么要为共享资源设置一个不同的共享名？

（3）参数变量

在前面关于全局参数和共享参数的介绍中，使用了"%v""%m"的写法，其实这样是为了简化配置，Samba 为用户提供了参数变量。在 *smb.conf* 文件中，参数变量就像是"占位符"，其会被实际的参数值取代。

在例 7-3 中，[homes]共享域有一行配置是"valid users = %S"。其中，valid users 表示可以访问 Samba 服务的用户白名单，而"%S"表示当前登录的用户，因此此行表示只要能成功登录 Samba 服务器的用户都可以访问 Samba 服务。如果现在的登录用户是 siso，那么[homes]就会自动变为[siso]，用户 siso 能看到自己在 Samba 服务器中的主目录。

2. 管理 Samba 用户

为了提高 Samba 服务的安全性，一般要求使用者在 Samba 客户端以某个 Samba 用户的身份登录 Samba 服务器。Samba 用户必须对应一个同名的 Linux 操作系统用户，也就是说，创建 Samba 用户之前要先创建一个同名的 Linux 操作系统用户。不同于 Linux 操作系统用户的配置文件 */etc/passwd*，Samba 用户的用户名和密码都保存在 */etc/samba/smbpasswd* 文件中。

V7-4　系统用户与
Samba 用户

管理 Samba 用户的命令是 smbpasswd，其基本语法如下。

```
smbpasswd [-axden] [用户名]
```

如果现在要创建一个 Samba 用户 smb1，则可以按照例 7-5 所示的方法进行操作。

例 7-5：创建 Samba 用户

```
[root@centos7 ~]# useradd  smb1            // 创建 Linux 操作系统用户
[root@centos7 ~]# passwd  smb1             // 设置 Linux 操作系统用户的密码
新的 密码：                                 <== 输入密码
重新输入新的 密码：                          <== 再次输入密码
passwd: 所有的身份验证令牌已经成功更新。
[root@centos7 ~]# smbpasswd -a  smb1       // 创建 Samba 用户并设置密码
New SMB password:                          <== 输入密码
Retype new SMB password:                   <== 再次输入密码
Added user smb1.
```

Samba 服务端的配置主要包括以上内容。在本任务的【任务实施】部分将会介绍如何在 Samba 客户端验证 Samba 服务。

任务实施

从本任务开始，编者从最近几年的全国职业院校技能大赛网络系统管理赛项的试题库中选择了有代表性的网络服务器相关试题，作为任务实施的案例。这样既可以为网络专业的学生备战技能大赛提供专业指导，又能让学生了解在实际业务场景中搭建网络服务器的步骤，提高学生解决实际问题的能力。

实验：搭建 Samba 服务器

本任务案例选自 2022 年全国职业院校技能大赛网络系统管理赛项试题库，稍做了修改。

某集团总部为了更好地管理各分部数据，促进各分部间的信息共享，需要建立一个小型的数据中心服务器，以达到快速、可靠地交换数据的目的。数据中心服务器安装了 CentOS 7.6 操作系统，现要在其上部署 Samba 服务，具体要求如下。

（1）将 Samba 服务器主机名设为 appsrv，IP 地址为 192.168.100.100。

（2）在 Samba 服务器中创建 Samba 共享目录，本地目录为*/data/share*，共享名为 *docs*；仅允许 IP 地址为 192.168.100.110 的主机访问该目录；仅允许用户 zsuser 上传文件，其他用户只有读权限。

（3）在 Samba 服务器中创建 Samba 共享目录，本地目录为*/data/public*，共享名为 *pubdoc*；允许匿名访问；所有用户都能上传文件。

（4）分别在 Linux 客户端和 Windows 客户端上访问并验证 Samba 服务。Linux 客户端的主机名为 smbcli，IP 地址为 192.168.100.110；Windows 客户端的 IP 地址为 192.168.100.120。

本任务所用的 Samba 服务网络拓扑结构如图 7-1 所示。这 3 台主机都是安装在 VMware 中的虚拟机，虚拟机的网络连接采用了 NAT 模式。

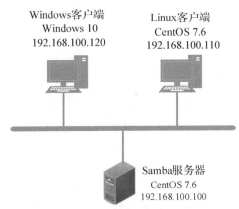

图 7-1　Samba 服务网络拓扑结构

下面是完成本任务的主要步骤。

1. Samba 服务器的配置

第 1 步，在 Samba 服务器中安装 Samba 软件、设置 IP 地址，具体操作这里不再演示。修改 Samba 服务器的主机名，如例 7-6.1 所示。设置完成后，退出终端窗口并重新登录系统。

例 7-6.1：搭建 Samba 服务器——修改 Samba 服务器的主机名

```
[root@centos7 ~]# hostnamectl set-hostname appsrv
[root@centos7 ~]# exit
[zys@centos7 ~]$ su - root
[root@appsrv ~]#        // 主机名已更新
```

第 2 步，新建系统用户 zsuser，同时将原有的本地用户 ss 升级为 Samba 用户，如例 7-6.2 所示。

例 7-6.2：搭建 Samba 服务器——新建系统用户和 Samba 用户

```
[root@appsrv ~]# useradd zsuser
[root@appsrv ~]# passwd zsuser
[root@appsrv ~]# smbpasswd -a zsuser
[root@appsrv ~]# smbpasswd -a ss
```

第 3 步，创建本地共享目录并设置其权限，如例 7-6.3 所示。

例 7-6.3：搭建 Samba 服务器——创建本地共享目录并设置其权限

```
[root@appsrv ~]# mkdir -p /data/share /data/public
[root@appsrv ~]# chown zsuser:zsuser /data/share
[root@appsrv ~]# chmod 777 /data/public
```

```
[root@appsrv ~]# ls -l /data
drwxrwxrwx.  2  root    root    6  12月 4 16:43    /data/public
drwxr-xr-x.  2  zsuser  zsuser  6  12月 4 16:43    /data/share
```

第4步，根据要求添加共享域并设置相应参数，如例7-6.4所示。

例7-6.4：搭建 Samba 服务器——添加共享域并设置相应参数

```
[root@smbsrv ~]# vim /etc/samba/smb.conf
[docs]
        path = /data/share
        writable = yes
        hosts allow = 192.168.100.110
        hosts deny = all
[pubdoc]
        path = /data/public
        writable = yes
        guest ok = yes
```

第5步，重启 Samba 服务。为了避免 Samba 服务受网络安全设置的影响，这里暂时关闭防火墙并调整 SELinux 的安全策略，如例7-6.5所示。注意，在生产环境中，应根据业务需求合理设置网络服务放行策略。

例7-6.5：搭建 Samba 服务器——重启 Samba 服务

```
[root@smbsrv ~]# systemctl restart smb
[root@smbsrv ~]# systemctl stop firewalld
[root@smbsrv ~]# setenforce 0
[root@smbsrv ~]# getenforce
Permissive
```

至此，已完成 Samba 服务器的配置，接下来先在 Linux 客户端上使用 smbclient 工具进行验证。

2. Linux 客户端验证

第6步，按照第1步的方法设置 Linux 客户端的主机名，如例7-6.6所示。按照项目6中介绍的方法设置 Linux 客户端主机的 IP 地址为192.168.100.110，并使用 ping 命令检查客户端和 Samba 服务器之间的网络连通性，如例7-6.6所示。

例7-6.6：搭建 Samba 服务器——设置 Linux 客户端的主机名并验证网络连通性

```
[root@centos7 ~]# hostnamectl set-hostname smbcli
[root@centos7 ~]# exit
[zys@centos7 ~]$ su - root
[root@smbcli ~]# ifconfig ens33
ens33: flags=4163<UP,BROADCAST,RUNNING,MULTICAST>  mtu 1500
        inet 192.168.100.110 netmask 255.255.255.0 broadcast 192.168.100.255
[root@smbcli ~]# ping 192.168.100.100
PING 192.168.100.100 (192.168.100.100) 56(84) bytes of data.
64 bytes from 192.168.100.100: icmp_seq=1 ttl=64 time=0.498 ms
```

第7步，在 Linux 客户端上安装 smbclient 工具以验证 Samba 服务，如例7-6.7所示。smbclient 工具是 Samba 服务套件的一部分，它在 Linux 终端窗口中为用户提供了一种交互式工作环境，允许用户通过某些命令访问 Samba 共享资源。必须在安装 samba-client 软件包后才能使用 smbclient 工具。

例 7-6.7：搭建 Samba 服务器——安装 smbclient 工具

```
[root@smbcli ~]# yum install samba-client -y
```

smbclient 命令的基本语法如下。

```
smbclient [服务名] [选项]
```

其中，"服务名"就是要访问的共享资源，格式为"*//server/service*"，*server* 是 Samba 服务器的 NetBIOS Name 或 IP 地址，*service* 是共享名。

第 8 步，新建测试文件，使用用户 zsuser 访问 Samba 服务器的 *docs* 共享目录，测试文件上传权限，如例 7-6.8 所示。可以看到，用户 zsuser 成功上传了测试文件 *file1*，说明用户 zsuser 对 *docs* 共享目录具有写权限。注意，在 smbclient 的交互环境中，可以使用很多命令直接管理共享资源，如 ls、cd、lcd、get、mget、put、mput 等。关于这些命令的详细用法可参阅其他相关书籍，这里不再深入讨论。

例 7-6.8：搭建 Samba 服务器——使用用户 zsuser 访问 docs 共享目录

```
[zys@smbcli ~]$ touch file1 file2 file3        // 以普通用户身份执行操作
[zys@smbcli ~]$ smbclient //192.168.100.100/docs  -U zsuser
Enter SAMBA\zsuser's password:     <== 输入用户 zsuser 的 Samba 密码
smb: \> put file1                  <== 上传测试文件
smb: \> ls                         <== 查看服务器中的文件
  file1      A      0 Sun Dec 4 19:41:55 2022
smb: \> quit <== 退出交互环境
```

第 9 步，使用用户 ss 访问 *docs* 共享目录，测试文件上传权限，如例 7-6.9 所示。可以看到，用户 ss 上传测试文件 *file2* 时收到访问拒绝的错误提示，说明用户 ss 对 *docs* 共享目录没有写权限。

例 7-6.9：搭建 Samba 服务器——使用用户 ss 访问 docs 共享目录

```
[zys@smbcli ~]$ smbclient //192.168.100.100/docs  -U ss
Enter SAMBA\ss's password:
smb: \> put file2
NT_STATUS_ACCESS_DENIED opening remote file \file2
smb: \> quit
```

第 10 步，使用用户 ss 访问 *pubdoc* 共享目录，测试文件上传权限，如例 7-6.10 所示。可以看到，用户 ss 成功上传了测试文件 *file2*，说明用户 ss 对 *pubdoc* 共享目录具有写权限。

例 7-6.10：搭建 Samba 服务器——使用用户 ss 访问 pubdoc 共享目录

```
[zys@smbcli ~]$ smbclient //192.168.100.100/pubdoc  -U ss
Enter SAMBA\ss's password:
smb: \> put file2
smb: \> ls
  file2          A  、   0 Sun Dec 4 19:55:46 2022
smb: \> quit
```

第 11 步，使用匿名用户访问 *pubdoc* 共享目录，测试文件上传权限，如例 7-6.11 所示。当-U 选项后面没有用户名时，默认以当前用户身份登录。当系统提示输入密码时，直接按 Enter 键即可，不要输入任何密码，即表示以匿名用户身份登录。可以看到，匿名用户成功上传了测试文件 *file3*，说明匿名用户对 *pubdoc* 共享目录也具有写权限。

例 7-6.11：搭建 Samba 服务器——使用匿名用户访问 pubdoc 共享目录

```
[zys@smbcli ~]$ smbclient //192.168.100.100/pubdoc -U        // 匿名用户登录
Enter SAMBA\zys's password:    <== 这里直接按 Enter 键，不要输入任何密码
Anonymous login successful     <== 匿名用户登录成功
smb: \> put file3
putting file file3 as \file3 (0.0 kb/s) (average 0.0 kb/s)
smb: \> ls
  file2              A        0  Sun Dec  4 19:55:46 2022
  file3              A        0  Sun Dec  4 19:57:32 2022
smb: \> quit
```

3. Windows 客户端验证

第 12 步，Windows 客户端的 IP 地址为 192.168.100.120，先使用 ping 命令测试 Windows 客户端与 Samba 服务器之间的网络连通性，如例 7-6.12 所示。

例 7-6.12：搭建 Samba 服务器——测试 Windows 客户端与 Samba 服务器之间的网络连通性

```
C:\Users\Administrator>ping 192.168.100.100
正在 Ping 192.168.100.100 具有 32 字节的数据：
来自 192.168.100.100 的回复：字节=32 时间<1ms TTL=64
来自 192.168.100.100 的回复：字节=32 时间<1ms TTL=64
```

第 13 步，在 Windows 客户端上，依次选择【开始】→【附件】→【运行】选项，弹出【运行】对话框，在【打开】文本框中输入 Samba 服务器的访问路径"\\192.168.100.100"，如图 7-2（a）所示，单击【确定】按钮，弹出【Windows 安全性】对话框，输入用户名 zsuser 及其密码（注意，这里要输入 Samba 用户的密码，而不是 Linux 系统本地用户的密码），如图 7-2（b）所示。验证通过后可以看到 Samba 服务器的共享资源，如图 7-3 所示。

（a）   （b）

图 7-2 输入 Samba 服务器的路径、Samba 用户名及密码

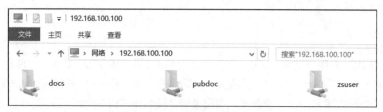

图 7-3 Samba 服务器的共享资源

第 14 步，在图 7-3 中，双击 *docs* 目录，会得到拒绝访问的提示。因为这个共享目录只允许 IP 地址为 192.168.100.110 的主机访问。双击 *pubdoc* 目录，可以进入该共享目录，且可以新建文本文件 *file4*，如图 7-4 所示。

图 7-4　访问 pubdoc 共享目录并新建文本文件

第 15 步，在 Windows 客户端上，还可以通过映射网络驱动器的方式访问 Samba 服务端的共享资源。鼠标右键单击桌面上的【计算机】图标，在弹出的快捷菜单中选择【映射网络驱动器】选项；或者双击【计算机】图标，选择【工具】→【映射网络驱动器】选项。弹出【映射网络驱动器】对话框，输入 Samba 服务器共享资源的路径，如图 7-5（a）所示。单击【完成】按钮，输入用户名和密码，计算机中会出现网络驱动器共享目录，如图 7-5（b）所示。这样即可方便地访问 Samba 服务器的共享目录。

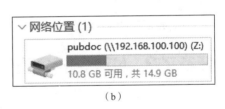

（a）　　　　　　　　　　　　　（b）

图 7-5　【映射网络驱动器】对话框和网络驱动器共享目录

 知识拓展

在搭建网络服务器的过程中，经常遇到配置正确却不能正常访问服务器的情况。一个可能的原因是忘记或未能正确配置服务器安全策略，主要是防火墙和 SELinux，读者可扫描二维码详细了解具体内容。

知识拓展 7.1　配置服务器安全策略

任务实训

本实训的主要任务是在 CentOS 7.6 操作系统中搭建 Samba 服务器，并使用 Windows 和 Linux 客户端分别进行验证。

【实训目的】

（1）理解 Samba 服务的工作原理。

（2）掌握配置本地 YUM 源的方法。

（3）掌握 Samba 主配置文件的结构和常用参数的使用。

（4）熟练使用 Windows 和 Linux 客户端验证 Samba 服务。

【实训内容】

根据图 7-1 所示的网络拓扑结构安装 3 台虚拟机，并按照以下步骤完成 Samba 服务器的搭建和验证。

（1）使用系统镜像文件搭建本地 YUM 源，安装 Samba 软件，包括 Samba 服务端软件包和客户端软件包。

（2）添加 Linux 系统用户 smbuser1 和 smbuser2，并创建同名的两个 Samba 用户。

（3）在 Samba 服务器中新建目录*/sie/pub*，smbuser1 对其具有读写权限，而 smbuser2 对其只有读权限。

（4）修改 Samba 主配置文件，具体要求如下。

① 修改工作组为 SAMBAGROUP。

② 注释掉[homes]和[printers]的内容。

③ 共享目录为*/sie/pub*，共享名为 *siepub*。

④ *siepub* 共享目录可浏览且可写，但禁止匿名访问。

⑤ 只有 smbuser1 和 smbuser2 可以登录 Samba 服务器。

（5）修改防火墙设置，放行 Samba 服务。

（6）修改 SELinux 安全策略为允许模式。

（7）启用 Samba 服务。

（8）在 Windows 客户端上验证 Samba 服务。分别以 smbuser1 和 smbuser2 用户的身份登录系统并在*/sie/pub* 中新建文件。观察这两个用户是否都有权限新建文件，如果没有权限新建文件，则查找问题原因并尝试解决。

（9）在 Linux 客户端上验证 Samba 服务。

任务 7.2　NFS 服务配置与管理

任务陈述

除了任务 7.1 介绍的 Samba 服务，NFS 服务也能实现异构系统之间的文件共享。NFS 服务采用了客户机/服务器架构。这种透明且高性能的文件共享方式使得 NFS 获得了广泛应用。本任务主要介绍 NFS 服务的特点和配置方法，最后通过实际案例演示 NFS 服务的具体应用。

知识准备

7.2.1　NFS 服务概述

网络文件系统（Network File System，NFS）是当前主流的异构平台共享文件系统，支持用户在不同的系统之间通过网络共享文件。NFS 的异构特性支持 NFS 客户端和 NFS 服务器分属不同的计算机、操作系统或网络架构。NFS 服务器是文件资源的实际存放地，NFS 客户端能够像访问本地资源一样访问 NFS 服务器中的文件资源。NFS 具有以下 3 个优点。

（1）NFS 提供透明文件访问及文件传输服务。这里的"透明"是指对于 NFS 客户端来说，访问本地资源和访问 NFS 服务器中文件资源的方式是相同的。

（2）NFS 能发挥数据集中的优势，降低了 NFS 客户端的存储空间需求。NFS 服务端相当于文件的"蓄水池"，NFS 客户端根据需要从 NFS 服务器获取"水源"。在 NFS 服务器上扩充存储空间时，不需要改变 NFS 客户端的工作环境。

（3）NFS 配置灵活，性能优异。NFS 配置不算复杂，且能够根据不同的应用需要灵活调整。

需要注意的是，虽然 NFS 提供了文件网络共享和远程访问服务，但 NFS 本身并不具备文件传输功能。NFS 使用远程过程调用（Remote Procedure Call，RPC）实现文件传输，RPC 定义了进程间通过网络进行交互的机制。简单来说，RPC 封装 NFS 请求，在 NFS 客户端和服务器之间传输文件。

7.2.2 NFS 服务的安装与启停

NFS 服务的软件包名为 nfs-utils。另外，NFS 服务的运行依赖于 RPC 服务，因此需要安装 RPC 对应的软件包 rpcbind，如例 7-7 所示。

例 7-7：安装 NFS 相关软件

```
[root@centos7 ~]# yum install rpcbind -y          // rpcbind 默认已安装
[root@centos7 ~]# yum install nfs-utils -y
[root@centos7 ~]# rpm -qa | grep -E ' rpcbind | nfs-utils '
                                                  // 安装软件后进行相应检查
nfs-utils-1.3.0-0.61.el7.x86_64
rpcbind-0.2.0-47.el7.x86_64
```

NFS 服务的后台守护进程名为 nfs，启停 NFS 服务时，将 nfs 作为参数代入表 5-4 所示的命令中即可。例如，使用 systemctl restart nfs 命令可以重启 NFS 服务。

7.2.3 NFS 服务端配置

1. NFS 服务的主配置文件

NFS 服务的主配置文件是 */etc/exports*，其中的每一行代表一个共享目录。配置文件的格式如下。

共享目录 客户端1（ 选项 1 ） 客户端2（ 选项2 ） … 客户端 n（ 选项 n ）

NFS 服务的主配置文件的实际内容如例 7-8 所示。

例 7-8：NFS 服务的主配置文件的实际内容

```
[root@centos7 ~]# vim /etc/exports
/datashare 192.168.100.10 ( rw,sync,no_sub_tree ) 192.168.100.0/24 ( ro )
```

NFS 服务的主配置文件的每一行由 3 部分组成，每一部分的含义解释如下。

（1）共享目录

这一部分是用绝对路径表示的共享目录名。该共享目录按照不同的权限共享给不同的 NFS 客户端使用。

（2）客户端

这一部分表示 NFS 客户端，可以是一个，也可以是多个。客户端有多种表示方式，可以是单台主机的实际 IP 地址或 IP 网段，也可以是完整主机名或域名。其中，主机名还可以使用通配符，如表 7-2 所示。

189

表 7-2　NFS 客户端表示方式及含义

NFS 客户端表示方式	含义
192.168.100.10	指定 IP 地址对应的客户端
192.168.100.0/24	指定 IP 网段下的所有客户端
siepub.siso.edu.cn	指定完整主机名对应的客户端
*.siso.edu.cn	指定域名下的所有客户端

（3）选项

这一部分表示 NFS 服务器为 NFS 客户端提供的共享选项，也就是允许客户端以何种方式使用共享目录，如客户端对共享目录的访问权限及用户映射等。从 NFS 服务的主配置文件的格式可以看出，对于同一共享目录，可以为不同的客户端设定不同的共享选项，具体的共享选项包含在紧跟该客户端的小括号内。如果共享选项不止一个，则使用逗号进行分隔。NFS 共享选项的分类，表示方式及含义如表 7-3 所示。

表 7-3　NFS 共享选项的分类、表示方式及含义

分类	表示方式	含义
访问权限	ro	客户端以只读方式访问共享目录
	rw	客户端对共享目录拥有读写权限，但能否真正执行写操作还取决于共享目录实际的文件系统权限
用户映射	root_squash	如果以 root 用户身份访问 NFS 服务器，那么将该用户视为匿名用户，其 UID 和 GID 都会变为 nfsnobody
	no_root_squash	客户端的 root 用户对 NFS 服务器拥有 root 权限，这是一种不安全的共享方式
	all_squash	客户端的所有用户都被映射到 nfsnobody 用户/用户组
	no_all_squash	不把客户端的所有用户都映射到 nfsnobody 用户/用户组
	anonuid	客户端用户被映射为匿名用户，同时被指定到特定的 NFS 服务器本地用户，即拥有该本地用户的权限
	anongid	客户端用户被映射为匿名用户，同时被指定到特定的 NFS 服务器本地用户组，即拥有该本地用户组的权限
常规	sync	数据同步时写入内存与磁盘
	async	数据暂时写入内存，而非直接写入磁盘
	subtree_check	如果共享目录是子目录，则 NFS 服务器将检查其父目录的权限
	no_subtree_check	如果共享目录是子目录，则 NFS 服务器将不检查其父目录的权限
	noaccess	禁止访问共享目录中的子目录
	link_relative	将共享文件中的绝对路径转换为相对路径
	link_absolute	不改变共享文件中符号链接的任何内容

2. NFS 相关命令

（1）exportfs

在 NFS 服务器中修改了*/etc/exports* 主配置文件后，可以使用 systemctl restart nfs 命令重启 NFS 服务以使新配置生效，也可以使用 exportfs 命令在不重启服务的情况下应用新配置。exportfs 命令的基本语法如下。

```
exportfs  [-arvu]
```

exportfs 命令的常用选项及其功能说明如表 7-4 所示。

表 7-4　exportfs 命令的常用选项及其功能说明

选项	功能说明
-a	打开或取消所有目录共享
-r	重新读取 /etc/exportfs 文件中的配置并使其立即生效
-v	当共享或取消共享时，输出详细信息
-u	取消一个或多个目录的共享

（2）showmount

showmount 命令主要用于显示 NFS 服务器文件系统的挂载信息，其基本语法如下。

```
showmount   [-ade]
```

showmount 命令的常用选项及其功能说明如表 7-5 所示。

表 7-5　showmount 命令的常用选项及其功能说明

选项	功能说明
-a	显示连接到某 NFS 服务器的客户端主机名和挂载点目录
-d	仅显示被客户端挂载的目录名
-e	显示 NFS 服务器的共享目录清单

 **任务实施**

实验：搭建 NFS 服务器

本任务案例选自 2022 年全国职业院校技能大赛网络系统管理赛项试题库，稍做了修改。

某公司打算在内部网络存储服务器中部署 NFS 服务，共享公司网站数据，具体要求如下。

（1）内部网络存储服务器 storagesrv 和应用服务器 appsrv 的 IP 地址分别是 192.168.100.200 和 192.168.100.100。

（2）storagesrv 共享 /webdata 目录，用于存储 appsrv 的 Web 数据。

（3）仅允许 appsrv 主机访问该共享目录，可以进行读写操作。

（4）出于安全考虑，不论 NFS 客户端用户身份为何，都将其映射为匿名用户（nfsnobody）。

以下是完成本任务的主要步骤。

注意：第 1～5 步在 storagesrv 上操作。

第 1 步，在 storagesrv 上新建 NFS 共享目录并设置目录权限，如例 7-9.1 所示。

例 7-9.1：搭建 NFS 服务器——新建 NFS 共享目录并设置目录权限

```
[root@storagesrv ~]# mkdir  /webdata
[root@storagesrv ~]# chmod  777  /webdata
[root@storagesrv ~]# ls  -ld /webdata
drwxrwxrwx.  2  root root  6  11月 24 15:29  /webdata
```

第 2 步，在 storagesrv 上安装 NFS 软件并启用 NFS 服务，如例 7-9.2 所示。

例 7-9.2：搭建 NFS 服务器——安装 NFS 软件并启用 NFS 服务

```
[root@storagesrv ~]# yum  install  nfs-utils  -y
[root@storagesrv ~]# systemctl  start  nfs
```

第 3 步，修改 NFS 服务的主配置文件，设置共享目录选项，如例 7-9.3 所示。

例 7-9.3：搭建 NFS 服务器——修改 NFS 服务的主配置文件

```
[root@storagesrv ~]# vim /etc/exports
/webdata 192.168.100.100(rw,sync,no_subtree_check)
```

第 4 步，使用 exportfs 命令使 NFS 配置生效，并使用 showmount 命令查看已共享的目录，如例 7-9.4 所示。

例 7-9.4：搭建 NFS 服务器——使 NFS 配置生效并查看已共享的目录

```
[root@storagesrv ~]# exportfs -av
exporting 192.168.100.100:/webdata
[root@storagesrv ~]# showmount -e
Export list for storagesrv:
/webdata 192.168.100.100
```

第 5 步，检查防火墙和 SELinux 的设置。

注意：第 6~7 步在 appsrv 上操作。

第 6 步，在 appsrv 上新建挂载点目录，这里为 */nfsdata*。使用 mount 命令将其挂载到 NFS 共享目录，如例 7-9.5 所示。

例 7-9.5：搭建 NFS 服务器——挂载 NFS 共享目录

```
[root@appsrv ~]# mkdir /nfsdata
[root@appsrv ~]# mount -t nfs 192.168.100.200:/webdata /nfsdata
```

第 7 步，在 */nfsdata* 目录中新建测试文件 *web.100* 并查看详细信息，如例 7-9.6 所示。可以看到，虽然在 appsrv 上以 root 用户身份新建了测试文件，但实际上其被映射为 nfsnobody 用户/用户组。

例 7-9.6：搭建 NFS 服务器——测试 NFS 共享目录

```
[root@appsrv ~]# cd /nfsdata
[root@appsrv nfsdata]# touch web.100
[root@appsrv nfsdata]# ls -l
-rw-r--r--. 1 nfsnobody nfsnobody 0 11月 24 16:12 web.100
```

**知识拓展**

　　NFS 共享目录可以和本地设备一样进行自动挂载，读者可扫描二维码详细了解具体方法。

知识拓展 7.2　自动挂载 NFS 共享目录

任务实训

　　本实训的主要任务是在 CentOS 7.6 操作系统中搭建 NFS 服务器，并使用 Linux 客户端进行验证。

【实训目的】

（1）理解 NFS 服务的工作原理和主要特点。

（2）掌握安装 NFS 相关软件的方法。

（3）掌握 NFS 主配置文件的结构和常用参数的使用。

（4）熟练使用 Linux 客户端验证 NFS 服务。

【实训内容】

请按照以下步骤完成 NFS 服务器的搭建和验证。

（1）使用系统镜像文件配置本地 YUM 源，安装 NFS 软件。

（2）创建 NFS 共享目录，本地权限设为 757。

（3）修改 NFS 服务的主配置文件，增加一条共享目录信息。共享权限要求如下。

① 客户端对共享目录拥有读写权限。

② 客户端的所有用户都被映射到 nfsnobody 用户/用户组。

③ 数据同步时同时写入内存与磁盘。

④ 如果共享目录是子目录，则 NFS 服务器将不检查其父目录的权限。

（4）启用共享目录。

（5）在 NFS 客户端创建挂载目录，设置自动挂载 NFS 共享目录。

（6）在挂载目录中新建测试文件，在 NFS 客户端中查看文件用户及属组信息。

 **任务 7.3　DHCP 服务配置与管理**

 **任务陈述**

作为网络管理员，规划设计网络 IP 地址资源分配方案、保证网络中的计算机都能获取正确的网络参数是其基本工作之一。动态主机配置协议（Dynamic Host Configuration Protocol，DHCP）服务是网络管理员在进行网络管理时经常使用的工具，它能极大地提高网络管理员的工作效率。本任务主要介绍 DHCP 服务的基本概念，以及在 CentOS 7.6 操作系统中搭建 DHCP 服务器的方法。

知识准备

7.3.1　DHCP 服务概述

计算机必须配置正确的网络参数才能和其他计算机进行通信，这些参数包括 IP 地址、子网掩码、默认网关、DNS 服务器等。DHCP 是一种用于简化计算机 IP 地址配置和管理的网络协议，可以自动为计算机分配 IP 地址，减轻网络管理员的工作负担。

1. DHCP 的功能

有两种分配 IP 地址的方式：静态分配和动态分配。静态分配是指由网络管理员为每台主机手动设置固定的 IP 地址。这种方式容易造成主机 IP 地址冲突，只适用于规模较小的网络。如果网络中的主机较多，那么依靠网络管理员手动分配 IP 地址必然非常耗时。另外，在移动办公环境中，为频繁进出公司网络环境的移动设备（主要是笔记本电脑）分配 IP 地址也是一件非常烦琐的事情。

V7-5　认识 DHCP

利用 DHCP 为主机动态分配 IP 地址可以解决这些问题。动态分配 IP 地址非常适合移动办公环境，能够减轻网络管理员的管理负担。动态分配 IP 地址能够缓解 IP 地址资源紧张的问题，也更加安全可靠。

2. DHCP 的工作原理

DHCP 采用客户机/服务器模式运行，采用 UDP 作为网络层传输协议。在 DHCP 服务器上安装和运行 DHCP 软件后，DHCP 客户端会从 DHCP 服务器外获取 IP 地址及其他相关参数。DHCP 动态分配 IP 地址的方式分为以下 3 种。

（1）自动分配，又称永久租用。DHCP 客户端从 DHCP 服务器外获取一个 IP 地址后，可以永久使用。DHCP 服务器不会再将这个 IP 地址分配给其他 DHCP 客户端。

（2）动态分配，又称限定租期。DHCP 客户端获得的 IP 地址只能在一定期限内使用，这个期限就是 DHCP 服务器提供的"租约"。一旦租约到期，DHCP 服务器就会收回这个 IP 地址并分配给其他 DHCP 客户端使用。

V7-6　DHCP 如何工作

（3）手动分配，又称保留地址。DHCP 服务器根据网络管理员的设置将指定的 IP 地址分配给 DHCP 客户端，一般是将 DHCP 客户端的物理地址（又称 MAC 地址）与 IP 地址绑定起来，确保 DHCP 客户端每次都可以获得相同的 IP 地址。

DHCP 客户端申请租用新的 IP 地址时与 DHCP 服务器的交换过程如图 7-6 所示。DHCP 的具体工作原理可参见本书配套电子资源。

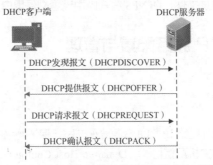

图 7-6　DHCP 客户端和 DHCP 服务器的交互过程

7.3.2　DHCP 服务的安装与启停

有了前面 Samba 服务的学习基础，DHCP 服务的安装与启停就很简单了。这里仍然使用已经配置好的本地 YUM 源一键安装 DHCP 软件，如例 7-10 所示。

例 7-10：安装 DHCP 软件

```
[root@centos7 ~]# yum install dhcp -y            // 一键安装 DHCP 软件
[root@centos7 ~]# rpm -qa | grep dhcp            //安装后再次进行检查
dhcp-4.2.5-68.el7.centos.1.x86_64
dhcp-common-4.2.5-68.el7.centos.1.x86_64
dhcp-libs-4.2.5-68.el7.centos.1.x86_64
```

DHCP 服务的后台守护进程名为 dhcpd，启停 DHCP 服务时，将 dhcpd 作为参数代入表 5-4 所示的命令中即可。例如，使用 systemctl restart dhcpd 命令可以重启 DHCP 服务。

7.3.3　DHCP 服务端配置

DHCP 服务的主配置文件是*/etc/dhcp/dhcpd.conf*。但在有些 Linux 发行版中，此文件在默认情况下是不存在的，需要手动创建。对于 CentOS 7.6 操作系统而言，安装好 DHCP 软件之后就会生成此文件，其默认内容如例 7-11 所示。

例 7-11：dhcpd.conf 文件的默认内容

```
[root@centos7 ~]# cd /etc/dhcp
[root@centos7 dhcp]# cat -n dhcpd.conf
     1    #
     2    # DHCP Server Configuration file.
     3    #   see /usr/share/doc/dhcp*/dhcpd.conf.example
```

```
4    #    see dhcpd.conf(5) man page
5    #
```

其中，第 3 行提示用户可以参考*/usr/share/doc/dhcp*/dhcpd.conf.example* 文件来进行配置。

与 DHCP 服务相关的另一个文件是*/var/lib/dhcpd/dhcpd.leases*。这个文件保存了
DHCP 服务器动态分配的 IP 地址的租约信息，即租约的开始日期和到期日期。

下面以*/usr/share/doc/dhcp*/dhcpd.conf.example* 文件为例，重点介绍 DHCP 服务
的主配置文件 *dhcpd.conf* 的基本语法和相关配置。

1. 基本语法

dhcpd.conf 文件的结构如例 7-12 所示。

例 7-12：dhcpd.conf 文件的结构

```
#全局配置
参数或选项；


#局部配置
声明 {
    参数或选项；

}
```

dhcpd.conf 文件的注释信息以"#"开头，可以出现在文件的任意位置。除了大括号"{}"之外，
其他每一行语句都以"；"结尾。这一点很重要，不少初学者在配置 *dhcpd.conf* 文件时会忘记在一行语
句结束时加上"；"，导致 DHCP 服务无法正常启用。

dhcpd.conf 文件由参数、选项和声明 3 种要素组成。

（1）参数。参数主要用来设定 DHCP 服务器和客户端的基本属性，格式是"*参数名 参数值*；"。

（2）选项。选项通常用来配置分配给 DHCP 客户端的可选网络参数，如子网掩码、默认网关、DNS
服务器等。选项的设定格式和参数类似，只是要以"option"关键字开头，如"option *参数名 参数值*；"。

（3）声明。声明以某个关键字开头，后跟一对大括号。大括号内部包含一系列参数和选项。声明
主要用来设置具体的 IP 地址空间，以及绑定 IP 地址和 DHCP 客户端的 MAC 地址，从而为 DHCP 客
户端分配固定的 IP 地址。

dhcpd.conf 文件的参数和选项分为全局配置和局部配置。全局配置对整个 DHCP 服务器生效，而
局部配置只对某个声明生效。声明外部的参数和选项是全局配置，声明内部的参数和选项是局部配置。
下面来简单了解一下这两种（全局/局部）参数和选项。

2. 参数和选项

DHCP 服务常用的全局参数和选项如表 7-6 所示。其中，option domain-name-servers 和 option routers
也可用于局部配置。

表 7-6 DHCP 服务常用的全局参数和选项

参数和选项	功能
dns-update-style *类型*	设置 DNS 动态更新的类型，即主机名和 IP 地址的对应关系
default-lease-time *时间*	默认租约时间
max-lease-time *时间*	最大租约时间
log-facility *文件名*	日志文件名
option domain-name *域名*	域名
option domain-name-servers *域名服务器列表*	域名服务器
option routers *默认网关*	默认网关

3. 声明

常用的两种声明是 subnet 声明和 host 声明。subnet 声明用于定义 IP 地址空间；host 声明用于实现 IP 地址和 DHCP 客户端 MAC 地址的绑定，用于为 DHCP 客户端分配固定的 IP 地址。subnet 声明和 host 声明的格式如例 7-13 所示。

例 7-13：subnet 声明和 host 声明的格式

```
subnet  subnet_id  netmask  netmask {
    ……
}

host  hostname {
    ……
}
```

可以通过不同的局部参数和选项为这两个声明指定具体的行为。DHCP 服务常用的局部参数和选项如表 7-7 所示。

表 7-7　DHCP 服务常用的局部参数和选项

参数和选项	功能	参数和选项	功能
range IP 地址池	IP 地址池的地址范围	default-lease-time 时间	默认租约时间
max-lease-time 时间	最大租约时间	option broadcast-address IP 地址	子网广播地址
hardware MAC 地址池	DHCP 客户端的 MAC 地址	fixed-address IP 地址	分配的固定 IP 地址
server-name 主机名	DHCP 服务器的主机名	option domain-name 域名	DNS 域名
option routers IP 地址	默认网关	option domain-name-servers 域名服务器列表	域名服务器

DHCP 服务端配置好之后，可以在 Windows 或 Linux 客户端上进行验证。下面介绍具体的验证方法。

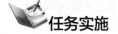 **任务实施**

实验：搭建 DHCP 服务器

本任务案例选自 2022 年全国职业院校技能大赛网络系统管理赛项试题库，稍做了修改。

某公司打算在应用服务器 appsrv 中部署 DHCP 服务，供内网主机和服务器使用。网络拓扑结构如图 7-7 所示。3 台主机都是安装在 VMware 中的虚拟机，网络连接采用了 NAT 模式，具体要求如下。

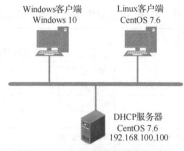

图 7-7　DHCP 服务网络拓扑结构

（1）DHCP 服务器的 IP 地址为 192.168.100.100。

（2）192.168.100.0/24 网络中有两个 IP 地址空间可以分配，分别是 192.168.100.1～192.168.100.99 和 192.168.100.101～192.168.100.200，默认网关设为 192.168.100.254。

（3）为 MAC 地址是 00:0C:29:B3:41:89 的主机分配固定的 IP 地址 192.168.100.188。

（4）域名设为 chinaskills.cn，域名服务器设为 appsrv 本身。

（5）分别在 Windows 和 Linux 客户端上验证 DHCP 服务。

以下是完成本任务的详细步骤。

第 1 步，在 NAT 模式下，VMnet8 虚拟网卡默认启用了 DHCP 服务。为了保证后续测试的顺利进行，先关闭 VMnet8 的 DHCP 服务，如图 7-8 所示。

图 7-8　关闭 VMnet8 的 DHCP 服务

第 2 步，修改 DHCP 服务的主配置文件，如例 7-14.1 所示。

例 7-14.1：搭建 DHCP 服务器——修改 DHCP 服务的主配置文件

```
[root@appsrv ~]# vim /etc/dhcp/dhcpd.conf
subnet 192.168.100.0 netmask 255.255.255.0 {
    range 192.168.100.1 192.168.100.99;
    range 192.168.100.101 192.168.100.200;
    option routers 192.168.100.254;
    option domain-name "chinaskills.cn";
    option domain-name-servers 192.168.100.100;
}

host client1 {
    hardware ethernet 00:0C:29:B3:41:89;
    fixed-address 192.168.100.188;
}
```

第 3 步，重启 DHCP 服务，如例 7-14.2 所示。

例 7-14.2：搭建 DHCP 服务器——重启 DHCP 服务

```
[root@appsrv ~]# systemctl restart dhcpd
```

第4步，检查防火墙和SELinux的设置。

注意，第5～6步在Windows客户端上操作。

第5步，在Windows客户端上验证DHCP服务。先在【Internet协议版本4（TCP/IPv4）属性】对话框中选中【自动获得IP地址】单选按钮，如图7-9所示。

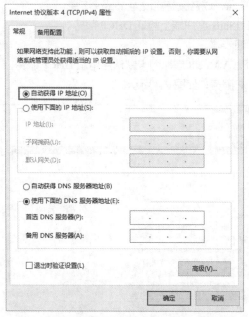

图7-9　选中【自动获得IP地址】单选按钮

第6步，在Windows命令行窗口中，先使用ipconfig /release命令释放IP地址，再使用ipconfig /renew命令重新获取IP地址，如图7-10所示。还可以使用ipconfig /all命令查看本机所有网络配置的相关信息。

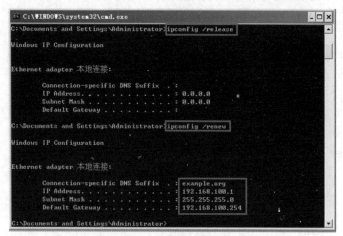

图7-10　释放和重新获取IP地址

注意，第7～8步在Linux客户端上操作。

第7步，在Linux客户端上验证DHCP服务。打开网卡配置文件，删除或注释IPADDR、PREFIX、GATEWAY、DNS1等几个条目，并将BOOTPROTO的值设为dhcp。修改完成后一定要重启网络服务，否则网络配置不会生效，如例7-14.3所示。

例 7-14.3：搭建 DHCP 服务器——修改网卡配置文件

```
[root@dhcpcli ~]# vim /etc/sysconfig/network-scripts/ifcfg-ens33
BOOTPROTO=dhcp
#IPADDR=192.168.100.100
#PREFIX=24
#GATEWAY=192.168.100.2
#DNS1=192.168.100.2
[root@dhcpcli ~]# systemctl restart network
```

第 8 步，使用 ifconfig 命令查看获取到的 IP 地址，如例 7-14.4 所示。

例 7-14.4：搭建 DHCP 服务器——查看获取到的 IP 地址

```
[root@dhcpcli ~]# ifconfig ens33
ens33: flags=4163<UP,BROADCAST,RUNNING,MULTICAST>  mtu 1500
       inet 192.168.100.3 netmask 255.255.255.0 broadcast 192.168.100.255
```

知识拓展

DHCP 服务端配置错误会导致 DHCP 服务无法正常启用，这时可以使用 dhcpd 命令检测主配置文件的常见错误，读者可扫描二维码详细了解具体方法。

知识拓展 7.3
dhcpd 命令

任务实训

本实训的主要任务是在 CentOS 7.6 操作系统中搭建 DHCP 服务器，并在 Windows 和 Linux 客户端上分别进行验证。

【实训目的】

（1）理解 DHCP 服务的工作原理。

（2）掌握配置本地 YUM 源的方法。

（3）掌握 DHCP 服务的主配置文件的语法及常用参数和选项的使用。

（4）掌握在 Windows 和 Linux 客户端上验证 DHCP 服务的方法。

【实训内容】

请根据图 7-7 所示的网络拓扑结构安装 3 台虚拟机，并按照以下步骤完成 DHCP 服务器的搭建和验证。

（1）使用系统镜像文件搭建本地 YUM 源并安装 DHCP 软件。

（2）修改 DHCP 主配置文件，具体要求如下。

① 域名和域名服务器作为全局配置，分别设为"siso.edu.cn"和"ns1.siso.edu.cn"。

② 默认租约时间和最大租约时间作为全局配置，分别设为 1 天和 3 天。

③ 192.168.100.0/24 网络中有两个 IP 地址空间可以分配，分别是 192.168.100.2～192.168.100.50 和 192.168.100.101～192.168.100.150，默认网关为 192.168.100.1。

④ 为 MAC 地址是 6C:4B:90:12:BF:4F 的主机分配固定的 IP 地址 192.168.100.50。

（3）使用 dhcpd 命令检查 DHCP 服务的主配置文件是否有误。

（4）修改防火墙设置，放行 DHCP 服务。

（5）修改 SELinux 安全策略为允许模式。

（6）启用 DHCP 服务。

（7）在 Windows 客户端上验证 DHCP 服务。

（8）在 Linux 客户端上验证 DHCP 服务。

任务 7.4　DNS 服务配置与管理

任务陈述

域名系统（Domain Name System，DNS）服务是互联网中最重要的基础服务之一，主要作用是实现域名和 IP 地址的转换，也就是域名解析服务。有些人可能对 DNS 了解得很少，但其实人们每天都在使用 DNS 提供的域名解析服务。本任务将从域名解析的历史讲起，详细介绍 DNS 的基本概念、分级结构、查询方式，以及 DNS 服务器的搭建和验证。

知识准备

7.4.1　DNS 服务概述

当人们浏览网页时，一般会在浏览器的地址栏中输入网站的统一资源定位符（Uniform Resource Locator，URL），如"http://www.siso.edu.cn"，浏览器在客户端主机和网站服务器之间建立连接进行通信。但在实际的 TCP/IP 网络中，IP 地址是定位主机的唯一标识，必须知道对方主机的 IP 地址才能相互通信。浏览器是如何根据人们输入的网址得到网站服务器的 IP 地址的？其实，浏览器使用了 DNS 提供的域名解析服务。在深入学习 DNS 的工作原理之前，有必要了解关于域名的几个相关概念。

1. 域名解析的历史

IP 地址是连接到互联网的主机的"身份证号码"，但是对于人类来说，记住大量的诸如 192.168.100.100 的 IP 地址太难了。相比较而言，主机名一般具有一定的含义，比较容易记忆。因此，如果计算机能够提供某个工具，让人们可以方便地根据主机名获得 IP 地址，那么这个工具肯定会备受青睐。

V7-8　为什么需要 DNS

在网络发展的早期，一种简单的实现方法就是把域名和 IP 地址的对应关系保存在一个文件中，计算机利用这个文件进行域名解析。在 Linux 操作系统中，这个文件就是*/etc/hosts*，其内容如例 7-15 所示。

例 7-15：/etc/hosts 文件的内容

```
[zys@centos7 ~]$ cat /etc/hosts
127.0.0.1    localhost localhost.localdomain localhost4 localhost4.localdomain4
::1          localhost localhost.localdomain localhost6 localhost6.localdomain6
```

这种方式实现起来很简单，但是它有一个非常大的缺点，即内容更新不灵活。每台主机都要配置这样的文件，并及时更新内容，否则会得不到最新的域名信息，因此它只适用于一些规模较小的网络。

随着网络规模的不断扩大，使用单一文件实现域名解析的方法显然不再适用，取而代之的是基于分布式数据库的 DNS。DNS 将域名解析的功能分散到不同层级的 DNS 服务器中，这些 DNS 服务器协同工作，提供可靠、灵活的域名解析服务。

2. 主机名和域名

DNS 的域名空间也是分级的，DNS 域名空间的结构如图 7-11 所示。

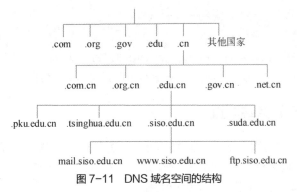

图 7-11　DNS 域名空间的结构

在 DNS 域名空间中，最上面一层被称为"根域"，用"."表示。从根域开始向下依次划分为顶级域、二级域等各级子域，最下面一级是主机。子域和主机的名称分别为域名和主机名。域名又有相对域名和绝对域名之分，就像 Linux 文件系统中的相对路径和绝对路径一样。如果从下向上，将主机名及各级子域的所有绝对域名组合在一起，用"."分隔，就构成了主机的完全限定域名（Fully Qualified Domain Name，FQDN）。例如，小顾所在的 SISO 学院有一台 Web 服务器，主机名是"www"，域名是"siso.edu.cn"，那么其 FQDN 就是"www.siso.edu.cn"。通过 FQDN 可以唯一地确定互联网中的一台主机。

V7-9　什么是域名

3. DNS 服务器的类型

按照配置和功能的不同，DNS 服务器可分为不同的类型。常见的 DNS 服务器类型有以下 4 种。

（1）主 DNS 服务器。它对所管理区域的域名解析提供最权威和最精确的响应，是所管理区域域名信息的初始来源。搭建主 DNS 服务器需要准备全套的配置文件，包括主配置文件、正向解析区域文件、反向解析区域文件、高速缓存初始化文件和回送文件等。正向解析是指从域名到 IP 地址的解析，反向解析正好相反。

V7-10　递归和迭代查询

（2）从 DNS 服务器。它从主 DNS 服务器中获得完整的域名信息备份，也可以对外提供权威和精确的域名解析，可以减轻主 DNS 服务器的查询负载。从 DNS 服务器包含的域名信息和主 DNS 服务器完全相同，它是主 DNS 服务器的备份，提供的是冗余的域名解析服务。

（3）高速缓存 DNS 服务器。它将从其他 DNS 服务器处获得的域名信息保存在自己的高速缓存中，并利用这些信息为用户提供域名解析服务。高速缓存 DNS 服务器的信息都有时效性，过期之后便不再可用。高速缓存 DNS 服务器不是权威服务器。

（4）转发 DNS 服务器。它在对外提供域名解析服务时，优先从本地缓存中查找。如果本地缓存中没有匹配的数据，则会向其他 DNS 服务器转发域名解析请求，并将从其他 DNS 服务器中获得的结果保存在自己的缓存中。转发 DNS 服务器的特点是可以向其他 DNS 服务器转发自己无法完成的解析请求。

7.4.2　DNS 服务的安装与启停

实现 DNS 服务的软件不止一种，目前互联网中应用较多的是由加州大学伯克利分校开发的一款开源软件——BIND。BIND 软件的安装如例 7-16 所示。

例 7-16：BIND 软件的安装

```
[root@centos7 ~]# yum install bind -y
[root@centos7 ~]# rpm -qa | grep bind
```

```
bind-9.11.4-26.P2.el7.x86_64

bind-utils-9.11.4-26.P2.el7.x86_64
```

BIND 软件的后台守护进程名为 named，启停 DNS 服务时，将 named 作为参数代入表 5-4 所示的命令中即可。例如，使用 systemctl restart named 命令可以重启 DNS 服务。

7.4.3 DNS 服务端配置

搭建主 DNS 服务器的过程很复杂，需要准备全套的配置文件，包括全局配置文件、主配置文件、正向解析区域文件和反向解析区域文件。下面以搭建一台主 DNS 服务器为例，讲解这些配置文件的结构和作用。

V7-11 DNS 配置
文件的关系

1. 全局配置文件

DNS 的全局配置文件是*/etc/named.conf*，其基本结构如例 7-17 所示。

例 7-17：/etc/named.conf 文件的基本结构

```
[root@centos7 ~]# vim /etc/named.conf
// named.conf
options {
    listen-on port 53 { 127.0.0.1; };
    directory "/var/named";
};

logging {
    ……
};

zone "." IN {
    type hint;
    file "named.ca";
};

include "/etc/named.rfc1912.zones";
include "/etc/named.root.key";
```

（1）options 配置段的配置项对整个 DNS 服务器有效，下面介绍其常用的配置项。

① listen-on port { }：指定 named 守护进程监听的端口和 IP 地址，默认的监听端口是 53。如果 DNS 服务器中有多个 IP 地址要监听，则可以在大括号中分别列出，各端口号间以分号分隔。

② directory：指定 DNS 守护进程的工作目录，默认的目录是*/var/named*。下面要讲解的正向和反向解析区域文件都要保存在这个目录中。

③ allow-query { }：指定允许哪些主机发起域名解析请求，默认只对本机开放服务。可以对某台主机或某个网段的主机开放服务，也可以使用关键字指定主机的范围。例如，any 匹配所有主机，none 不匹配任何主机，localhost 只匹配本机，localnets 匹配本机所在网络中的所有主机。

④ forward：有 only 和 first 两个值。值为 only 时表示将 DNS 服务器配置为高速缓存服务器；值为 first 时表示先将 DNS 查询请求转发给 forwarders 定义的转发服务器，如果转发服务器无法解析，则 DNS 服务器会尝试自己解析。

⑤ forwarders { }：指定转发 DNS 服务器，可以将 DNS 查询请求转发给这些转发 DNS 服务器进行处理。

（2）zone 声明用于定义区域，其后面的"."表示根域，一般在主配置文件中定义区域信息。这里保留默认值，不需要改动。

（3）include 指示符用于引入其他相关配置文件，这里通过 include 指定主配置文件的位置。一般不使用默认的主配置文件*/etc/named.rfc1912.zones*，而是根据实际需要创建新的主配置文件。

2. 主配置文件

本任务中使用的主配置文件是*/etc/named.zones*，并在全局配置文件中通过 include 指示符引入。一般在主配置文件中通过 zone 声明设置区域相关信息，包括正向区域和反向区域。zone 区域声明的格式如例 7-18 所示。

例 7-18：zone 区域声明的格式

```
zone "区域名称" IN {
    type DNS 服务器类型;
    file "区域文件名";
    allow-update { none; };
    masters {主域名服务器地址; }
};
```

zone 声明定义了区域的几个关键属性，包括 DNS 服务器的类型、区域文件等。

（1）type：定义了 DNS 服务器的类型，可取 hint、master、slave 和 forward 几个值，分别表示根域名服务器、主 DNS 服务器、从 DNS 服务器及转发 DNS 服务器。

（2）file：指定了该区域的区域文件，区域文件包含区域的域名解析数据。

（3）allow-update：指定了允许更新区域文件信息的从 DNS 服务器地址。

（4）masters：指定了主 DNS 服务器地址，当 type 的值取 slave 时有效。

正向和反向解析区域的 zone 声明格式相同，但对于反向解析的区域名称有特殊的约定。如果需要反向解析的网段是"a.b.c"，那么对应的区域名称应设置为"c.b.a.in-addr.arpa"。

3. 区域文件

DNS 服务器提供域名解析服务的关键就是区域文件。区域文件和传统的*/etc/hosts* 文件类似，记录了域名和 IP 地址的对应关系，但是区域文件的结构更复杂，功能也更强大。*/var/named* 目录中的 *named.localhost* 和 *named.loopback* 两个文件是正向区域解析文件和反向区域解析文件的配置模板。典型的区域文件如例 7-19 所示。

例 7-19：典型的区域文件

```
[root@centos7 ~]# vim /var/named/named.localhost
$TTL 1D
@    IN SOA    @ rname.invalid. (
                         0      ;  serial
                         1D     ;  refresh
                         1H     ;  retry
                         1W     ;  expire
                         3H )   ;  minimum
     NS        @
     A         127.0.0.1
     AAAA      ::1
```

在区域文件中，域名和 IP 地址的对应关系由资源记录（Resource Record，RR）表示。资源记录的基本语法如下。

```
name     [TTL]    IN    RR_TYPE    value
```

其中，各字段的含义如下。

（1）*name* 表示当前的域名。

（2）*TTL* 表示资源记录的生存时间（Time To Live），即资源记录的有效期。

（3）IN 表示资源记录的网络类型是 Internet。

（4）*RR_TYPE* 表示资源记录的类型。常见的资源记录类型有 SOA、NS、A、AAAA、CNAME、MX 和 PTR。

（5）*value* 表示资源记录的值，具体意义与资源记录类型有关。下面分别介绍每种资源记录类型的含义。

① SOA 资源记录：区域文件的第一条有效资源记录是 SOA。出现在 SOA 记录中的"@"符号表示当前域名，如"siso.edu.cn."或"10.168.192. in-addr.arpa."。SOA 记录的值由 3 部分组成，第一部分是当前域名，即 SOA 资源记录中的第二个"@"；第二部分是当前域名管理员的邮箱地址，但是地址中不能出现"@"，必须以"."代替；第三部分是小括号中的内容，是与该区域的资源记录有关的其他几次信息，如资源记录的版本号、刷新时间等。

② NS 资源记录：NS 资源记录表示该区域的 DNS 服务器地址，一个区域可以有多个 DNS 服务器，如例 7-20 所示。

例 7-20：NS 资源记录

```
@      IN     NS     ns1.siso.edu.cn.
@      IN     NS     ns2.siso.edu.cn.
```

③ A 和 AAAA 资源记录：这两种资源记录就是域名和 IP 地址的对应关系。A 资源记录用于 IPv4 地址，而 AAAA 资源记录用于 IPv6 地址。A 资源记录如例 7-21 所示。

例 7-21：A 资源记录

```
ns1  IN     A     192.168.100.100
ns2  IN     A     192.168.100.100
www  IN     A     192.168.100.110
mail IN     A     192.168.100.120
ftp  IN     A     192.168.100.130
```

④ CNAME 资源记录：CNAME 是 A 资源记录的别名，如例 7-22 所示。

例 7-22：CNAME 资源记录

```
web      IN   CNAME      www.siso.edu.cn.
```

⑤ MX 资源记录：定义了本域的邮件服务器，如例 7-23 所示。

例 7-23：MX 资源记录

```
@    IN   MX 10   mail.siso.edu.cn.
```

需要特别注意的是，在添加资源记录时，以"."结尾的域名表示绝对域名，如"www.siso.edu.cn."，其他的域名表示相对域名，如"ns1""www"分别表示"ns1.siso.edu.cn""www.siso.edu.cn"。

⑥ PTR 资源记录：其表示了 IP 地址和域名的对应关系，用于 DNS 反向解析，如例 7-24 所示。

例 7-24：PTR 资源记录

```
100      IN  PTR www.siso.edu.cn.
```

这里的 100 是 IP 地址中的主机号，因此完整的记录名是 100.100.168.192.in-addr.arpa，表示 IP 地址是 192.168.100.100。

全局配置文件、主配置文件和区域文件对主 DNS 服务器而言是必不可少的。这些文件的关系如图 7-12 所示。

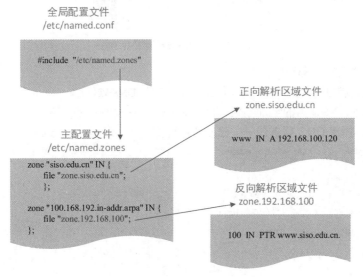

图 7-12　DNS 配置文件的关系

 任务实施

实验：搭建 DNS 服务器

本任务案例选自 2022 年全国职业院校技能大赛网络系统管理赛项试题库，稍做了修改。

某公司打算在内部网络中部署 DNS 服务器，为内网主机和服务器提供域名解析服务，具体要求如下。

（1）使用本地 YUM 源安装 DNS 软件。

（2）搭建主 DNS 服务器，IP 地址为 192.168.100.100。

（3）DNS 服务的主配置文件设为*/etc/named.zones*。

（4）为域名 chinaskills.cn 创建正向解析区域文件*/var/named/zone.chinaskills.cn*，为网段 192.168.100.0/24 创建反向解析区域文件*/var/named/zone.192.168.100*。

（5）在正向解析区域文件中添加以下资源记录。

① 1 条 SOA 资源记录，保留默认值。

② 1 条 MX 资源记录，主机名为"mail"。

③ 3 条 A 资源记录，主机名分别为"mail""www"和"ftp"，IP 地址分别为 192.168.100.101、192.168.100.102 和 192.168.100.103。

④ 1 条 CNAME 资源记录，为主机名"www"设置别名"web"。

（6）在反向解析区域文件中添加与正向解析区域文件对应的 PTR 资源记录。

（7）验证 DNS 服务。

本任务所用的 DNS 服务网络拓扑结构如图 7-13 所示，使用两台安装在 VMware 中的虚拟机，网络连接采用 NAT 模式。

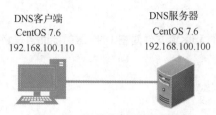

图7-13　DNS服务网络拓扑结构

以下是完成本任务的操作步骤。

第1步，设置虚拟机IP地址为192.168.100.100，安装DNS软件。

第2步，修改DNS服务的全局配置文件/etc/named.conf，如例7-25.1所示。

例7-25.1：搭建DNS服务器——修改全局配置文件/etc/named.conf

```
[root@appsrv ~]# vim  /etc/named.conf
options {
    listen-on port 53 { any; };          <== 修改为 "any"
    directory          "/var/named";
    allow-query     { any; };            <== 修改为 "any"
;


include  "/etc/named.zones";             <== 修改 DNS 服务的主配置文件
include  "/etc/named.root.key";
```

第3步，在/etc目录中根据/etc/named.rfc1912.zones创建DNS服务的主配置文件/etc/named.zones并修改其内容，如例7-25.2所示。

例7-25.2：搭建DNS服务器——创建并修改DNS服务的主配置文件/etc/named.zones

```
[root@appsrv ~]# cp  -p  /etc/named.rfc1912.zones  /etc/named.zones
[root@appsrv ~]# vim  /etc/named.zones
zone "chinaskills.cn" IN {
    type master;
    file "zone.chinaskills.cn";
    allow-update { none; };
};


zone "100.168.192.in-addr.arpa" IN {
    type master;
    file "zone.192.168.100";
    allow-update { none; };
};
```

第4步，在/var/named目录中创建正向解析区域文件 zone.chinaskills.cn 和反向解析区域文件 zone.192.168.100，如例7-25.3所示。

例7-25.3：搭建DNS服务器——创建正向解析区域文件和反向解析区域文件

```
root@appsrv ~]# cd  /var/named
[root@appsrv named]# cp  -p  named.localhost  zone.chinaskills.cn
```

```
[root@appsrv named]# cp -p named.localhost zone.192.168.100
[root@appsrv named]# ls -l zone*
-rw-r-----.  1  root  named  152  6月 21 2007    zone.192.168.100
-rw-r-----.  1  root  named  152  6月 21 2007    zone.chinaskills.cn
```

正向解析区域文件的内容如例 7-25.4 所示。

例 7-25.4：搭建 DNS 服务器——正向解析区域文件的内容

```
[root@appsrv named]# vim zone.chinaskills.cn
$TTL 1D
@   IN SOA  @ chinaskills.cn. (
                    0   ; serial
                    1D  ; refresh
                    1H  ; retry
                    1W  ; expire
                    3H ); minimum
                        NS              @
                        A               192.168.100.100
@           IN          MX      10      mail
mail        IN          A               192.168.100.101
www         IN          A               192.168.100.102
ftp         IN          A               192.168.100.103
web         IN          CNAME           www
```

反向解析区域文件的内容如例 7-25.5 所示。

例 7-25.5：搭建 DNS 服务器——反向解析区域文件的内容

```
[root@appsrv named]# vim zone.192.168.100
$TTL 1D
@   IN SOA  @ chinaskills.cn. (
                    0   ; serial
                    1D  ; refresh
                    1H  ; retry
                    1W  ; expire
                    3H ); minimum
                        NS @
                        A 192.168.100.100
101         IN          PTR             mail.chinaskills.cn.
102         IN          PTR             www.chinaskills.cn.
103         IN          PTR             ftp.chinaskills.cn.
```

第 5 步，重启 DNS 服务，如例 7-25.6 所示。

例 7-25.6：搭建 DNS 服务器——重启 DNS 服务

```
[root@appsrv named]# systemctl restart named
[root@appsrv named]# systemctl status named
● named.service - Berkeley Internet Name Domain (DNS)
```

```
    Loaded: loaded (/usr/lib/systemd/system/named.service; disabled; vendor preset:
disabled)
    Active: active (running) since — 2022-12-05 17:54:33 CST; 1min 50s ago
```

第 6 步，检查防火墙和 SELinux 的设置。

注意，第 7~8 步在 Linux 客户端上操作。

第 7 步，修改 Linux 客户端网卡配置文件，将 DNS1 参数设为 192.168.100.100，如例 7-25.7 所示。重启网络服务后可以查看*/etc/resolv.conf* 文件确认 DNS 服务器是否设置成功。

例 7-25.7：搭建 DNS 服务器——修改 Linux 客户端网卡配置文件

```
[root@dnscli ~]# vim /etc/sysconfig/network-scripts/ifcfg-ens33
BOOTPROTO=none
ONBOOT=yes
IPADDR=192.168.100.110
PREFIX=24
GATEWAY=192.168.100.2
DNS1=192.168.100.100
[root@dnscli ~]# systemctl restart network
[root@dnscli ~]# cat /etc/resolv.conf
nameserver 192.168.100.100
```

第 8 步，在 Linux 客户端上验证 DNS 服务。验证 DNS 服务经常使用的命令是 nslookup。可以使用-q 选项指定查询的 DNS 记录类型，如 A、MX、NS、PTR 等。如果不指定-t 选项的值，则默认查询 A 类型。具体验证过程如例 7-25.8 所示。注意，可以为 nslookup 命令指定 DNS 服务器，如果不指定的话则使用系统默认的 DNS 服务器，即*/etc/resolv.conf* 文件中的配置。

例 7-25.8：搭建 DNS 服务器——在 Linux 客户端上使用 nslookup 工具验证 DNS 服务

```
[root@dnscli ~]# nslookup www.chinaskills.cn
                            // 相当于 nslookup -q=A www.chinaskills.cn
Server:      192.168.100.100      <== 使用的 DNS 服务器
Address:     192.168.100.100#53
Name:    www.chinaskills.cn
Address:     192.168.100.102      <== 对应的 IP 地址
[root@dnscli ~]# nslookup -q=MX chinaskills.cn 192.168.100.100 // 指定 DNS 服务器
Server:      192.168.100.100
Address: 192.168.100.100#53
chinaskills.cn    mail exchanger = 10 mail.chinaskills.cn.
[root@dnscli ~]# nslookup -q=CNAME web.chinaskills.cn      // 查询别名
Server:      192.168.100.100
Address: 192.168.100.100#53
web.chinaskills.cn    canonical name = www.chinaskills.cn.
[root@dnscli ~]# nslookup -q=PTR 192.168.100.102          // 反向查找
Server:      192.168.100.100
Address:     192.168.100.100#53
102.100.168.192.in-addr.arpa  name = www.chinaskills.cn.
```

第 9 步，在 Windows 客户端中配置 DNS 服务器。打开【Internet 协议版本 4（TCP/IPv4）属性】对话框，配置 DNS 服务器的 IP 地址，如图 7-14 所示。

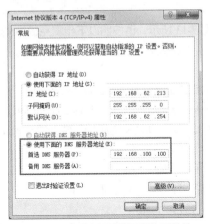

图 7-14　配置 DNS 服务器的 IP 地址

第 10 步，在 Windows 命令行窗口中可以相同的方式使用 nslookup 工具验证 DNS 服务，如例 7-25.9 所示。

例 7-25.9：搭建 DNS 服务器——在 Windows 客户端上使用 nslookup 工具验证 DNS 服务

```
C:\Users\lenovo>nslookup  ftp.chinaskills.cn  192.168.100.100
服务器:  UnKnown
Address:  192.168.100.100
名称:   ftp.chinaskills.cn
Address:  192.168.100.103
C:\Users\lenovo>nslookup  -q=MX  chinaskills.cn  192.168.100.100
服务器:  UnKnown
Address:  192.168.100.100
chinaskills.cn  MX preference = 10, mail exchanger = mail.chinaskills.cn
chinaskills.cn  nameserver = chinaskills.cn
mail.chinaskills.cn    internet address = 192.168.100.101
chinaskills.cn  internet address = 192.168.100.100
```

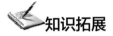知识拓展

除了使用 nslookup 命令外，在 Linux 操作系统中还可以使用 dig 和 host 两个命令进行域名解析，读者可扫描二维码详细了解具体用法。

任务实训

本实训的主要任务是在 CentOS 7.6 操作系统中搭建主 DNS 服务器，并使用 nslookup、dig 和 host 3 个命令分别进行验证。

【实训目的】

（1）理解主 DNS 服务器配置文件之间的关系。

知识拓展 7.4　dig
和 host 命令

（2）掌握主配置文件和区域文件的结构及用法。

（3）掌握 DNS 服务的基本验证方法。

【实训内容】

本实训的网络拓扑结构如图 7-13 所示，请按照以下步骤完成 DNS 服务器的搭建和验证。

（1）在 DNS 服务器上使用系统镜像文件搭建本地 YUM 源并安装 DNS 软件，配置 DNS 服务器和客户端的 IP 地址。

（2）修改全局配置文件，指定主配置文件为*/etc/named.zones*。

（3）创建主配置文件*/etc/named.zones*，为域名 ito.siso.com 创建正向解析区域文件*/var/named/zone.ito.siso.com*，为网段 172.16.128.0/24 创建反向解析区域文件*/var/named/zone.172.16.128*。

（4）在正向解析区域文件中添加以下资源记录。

① 1 条 SOA 资源记录，保留默认值。

② 2 条 NS 资源记录，主机名分别为"dns1"和"dns2"。

③ 1 条 MX 资源记录，主机名为"mail"。

④ 4 条 A 资源记录，主机名分别为"dns1""dns2""mail""www"，IP 地址分别为 172.16.128.10、172.16.128.11、172.16.128.20 和 172.16.128.21。

⑤ 1 条 CNAME 资源记录，为主机名"www"设置别名"web"。

（5）在反向解析区域文件中添加与正向解析区域文件对应的 PTR 资源记录。

（6）使用 nslookup、dig 和 host 命令分别验证 DNS 服务。

任务 7.5　Web 服务配置与管理

任务陈述

随着互联网的不断发展和普及，Web 服务早已成为人们日常生活和学习中必不可少的组成部分。只要在浏览器的地址栏中输入一个网址，就能进入网络世界，获得几乎所有想要的资源。在本任务中，将在 CentOS 7.6 操作系统中搭建简单的 Web 服务器，并通过浏览器验证 Web 服务。本任务使用的软件是 Apache，整个 Web 服务器的搭建和维护也围绕 Apache 展开。

知识准备

7.5.1　Web 服务概述

在信息技术高度发达的今天，人们获取和传播信息的主要方式之一就是使用 Web 服务。Web 服务已经成为人们工作、学习、娱乐和社交等活动的重要工具。对于绝大多数的普通用户而言，万维网（World Wide Web，WWW）几乎就是 Web 服务的代名词。Web 服务提供的资源多种多样，可能是简单的文本，也可能是图片、音频和视频等多媒体数据。在互联网发展的早期，人们一般是通过计算机浏览器访问 Web 服务的，浏览器有很多种，如谷歌公司的 Chrome、微软公司的 Edge，以及 Mozilla 基金会的 Firefox 等。而随着移动互联网的迅猛发展，智能手机逐渐成为人们访问 Web 服务的入口。不管是浏览器还是智能手机，Web 服务的基本原理都是相同的。下面就从 Web 服务的基本原理开始，慢慢走进丰富多彩的 Web 世界。

1. Web 服务的工作原理

和前面 3 个任务中介绍的网络服务一样，Web 服务也是采用典型的客户机/服务器模式运行的。Web 服务运行于 TCP 之上。每个网站都对应一台（或多台）Web 服务器，Web 服务器中有各种资源，客户端就是用户面前的浏览器。Web 服务的工作原理并不复杂，一般可分为 4 个步骤，即连接过程、请求过程、应答过程及关闭连接过程。Web 服务的交互过程如图 7-15 所示。

V7-12 认识 Web
服务

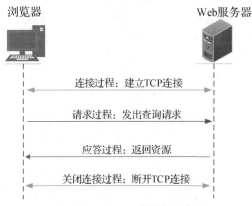

图 7-15 Web 服务的交互过程

连接过程就是浏览器和 Web 服务器之间建立 TCP 连接的过程。

请求过程就是浏览器向 Web 服务器发出资源查询请求的过程，在浏览器中输入的 URL 表示资源在 Web 服务器中的具体位置。

应答过程就是 Web 服务器根据 URL 将相应的资源返回给浏览器，浏览器则以网页的形式把资源展示给用户的过程。

关闭连接过程就是在应答过程完成以后，浏览器和 Web 服务器之间断开连接的过程。

浏览器和 Web 服务器之间的一次交互也被称为一次"会话"。

2. Web 服务相关技术

（1）超文本传输协议（Hyper Text Transfer Protocol，HTTP）是浏览器和 Web 服务器通信时所使用的应用层协议，运行在 TCP 之上。HTTP 规定了浏览器和 Web 服务器之间可以发送的消息的类型、每种消息的语法和语义、收发消息的顺序等。

HTTP 是一种无状态协议，即 Web 服务器不会保留与浏览器之间的会话状态。这种设计可以减轻 Web 服务器的处理负担，加快响应速度。

HTTP 定义了 9 种请求方法，每种请求方法都规定了浏览器和服务器之间不同的信息交换方式，常用的请求方法是 GET 和 POST。

（2）超文本标记语言（Hyper Text Markup Language，HTML）是由一系列标签组成的一种描述性语言，主要用来描述网页的内容和格式。网页中的不同内容，如文字、图形、动画、声音、表格、超链接等，都可以使用 HTML 标签来表示。

"超文本"是一种组织和管理信息的方式，它通过超链接将文本中的文字、图表与其他信息关联起来。这些相互关联的信息可能在 Web 服务器的同一个文件中，也可能在不同的文件中，甚至有可能位于两台不同的 Web 服务器中。通过超文本这种方式可以将分散的资源整合在一起，以方便用户浏览和检索信息。

V7-13 了解
HTML

7.5.2 Apache 服务的安装与启停

Apache 是世界范围内使用量排名第一的 Web 服务器软件，具有出色的安全性和跨平台特性，在常见的计算机平台上几乎都能使用，是目前最流行的 Web 服务器软件之一。Apache 软件的安装如例 7-26 所示。本任务使用 Firefox 浏览器进行测试，因此这里也要安装 Firefox 浏览器。

例 7-26：Apache 软件和 Firefox 浏览器的安装

```
[root@centos7 ~]# yum install httpd -y          // 安装 Apache 软件
[root@centos7 ~]# yum install firefox -y        // 安装 Firefox 浏览器
[root@centos7 ~]# rpm -qa | grep httpd
httpd-2.4.6-88.el7.centos.x86_64
httpd-tools-2.4.6-88.el7.centos.x86_64
```

Apache 服务的后台守护进程名为 httpd，启停 Apache 服务时，将 httpd 作为参数代入表 5-4 所示的命令中即可。例如，使用 systemctl restart httpd 命令可以来重启 Apache 服务。

为了验证 Apache 服务器是否在正常运行，可以直接在 Linux 终端窗口中使用 firefox http://127.0.0.1 命令启动 Firefox 浏览器；或者在【应用程序】菜单中打开 Firefox 浏览器，在其地址栏中输入 "http://127.0.0.1"。如果 Apache 服务器正常运行，则会进入图 7-16 所示的测试页面。

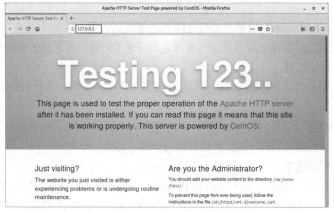

图 7-16   测试页面

7.5.3 Apache 服务端配置

Apache 服务的主配置文件是 */etc/httpd/conf/httpd.conf*。除了主配置文件外，Apache 服务的正常运行还需要几个相关的辅助文件，如日志文件和错误文件等。下面介绍 Apache 服务的主配置文件的结构和基本用法。

1. Apache 服务的主配置文件

安装 Apache 软件后自动生成的 *httpd.conf* 文件大部分是以 "#" 开头的说明行或空行。为了保持主配置文件的简洁，降低初学者的学习难度，需要先对此文件进行备份，再过滤掉所有的说明行，只保留有效的行，如例 7-27 所示。

例 7-27：过滤 httpd.conf 的说明行

```
[root@centos7 ~]# cd /etc/httpd/conf
```

```
[root@centos7 conf]# mv  httpd.conf  httpd.conf.bak
[root@centos7 conf]# grep  -v  '#'  httpd.conf.bak > httpd.conf
[root@centos7 conf]# cat  httpd.conf
ServerRoot "/etc/httpd"          <== 单行指令
Listen 80
<Directory />                    <== 配置段
    AllowOverride none
    Require all denied
</Directory>
……
DocumentRoot "/var/www/html"
```

httpd.conf 文件中包含一些单行的指令和配置段。指令的基本语法是"*参数名 参数值*",配置段是用一对标签表示的配置选项。下面介绍其常用参数。

(1)ServerRoot:设置 Apache 的服务目录,即 httpd 守护进程的工作目录,默认值是*/etc/httpd*。这个目录中保存了 Apache 的配置文件、日志文件和错误文件等重要内容。如果主配置文件中出现了以相对路径表示的文件路径,则其为相对于 ServerRoot 指定的目录。

V7-14 Directory
选项

(2)DocumentRoot:网站数据的根目录。一般来说,除了虚拟目录外,Web服务器中存储的网站资源都在这个目录中,其默认值是*/var/www/html*。

(3)Listen:指定 Apache 的监听 IP 地址和端口。Web 服务的默认工作端口是 TCP 的 80 端口。

(4)User 和 Group:指定运行 Apache 服务的用户和用户组,默认都是 apache。

(5)ServerAdmin:指定网站管理员的电子邮箱。当网站出现异常状况时,系统会向管理员的电子邮箱发送错误信息。

(6)ServerName:指定 Apache 服务器的主机名,要保证这个主机名是能够被 DNS 服务器解析的,或者可以在*/etc/hosts* 文件中找到相关记录。

(7)Directory:设置 Apache 服务器中资源目录的路径、权限及其他相关属性。

(8)DirectoryIndex:指定网站的首页,默认的首页文件是 *index.html*。

下面通过一个简单的实例演示 Apache 服务的主配置文件的基本用法。

2. 设置文档根目录和首页

Web 服务器中的各种资源默认保存在文档根目录中。一般来说,人们会根据实际需求指定文档根目录。这里将网站的文档根目录设为*/siso/www*,并将网站的首页设为 *default.html*。

第1步,创建文档根目录和首页文件,如例 7-28 所示。

例 7-28:创建文档根目录和首页文件

```
[root@centos7 ~]# mkdir  -p  /siso/www
[root@centos7 ~]# chmod  -R  o+rx  /siso
[root@centos7 ~]# ls  -ld  /siso   /siso/www
drwxr-xr-x.   3   root  root   17   12月  5 23:13   /siso
drwxr-xr-x.   2   root  root   6    12月  5 23:13   /siso/www
[root@centos7 ~]# echo  "This is my first website..." > /siso/www/default.html
[root@centos7 ~]# ls  -l  /siso/www/default.html
```

```
-rw-r--r--.  1  root  root  28  12月  5 23:13  /siso/www/default.html
```

第2步，在 Apache 服务的主配置文件中，修改 DocumentRoot 和 DirectoryIndex 参数，并将默认的 Directory 配置段中的路径修改为*/siso/www*，如例 7-29 所示。

例 7-29：修改 Apache 服务的主配置文件

```
[root@centos7 ~]# vim  /etc/httpd/conf/httpd.conf
#DocumentRoot "/var/www/html"          <== 默认是/var/www/html
DocumentRoot "/siso/www"

#<Directory "/var/www/html">           <== 默认是/var/www/html
<Directory "/siso/www">
    Options Indexes FollowSymLinks
    AllowOverride None
    Require all granted
</Directory>

<IfModule dir_module>
    DirectoryIndex default.html index.html       <== 默认只有 index.html
    DirectoryIndex
</IfModule>
```

第3步，重启 Apache 服务，在 Firefox 浏览器的地址栏中输入"http://127.0.0.1/default.html"进行测试。虽然 Apache 服务的主配置文件没有问题，但是 Firefox 浏览器没有显示第1步中设置的首页，而是图 7-17 所示的错误页面。

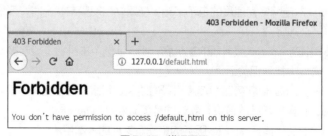

图 7-17　错误页面

根据页面的提示信息，发现错误原因是没有权限访问 *default.html* 文件，这是 SELinux 的安全策略所导致的。使用 setenforce 0 命令将 SELinux 的安全策略设为允许模式，再次测试即可进入首页，如图 7-18 所示。

图 7-18　首页

所以，在启用 Apache 服务后一定要修改 SELinux 的安全策略。另外，因为这里是直接在 Apache

服务器中访问 Web 服务，所以不涉及防火墙的问题。为了能够在其他 Web 客户端上访问 Web 服务，需要修改 Apache 服务器的防火墙设置以放行 HTTP 服务，如例 7-30 所示。

例 7-30：修改防火墙设置以放行 HTTP 服务

```
[root@centos7 ~]# firewall-cmd --permanent --add-service=http
[root@centos7 ~]# firewall-cmd --reload
```

需要特别注意的是，由于 Apache 的后台守护进程以 apache 用户身份运行，所以必须合理设置 apache 用户对文档根目录和首页文件的访问权限。具体而言，apache 用户对文档根目录要有读和执行权限，对首页文件要有读权限。

3. 设置虚拟目录

V7-15 配置
Apache 访问列表

有时候，用户希望在网站根目录之外的地方存放网站资源。对于用户来说，访问这些资源的方式和访问根目录内部资源的方式完全相同，实现这种功能的技术称为虚拟目录。虚拟目录有两个显著的优点：一是可以为不同的虚拟目录设置不同的访问权限，实现对网站资源的灵活管理；二是可以隐藏网站资源的真实路径，用户在浏览器中只能看到虚拟目录的名称，可以在一定程度上提高服务器的安全性。

每个虚拟目录都对应 Apache 服务器中的一个真实的物理目录，从这个意义上来说，虚拟目录其实就是物理目录的"别名"。创建虚拟目录时，要经过创建物理目录、指定物理目录的访问权限、创建首页、指定物理目录别名等步骤。下面以已搭建好的 Apache 服务器为基础，把一个物理目录 */ito/pub* 以虚拟目录的形式发布出去。虚拟目录的名称是 */doc*，首页使用默认的 *index.html*。

第 1 步，创建物理目录和首页文件并修改访问权限，如例 7-31.1 所示。

例 7-31.1：虚拟目录——创建物理目录和首页文件并修改访问权限

```
[root@centos7 ~]# mkdir -p /ito/pub
[root@centos7 ~]# chmod -R o+rx /ito
[root@centos7 ~]# echo "we're now in '/ito/pub'" > /ito/pub/index.html
```

第 2 步，修改 Apache 服务的主配置文件。在主配置文件中为物理目录指定别名并设置目录的访问权限，如例 7-31.2 所示。

例 7-31.2：虚拟目录——为物理目录指定别名并设置目录的访问权限

```
[root@centos7 ~]# vim /etc/httpd/conf/httpd.conf
Alias /doc "/ito/pub"          <== 为/ito/pub 指定别名/doc
<Directory "/ito/pub">         <== 这里是物理目录的真实路径
    AllowOverride none
    Require all granted
</Directory>
```

第 3 步，重启 Apache 服务，检查防火墙和 SELinux 的设置。

第 4 步，测试虚拟目录，在浏览器的地址栏中输入"http://127.0.0.1/doc/index.html"，进入图 7-19 所示的页面。可以看到，浏览器中只有别名，没有实际的物理目录。

图 7-19　测试虚拟目录的页面

7.5.4 配置虚拟主机

虚拟主机是一种在一台物理主机上搭建多个网站的技术。使用虚拟主机技术可以减少搭建 Web 服务器的硬件投入，降低网站维护成本。Apache 服务器中有 3 种类型的虚拟主机，分别是基于 IP 地址、基于域名和基于端口号的虚拟主机。

1. 基于 IP 地址的虚拟主机

基于 IP 地址的虚拟主机是指先为一台 Web 服务器设置多个 IP 地址，再把每个网站绑定到不同的 IP 地址上，通过 IP 地址访问网站。

在下面的实验中，要为 Apache 服务器分配两个 IP 地址——192.168.100.100 和 192.168.100.101，并利用这两个 IP 地址配置两台虚拟主机。

第 1 步，为 Apache 服务器分配两个 IP 地址。在网卡配置文件中添加以下内容并重启网络服务，如例 7-32.1 所示。

例 7-32.1：基于 IP 地址的虚拟主机——分配 IP 地址并重启网络服务

```
[root@centos7 ~]# vim /etc/sysconfig/network-scripts/ifcfg-ens33
IPADDR0=192.168.100.100
PREFIX0=24
GATEWAY0=192.168.100.2
IPADDR1=192.168.100.101
PREFIX1=24
GATEWAY1=192.168.100.2
DNS1=192.168.100.100
[root@centos7 ~]# systemctl restart network
```

第 2 步，为两台虚拟主机分别创建文档根目录和首页文件并修改权限，如例 7-32.2 所示。

例 7-32.2：基于 IP 地址的虚拟主机——创建文档根目录和首页文件并修改权限

```
[root@centos7 ~]# mkdir -p /siso/www1
[root@centos7 ~]# mkdir -p /siso/www2
[root@centos7 ~]# chmod o+rx /siso/www1
[root@centos7 ~]# chmod o+rx /siso/www2
[root@centos7 ~]# echo "we're now in www1's homepage..." > /siso/www1/index.html
[root@centos7 ~]# echo "we're now in www2's homepage..." > /siso/www2/index.html
```

第 3 步，新建和虚拟主机对应的配置文件*/etc/httpd/conf.d/vhost.conf*，添加以下内容，为两台虚拟主机分别指定文档根目录，如例 7-32.3 所示。

例 7-32.3：基于 IP 地址的虚拟主机——指定文档根目录

```
[root@centos7 ~]# vim /etc/httpd/conf.d/vhost.conf
<Virtualhost 192.168.100.100>
   DocumentRoot /siso/www1
   <Directory />
      AllowOverride none
      Require all granted
   </Directory>
```

```
</Virtualhost>

<Virtualhost 192.168.100.101>
    DocumentRoot /siso/www2
    <Directory />
        AllowOverride none
        Require all granted
    </Directory>
</Virtualhost>
```

第 4 步,重启 Apache 服务,检查防火墙和 SELinux 的设置。

第 5 步,在浏览器的地址栏中分别输入"http://192.168.100.100/index.html"和"http://192.168.100.101/index.html",可以看到两台虚拟主机的首页,如图 7-20 所示。

（a）　　　　　　　　　　　　　　　（b）

图 7-20　基于 IP 地址的虚拟主机

2. 基于域名的虚拟主机

基于域名的虚拟主机只要为 Apache 服务器分配一个 IP 地址即可。各虚拟主机之间共享物理主机的 IP 地址,通过不同的域名进行区分。因此,创建基于域名的虚拟主机时需要在 DNS 服务器中创建多条主机资源记录,使不同的域名对应同一个 IP 地址。

现在要在 IP 地址为 192.168.100.100 的虚拟机上同时搭建 DNS 服务器和两台基于域名的虚拟主机。两台虚拟主机的域名分别是 www1.siso.edu.cn 和 www2.siso.edu.cn,其他要求和配置与基于 IP 地址的虚拟主机相同。

第 1 步,在 DNS 服务的正向解析区域文件中添加两条 A 资源记录,如例 7-33.1 所示。DNS 服务器的具体配置方法请参考任务 7.4。

例 7-33.1:基于域名的虚拟主机——在正向解析区域文件中添加 A 资源记录

```
[root@centos7 ~]# vim /var/named/zone.siso.edu.cn
www1    IN          A              192.168.100.100
www2    IN          A              192.168.100.100
```

第 2 步,为两个网站分别创建文档根目录和首页文件,并修改权限。这一步与基于 IP 地址的虚拟主机的设置完全相同,如例 7-32.2 所示,这里不赘述。

第 3 步,修改 /etc/httpd/conf.d/vhost.conf 文件的内容,如例 7-33.2 所示。

例 7-33.2:基于域名的虚拟主机——修改文件的内容

```
[root@centos7 ~]# vim /etc/httpd/conf.d/vhost.conf
<Virtualhost 192.168.100.100>
    DocumentRoot /siso/www1
    ServerName www1.siso.edu.cn
    <Directory />
```

```
        AllowOverride none
        Require all granted
    </Directory>
</Virtualhost>


<Virtualhost 192.168.100.100>
    DocumentRoot /siso/www2
    ServerName www2.siso.edu.cn
    <Directory />
        AllowOverride none
        Require all granted
    </Directory>
</Virtualhost>
```

第4步，重启 Apache 服务，检查防火墙和 SELinux 的设置。

第5步，在浏览器的地址栏中分别输入"http://www1.siso.edu.cn/index.html"和"http://www2.siso.edu.cn/index.html"，可以看到两台虚拟主机的首页，如图 7-21 所示。

图 7-21　基于域名的虚拟主机

3. 基于端口号的虚拟主机

基于端口号的虚拟主机和基于域名的虚拟主机类似，为物理主机分配一个 IP 地址即可，只是各虚拟主机之间通过不同的端口号进行区分，而不是域名。配置基于端口号的虚拟主机需要在 Apache 服务的主配置文件中通过 Listen 指令启用多个监听端口。

假设要在 IP 地址为 192.168.100.100 的虚拟机上搭建两台基于端口号的虚拟主机，监听端口分别是 8080 和 8090，文档根目录分别是*/siso/www8080* 和*/siso/www8090*，其他要求和创建基于 IP 地址的虚拟主机相同。

第1步，为两台虚拟主机分别创建文档根目录和首页文件并修改权限，如例 7-34.1 所示。

例 7-34.1：基于端口号的虚拟主机——创建文档根目录和首页文件并修改权限

```
[root@centos7 ~]# mkdir -p /siso/www8080
[root@centos7 ~]# mkdir -p /siso/www8090
[root@centos7 ~]# chmod o+rx /siso/www8080
[root@centos7 ~]# chmod o+rx /siso/www8090
[root@centos7 ~]# echo "www8080's homepage..." > /siso/www8080/index.html
[root@centos7 ~]# echo "www8090's homepage..." > /siso/www8090/index.html
```

第2步，在 Apache 服务的主配置文件中启用 8080 和 8090 两个监听端口，如例 7-34.2 所示。

例 7-34.2：基于端口号的虚拟主机——启用监听端口

```
[root@centos7 ~]# vim /etc/httpd/conf/httpd.conf
```

```
Listen 8080

Listen 8090
```

第 3 步，修改 /etc/httpd/conf.d/vhost.conf 文件的内容，如例 7-34.3 所示。

例 7-34.3：基于端口号的虚拟主机——修改文件的内容

```
[root@centos7 ~]# vim  /etc/httpd/conf.d/vhost.conf
<Virtualhost 192.168.100.100:8080>

  DocumentRoot /siso/www8080

  <Directory />

      AllowOverride none

      Require all granted

  </Directory>

</Virtualhost>


<Virtualhost 192.168.100.100:8090>

  DocumentRoot /siso/www8090

  <Directory />

      AllowOverride none

      Require all granted

  </Directory>

</Virtualhost>
```

第 4 步，重启 Apache 服务，检查防火墙和 SELinux 的设置。

第 5 步，在浏览器的地址栏中分别输入"http://192.168.100.100:8080/index.html"和"http://192.168.100.100:8090/index.html"，可以看到两台虚拟主机的首页，如图 7-22 所示。

（a）　　　　　　　　　　　　　　　　　　　　　（b）

图 7-22　基于端口号的虚拟主机

任务实施

实验：搭建 Web 服务器

本任务案例选自 2022 年全国职业院校技能大赛网络系统管理赛项试题库，稍做了修改。

某集团总部为了促进总部和各分部间的信息共享，需要在总部应用服务器安装 Apache 软件，向总部和各分部提供 Web 服务。Apache 服务器安装了 CentOS 7.6 操作系统，具体要求如下。

（1）使用本地 YUM 源安装 Apache 软件。

（2）Apache 服务器 IP 地址为 192.168.100.100，使用域名 www.chinaskills.cn 进行访问。

（3）网站根目录为 /data/webdata。

（4）网站首页为 index.html，内容是"Welcome to 2022 Computer Network Application Contest!"。

以下是完成本任务的操作步骤。

第 1 步，设置虚拟机 IP 地址为 192.168.100.100，安装 Apache 软件。

第 2 步，参照任务 7.4 配置 DNS 服务，建立 192.168.100.100 和 www.chinaskills.cn 的对应关系，确保域名解析正确，如例 7-35.1 所示。

例 7-35.1：搭建 Apache 服务器——配置 DNS 服务

```
[root@appsrv ~]# vim /var/named/zone.chinaskills.cn
www       IN  A   192.168.100.100
[root@appsrv ~]# systemctl restart named
[root@appsrv ~]# nslookup www.chinaskills.cn
Server:      192.168.100.100
Address:     192.168.100.100#53
Name:    www.chinaskills.cn
Address:    192.168.100.100
```

第 3 步，创建网站根目录和首页文件并修改权限，如例 7-35.2 所示。

例 7-35.2：搭建 Apache 服务器——创建网站根目录和首页文件并修改权限

```
[root@appsrv ~]# mkdir -p /data/webdata
[root@appsrv ~]# chmod o+rx /data/webdata
[root@appsrv ~]# vim /data/webdata
[root@appsrv ~]# vim /data/webdata/index.html
Welcome to 2019 Computer Network Application Contest!  <== 添加这一行内容
```

第 4 步，修改 Apache 服务的主配置文件，添加或修改以下内容，如例 7-35.3 所示。

例 7-35.3：搭建 Apache 服务器——修改 Apache 服务的主配置文件

```
[root@appsrv ~]# vim /etc/httpd/conf/httpd.conf
Listen 80
ServerName www.chinaskills.cn
DocumentRoot "/data/webdata"
<Directory "/data/webdata">
    AllowOverride None
    Require all granted
    DirectoryIndex index.html
</Directory>
```

第 5 步，重启 Apache 服务，检查防火墙和 SELinux 的设置。

第 6 步，在浏览器的地址栏中输入"http://www.chinaskills.cn"，验证页面如图 7-23 所示。

图 7-23 验证页面

知识拓展

很多网站向用户提供了"个人主页"的功能，允许用户在权限范围内管理自己的主页空间。使用 Apache 软件搭建的 Web 服务器也能够实现个人主页的功能，且步骤比较简单，读者可扫描二维码详细了解具体方法。

知识拓展 7.5 设置
用户个人主页

任务实训

本实训的主要任务是在 CentOS 7.6 操作系统中搭建 Apache 服务器，练习文档根目录、首页文件、用户个人主页和虚拟主机的配置，并完成相关访问控制规则的配置。

【实训目的】

（1）理解 Apache 服务器主配置文件的结构。

（2）掌握 Apache 服务器常用功能的配置方法。

（3）掌握 Apache 服务器访问控制规则的配置方法。

【实训内容】

请按照以下步骤完成 Apache 服务器的搭建和验证。

（1）在 Apache 服务器中使用系统镜像文件搭建本地 YUM 源并安装 Apache 软件，配置 Apache 服务器和客户端的 IP 地址。

（2）测试 Apache 软件是否安装成功。

（3）将文档根目录设置为 *siso/web*，默认首页文件使用 *default.html*，内容为"Welcome to SISO!"。

（4）新建系统用户 zys，在 Apache 服务器中启用个人主页功能。

（5）分别以基于 IP 地址、基于域名和基于端口号的形式在 Apache 服务器中搭建虚拟主机。

任务 7.6　FTP 服务配置与管理

任务陈述

FTP 历史悠久，是计算机网络领域中应用最广泛的应用层协议之一。FTP 基于 TCP 运行，是一种可靠的文件传输协议，具有跨平台、跨系统的特征。FTP 采用客户机/服务器模式，允许用户方便地上传和下载文件。对于每一个网络管理员来说，FTP 服务的配置和管理是必须掌握的基本技能。本任务从 FTP 的基本概念讲起，内容包括 FTP 的工作原理、FTP 模式、用户分类，以及 FTP 服务器的搭建和验证。

知识准备

7.6.1　FTP 服务概述

FTP 服务的主要功能是实现 FTP 客户端和 FTP 服务器之间的文件共享。用户可以在客户端上使用 FTP 命令连接 FTP 服务器来上传和下载文件，也可以借助一些专门的 FTP 客户端软件，如 FileZilla，更加方便地进行文件传输。下面介绍 FTP 的工作原理。

1. FTP 的工作原理

FTP 服务基于客户机/服务器模式运行，FTP 客户端和 FTP 服务器需要在建立 TCP 连接后才能进行文件传输。根据建立连接方式的不同，可把 FTP 的工作模式分为主动模式和被动模式两种，如图 7-24 所示。

V7-16 FTP 工作模式

（1）主动模式

FTP 客户端随机选择一个端口（一般大于 1024，这里假设为 Port A）与 FTP 服务器的 21 端口建立 TCP 连接，这条 TCP 连接被称为控制信道。FTP 客户端通过控制信道向 FTP 服务器发送指令，如查询、上传或下载等。

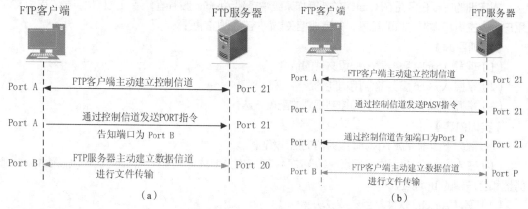

（a）　　　　　　　　　　　（b）

图 7-24　FTP 的两种工作模式

当 FTP 客户端需要数据时，先随机启用另一个端口（一般大于 1024，假设为 Port B），再通过控制信道向 FTP 服务器发送 PORT 指令，通知 FTP 服务器采用主动模式传输数据，以及客户端接收数据的端口为 Port B。最后 FTP 服务器使用 20 号端口与 FTP 客户端的 Port B 端口建立 TCP 连接，这条连接被称为数据信道。FTP 服务器和 FTP 客户端使用数据信道进行实际的文件传输。

在主动模式下，控制信道的发起方是 FTP 客户端，而数据信道的发起方是 FTP 服务器。如果 FTP 客户端有防火墙限制，或者使用了 NAT 服务，那么 FTP 服务器很可能无法与 FTP 客户端建立数据信道。

（2）被动模式

在被动模式下，控制信道的建立和主动模式完全相同，这里假设 FTP 客户端仍然使用 Port A 端口。当 FTP 客户端需要数据时，通过控制信道向 FTP 服务器发送 PASV 指令，通知 FTP 服务器采用被动模式传输数据。FTP 服务器收到 FTP 客户端的被动联机请求后，随机启用一个端口（一般大于 1024，假设为 Port P），并通过控制信道将这个端口告知 FTP 客户端。最后，FTP 客户端随机使用另一个端口（一般大于 1024，假设为 Port B）与 FTP 服务器的 Port P 建立 TCP 连接，这条连接就是数据信道。

在被动模式下，数据信道的发起方是 FTP 客户端。服务器的安全访问控制一般比较严格，因此 FTP 客户端很可能不能使用被动模式与位于防火墙后方或内部网络的 FTP 服务器建立数据连接。

不管是主动模式还是被动模式，为了完成文件传输，在 FTP 客户端和 FTP 服务器之间都必须建立控制信道和数据信道两条 TCP 连接。控制信道在整个 FTP 会话过程中始终保持打开状态，数据信道只有在传输文件时才建立。数据传输完毕，先关闭数据信道，再关闭控制信道。FTP 的控制信息是通过独立于数据信道的控制信道传输的，这种方式被称为"带外传输"，也是 FTP 区别于其他网络协议的显著特征。

2. FTP 的用户分类

一般来说，管理员会根据资源的重要性向不同的用户开放访问权限。FTP 有以下 3 种类型的用户。

（1）匿名用户

如果要在 FTP 服务器中共享一些公开的、没有版权和保密性要求的文件，那么可以允许用户匿名访问。匿名用户在 FTP 服务器中没有对应的系统账户。如果对匿名用户的权限不加限制，则很可能给 FTP 服务器带来严重的安全隐患。关于匿名用户的配置和管理详见 7.6.3 节。

（2）本地用户

本地用户又称实体用户，即实际存在的操作系统用户。以本地用户身份登录 FTP 服务器时，默认目录就是系统用户的主目录，但是本地用户可以切换到其他目录。本地用户能执行的 FTP 操作主要取决于用户在文件系统中的权限。另外，泄露了 FTP 用户的账号和密码，就相当于将操作系统的账号和密码暴露在外，安全风险非常高。因此，既要对本地用户的权限加以控制，又要妥善管理本地用户的账号和密码。

（3）虚拟用户

虚拟用户也称访客用户，是指可以使用 FTP 服务但不能登录操作系统的特殊账户。虚拟用户并不是真实的操作系统用户，因此不能登录操作系统。一般要严格限制虚拟用户的访问权限，如为每个虚拟用户设置不同的主目录，只允许用户访问自己的主目录而不能访问其他系统资源。

7.6.2 FTP 服务的安装与启停

vsftpd 是一款非常受欢迎的 FTP 软件，vsftpd 突出了 FTP 的安全性，着力于构建安全可靠的 FTP 服务器。vsftpd 软件的安装如例 7-36 所示。

例 7-36： vsftpd 软件的安装

```
[root@centos7 ~]# yum install vsftpd -y     // 安装 vsftpd 软件
[root@centos7 ~]# rpm -qa | grep vsftpd
vsftpd-3.0.2-28.el7.x86_64
```

FTP 服务的后台守护进程名为 vsftpd，启停 FTP 服务时，将 vsftpd 作为参数代入表 5-4 所示的命令中即可。例如，使用 systemctl restart vsftpd 命令可以重启 FTP 服务。

另外，需要在 FTP 客户端上安装 FTP 客户端软件，这样即可在 FTP 客户端上通过 ftp 命令访问 FTP 服务，如例 7-37 所示。

例 7-37：安装 FTP 客户端软件

```
[root@centos7 ~]# yum install ftp -y     // 安装 FTP 客户端软件
```

7.6.3 FTP 服务端配置

FTP 服务的登录用户分为 3 种，每种用户的配置方法各不相同。除了主配置文件外，FTP 服务的运行还涉及其他配置文件。下面先来介绍 FTP 服务的主配置文件，其他配置文件在使用到的时候再详细说明。

1. FTP 服务的主配置文件

FTP 服务的主配置文件是*/etc/vsftpd/vsftpd.conf*。由于主配置文件的内容大多是以"#"开头的说明信息，所以这里仍然先对文件进行备份，再过滤掉其所有的说明行，如例 7-38 所示。

V7-17 FTP 基本配置

例 7-38：过滤掉 vsftpd.conf 的所有说明行

```
[root@centos7 ~]# cd /etc/vsftpd
[root@centos7 vsftpd]# mv vsftpd.conf vsftpd.conf.bak
[root@centos7 vsftpd]# grep -v '#' vsftpd.conf.bak > vsftpd.conf
[root@centos7 vsftpd]# cat vsftpd.conf
anonymous_enable=YES
local_enable=YES
write_enable=YES
```

FTP 服务的主配置文件的结构相对比较简单，以"#"开头的是说明行，其他的是具体的参数，格式为"*参数名=参数值*"，注意，"="前后不能有空格。FTP 的参数中有一些是全局参数，这些参数对 3 种类型的登录用户都适用，还有一些是与实际的登录用户相关的参数。FTP 服务的主配置文件中常用的全局参数如表 7-8 所示。

表 7-8　FTP 服务的主配置文件中常用的全局参数

参数名	功能
listen	指定 FTP 服务是否以独立方式运行，默认为 NO
listen_address	指定独立方式下 FTP 服务的监听地址
listen_port	指定独立方式下 FTP 服务的监听端口，默认是 21 号端口
max_clients	指定最大的客户端连接数，值为 0 时表示不限制客户端连接数量
max_per_ip	指定同一 IP 地址可以发起的最大连接数，值为 0 时表示不限制连接数量
port_enable	指定是否允许主动模式，默认为 YES
pasv_enable	指定是否允许被动模式，默认为 YES
write_enable	指定是否允许用户进行上传文件、新建目录、删除文件和目录等操作，默认为 NO
download_enable	指定是否允许用户下载文件，默认为 YES
vsftpd_log_file	vsftpd 进程的日志文件，默认是 */var/log/vsftpd.log*
userlist_enable userlist_deny userlist_file	结合使用以允许或禁止某些用户使用 FTP 服务

下面针对 3 种不同类型的 FTP 用户，分别介绍为其配置 FTP 服务器的方法。3 种用户使用的网络拓扑结构相同，如图 7-25 所示。两台 CentOS 7.6 虚拟机的网络连接方式均为 NAT 模式，实验前要保证这 2 台虚拟机的网络连通性。

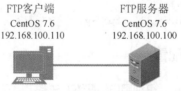

FTP客户端　　　　　　FTP服务器
CentOS 7.6　　　　　　CentOS 7.6
192.168.100.110　　　192.168.100.100

图 7-25　FTP 服务网络拓扑结构

2. 匿名用户登录 FTP 服务器

对于匿名用户登录 FTP 服务器的情况，要特别注意控制匿名用户的访问权限和根目录，这可以通过设置 FTP 服务的主配置文件中与匿名用户相关的参数来实现。FTP 服务的主配置文件中与匿名用户相关的常用参数如表 7-9 所示。

表 7-9　FTP 服务的主配置文件中与匿名用户相关的常用参数

参数名	功能
anonymous_enable	是否允许匿名用户登录，默认为 YES
anon_root	匿名用户登录后使用的根目录。这里的根目录是指匿名用户的主目录，而不是文件系统的根目录 "/"
ftp_username	匿名用户登录后具有哪个用户的权限，即匿名用户以哪个用户的身份登录，默认是 ftp 用户
no_anon_password	如果设为 YES，那么 FTP 服务不会向匿名用户询问密码，默认为 NO
anon_upload_enable	是否允许匿名用户上传文件，默认为 NO。必须启用 write_enable 参数才能使 anon_upload_enable 生效
anon_mkdir_write_enable	是否允许匿名用户创建目录，默认为 NO。必须启用 write_enable 参数才能使 anon_mkdir_write_enable 生效
anon_umask	匿名用户上传文件时使用的 umask 值，默认为 077
anon_other_write_enable	是否允许匿名用户执行除上传文件和创建目录之外的写操作，如删除和重命名，默认为 NO
anon_max_rate	指定匿名用户的最大传输速率，单位是 B/s，值为 0 时表示不限制传输速率，默认为 0

下面通过一个具体的例子来了解匿名用户登录 FTP 服务器的配置方法。具体要求如下：允许匿名用户登录，根目录是*/var/anon_ftp*，只能下载文件，不可以上传、删除和重命名文件也不可以创建目录等。

第 1 步，在 FTP 服务器中创建根目录，并在根目录中新建测试文件 *file1.100*，扩展名 ".100" 表示其为 FTP 服务器中的文件，如例 7-39.1 所示。

例 7-39.1：配置匿名用户登录——创建根目录和测试文件

```
[root@centos7 ~]# mkdir -p /var/anon_ftp
[root@centos7 ~]# ls -ld /var/anon_ftp
drwxr-xr-x.  2  root  root      6  12月 5 20:13    /var/anon_ftp
[root@centos7 ~]# touch /var/anon_ftp/file1.100
```

第 2 步，修改 FTP 服务的主配置文件，添加或修改以下内容，如例 7-39.2 所示。

例 7-39.2：配置匿名用户登录——修改 FTP 服务的主配置文件

```
[root@centos7 ~]# vim /etc/vsftpd/vsftpd.conf
anonymous_enable=YES              <==允许匿名登录
anon_root=/var/anon_ftp           <== 设置匿名用户根目录
write_enable=NO                   <== 全局参数，不允许写操作
```

第 3 步，重启 FTP 服务，修改防火墙和 SELinux 设置。

注意，第 4～6 步在 FTP 客户端上操作。

第 4 步，登录 FTP 客户端，在*/tmp* 目录中新建测试文件 *file1.110*，扩展名 ".110" 表示其为 FTP 客户端中的文件，如例 7-39.3 所示。

例 7-39.3：配置匿名用户登录——新建客户端测试文件

```
[zys@centos7 ~]$ cd /tmp
[zys@centos7 tmp]$ touch file1.110
```

第 5 步，使用 ftp 命令连接 FTP 服务器并查询服务器端测试文件，如例 7-39.4 所示。

例 7-39.4：配置匿名用户登录——连接 FTP 服务器并查询服务器端测试文件

```
[zys@centos7 tmp]$ ftp 192.168.100.100
```

```
Name (192.168.100.100:zys): ftp      <== 输入匿名用户的登录身份
Password:     <== 提示输入密码，这里直接按 Enter 键即可
230 Login successful.       <== 登录成功
ftp> pwd     <== 查看当前工作目录
257 "/"
ftp> ls      <== 使用 ls 命令查看文件
-rw-r--r--   1  0   0   0 Dec 05 12:14      file1.100
ftp>
```

ftp 命令后跟 FTP 服务器的 IP 地址，执行命令后进入交互模式。首先需要输入匿名用户的登录身份，即表 7-9 中 ftp_username 参数指定的用户。因为没有在 FTP 服务的主配置文件中修改 ftp_username 的值，所以这里输入默认值 ftp。系统随后提示输入密码，可以直接按 Enter 键。验证通过后可以使用其他命令执行后续操作，在本任务的【知识拓展】部分会介绍在 FTP 的交互模式中可以使用的命令。需要特别说明的是，执行 pwd 命令显示的当前工作目录是根目录"/"，但是这里的根目录并不是 FTP 服务器文件系统的根目录，而是在 FTP 服务的主配置文件中通过 anon_root 参数设置的用户的主目录，即/var/anon_ftp。如果没有特别说明，则在本项目中提到的根目录都是指用户的主目录。

V7-18 常用 FTP 命令

第 6 步，测试匿名用户的文件上传和下载权限。从 FTP 服务器中下载 file1.100 文件时操作成功，但上传 file1.110 文件时提示"550 Permission denied."，即没有权限执行上传操作，如例 7-39.5 所示，符合任务要求。

例 7-39.5：配置匿名用户登录——测试匿名用户的文件上传和下载权限

```
ftp> get file1.100
226 Transfer complete.
ftp> put file1.110
550 Permission denied.
ftp> quit
```

3. 本地用户登录 FTP 服务器

本地用户就是操作系统的真实用户。推荐的设置是允许本地用户使用 FTP 服务，但是不能登录操作系统，这样可以降低账号和密码泄露带来的系统安全风险。FTP 服务的主配置文件中与本地用户相关的常用参数如表 7-10 所示。

表 7-10　FTP 服务的主配置文件中与本地用户相关的常用参数

参数名	功能
local_enable	是否允许本地用户登录 FTP 服务器，默认为 NO
local_max_rate	指定本地用户的最大传输速率，单位是 B/s，值为 0 时表示不限制传输速率，默认为 0
local_umask	本地用户上传文件时使用的 umask 值，默认为 077
local_root	本地用户登录后使用的根目录
chroot_local_user	是否将用户锁定在根目录中，默认为 NO
chroot_list_enable	指定是否使用 chroot 用户列表文件，默认为 NO
chroot_list_file	用户列表文件。根据 chroot_list_enable 的设置，文件中的用户可能被 chroot，也可能不被 chroot

在配置本地用户登录 FTP 服务器之前，先来学习 chroot 的意义和用法。如果一个用户被 chroot，那么该用户登录 FTP 服务器后将被锁定在自己的根目录中，只能在根目录及其子目录中进行操作，无法切换到根目录以外的其他目录。

和 chroot 相关的参数有 3 个，分别是 chroot_local_user、chroot_list_enable 和 chroot_list_file。其中，chroot_local_user 用来设置是否将用户锁定在根目录中，默认为 NO，表示不锁定；如果值为 YES，则表示把所有用户都锁定在根目录中。还可以通过 chroot_list_enable 和 chroot_list_file 两个参数指定一个文件，文件中的用户作为 chroot_local_user 设置的"例外"而存在。也就是说，如果默认设置是锁定所有用户的根目录，那么文件中的用户将不被锁定，反之亦然。chroot_list_file 用于定义具体的文件名，而 chroot_list_enable 用于指定是否启用例外。3 个 chroot 参数的具体关系如表 7-11 所示。

表 7-11 3 个 chroot 参数的具体关系

chroot_list_enable 的取值	chroot_local_user 的取值	
	chroot_local_user=NO	chroot_local_user=YES
chroot_list_enable=NO	所有用户都不被 chroot	所有用户都被 chroot
chroot_list_enable=YES	所有用户都不被 chroot。chroot_list_file 文件指定的用户例外，被 chroot	所有用户都被 chroot。chroot_list_file 文件指定的用户例外，不被 chroot

下面介绍配置本地用户登录 FTP 服务器的方法。

假设软件开发中心的 FTP 服务器中有一个目录*/siso/ito*，用于保存公司的日常工作资料。用户 ss 作为 FTP 服务器的管理员，对目录有全部的读写权限，且不被 chroot；用户 zys 作为普通员工，可以执行上传及下载等操作，但是要被 chroot。下面是配置的具体操作步骤。

第 1 步，确保系统中存在本地用户 ss 和 zys。在 FTP 服务器中新建目录*/siso/ito* 及两个测试文件，如例 7-40.1 所示。

例 7-40.1：配置本地用户登录——在 FTP 服务器中新建目录及测试文件

```
[root@centos7 ~]# id ss
uid=1237(ss) gid=1237(ss) 组=1237(ss),1003(devteam1),1004(devteam2)
[root@centos7 ~]# id zys
uid=1000(zys) gid=1000(zys) 组=1000(zys),1002(devteam)
[root@centos7 ~]# mkdir -p /siso/ito
[root@centos7 ~]# ls -ld /siso/ito
drwxr-xr-x. 2 root root 40 12月 5 20:37 /siso/ito
[root@centos7 ~]# touch /siso/ito/file2.100      // 新建服务器端测试文件
[root@centos7 ~]# touch /siso/ito/file3.100
```

第 2 步，修改 FTP 服务的主配置文件，添加或修改以下内容，重启 FTP 服务，如例 7-40.2 所示。

例 7-40.2：配置本地用户登录——修改 FTP 服务的主配置文件并重启 FTP 服务

```
[root@centos7 ~]# vim /etc/vsftpd/vsftpd.conf
write_enable=YES           <== 允许用户写入
download_enable=YES        <== 允许用户下载
local_enable=YES           <== 允许本地用户登录 FTP 服务器
local_root=/siso/ito       <== 本地用户根目录
```

227

```
chroot_local_user=YES                        <== 所有用户默认被 chroot
chroot_list_enable=YES                        <== 启用例外用户
chroot_list_file=/etc/vsftpd/chroot_list      <== 例外用户列表文件
[root@centos7 ~]# systemctl  restart  vsftpd
```

第 3 步，新建例外用户列表文件*/etc/vsftpd/chroot_list*，在其中添加用户 ss，如例 7-40.3 所示。

例 7-40.3：配置本地用户登录——添加例外用户

```
[root@centos7 ~]# vim  /etc/vsftpd/chroot_list
ss              <== 只添加用户 ss
```

第 4 步，修改防火墙和 SELinux 设置。

注意，接下来几步在 FTP 客户端上操作。

第 5 步，在 FTP 客户端上新建测试文件 *file2.110* 和 *file3.110*，如例 7-40.4 所示。

例 7-40.4：配置本地用户登录——在 FTP 客户端上新建测试文件

```
[zys@centos7 ~]$ cd  /tmp
[zys@centos7 tmp]$ touch  file2.110  file3.110
```

第 6 步，在 FTP 客户端上使用用户 zys 身份登录 FTP 服务器，测试能否更改目录，如例 7-40.5 所示。

例 7-40.5：配置本地用户登录——使用用户 zys 身份测试能否更改目录

```
[zys@centos7 tmp]$ ftp  192.168.100.100
Name (192.168.100.100:zys): zys        <== 输入用户名 zys
Password:                               <== 输入用户 zys 的密码
230 Login successful.
ftp> pwd                                <== 查看当前目录
257 "/"                                 <== 即 /siso/ito
ftp> cd  /siso                          <== 更改目录
550 Failed to change directory.         <== 更改目录失败
ftp> ls                                 <== 查看目录内容
-rw-r--r--    1   0    0    0   Nov 28 11:46      file2.100
-rw-r--r--    1   0    0    0   Nov 28 12:34      file3.100
ftp>
```

更改目录时出现错误提示"550 Failed to change directory."，说明用户 zys 被锁定在根目录中，无法更改目录。

第 7 步，继续测试下载和上传操作，如例 7-40.6 所示。

例 7-40.6：配置本地用户登录——继续测试下载和上传操作

```
ftp> get  file2.100                  <== 下载文件
226 Transfer complete.
ftp> put  file2.110                  <== 上传文件
553 Could not create file.           <== 上传文件失败
ftp> quit
```

用户 zys 可以下载文件，但是上传文件时系统提示"553 Could not create file."，即无权限创建文件。遇到这样的问题可以从以下两个方面进行排查。一是检查 FTP 服务的主配置文件中是否开放了相应的权限。在例 7-40.2 中，已经设置了允许本地用户上传文件，说明不是这方面出现了问题。二是检查本地用户在 FTP 服务器的文件系统中是否有相应的写权限。具体而言，要检查用户 zys 对*/siso/ito* 目录是否有写权限。在例 7-40.1 中，*/siso/ito* 目录的权限是"rwxr-xr-x"，用户和属组都是 root，且没有对用户 zys 开放写权限。这里可以直接赋予用户 zys 写权限，也可以修改*/siso/ito* 目录的所有者和属组，如例 7-40.7 所示。注意，这一步在 FTP 服务器中操作。

例 7-40.7：配置本地用户登录——修改根目录的权限

```
[root@centos7 ~]# chmod o+w /siso/ito// 或 chown zys /siso/ito
[root@centos7 ~]# ls -ld /siso/ito
drwxr-xrwx.  2   root root  40 12月 5 20:37        /siso/ito
```

第 8 步，修改完成后回到 FTP 客户端再次登录 FTP 服务器。奇怪的是，这次登录时出现了一个新错误，如例 7-40.8 所示。

例 7-40.8：配置本地用户登录——再次登录 FTP 服务器

```
[zys@centos7 tmp]$ ftp 192.168.100.100
Name (192.168.100.100:zys): zys
Password:
500 OOPS: vsftpd: refusing to run with writable root inside chroot()
Login failed.
421 Service not available, remote server has closed connection
ftp> quit
```

错误提示信息是"500 OOPS: vsftpd: refusing to run with writable root inside chroot()"。这是因为 vsftpd 在 2.3.5 版本之后增强了安全限制，如果用户被锁定在其主目录中，那么该用户对其主目录就不能再具有写权限！如果登录时发现还有写权限，则会出现例 7-40.8 所示的错误提示。要解决这个问题，可以在 FTP 服务的主配置文件中设置 allow_writeable_chroot 参数，并重启 FTP 服务，如例 7-40.9 所示。

例 7-40.9：配置本地用户登录——设置 allow_writeable_chroot 参数

```
[root@centos7 ~]# vim /etc/vsftpd/vsftpd.conf
allow_writeable_chroot=YES            <== 增加这一行，允许对主目录的写操作
[root@centos7 ~]# systemctl restart vsftpd
```

第 9 步，回到 FTP 客户端重新登录 FTP 服务器，再次尝试上传客户端测试文件，发现文件上传成功，如例 7-40.10 所示。

例 7-40.10：配置本地用户登录——再次上传客户端测试文件

```
[zys@centos7 tmp]$ ftp 192.168.100.100
Name (192.168.100.100:zys): zys
Password:
230 Login successful.      <==登录成功
ftp> put file2.110
226 Transfer complete.     <== 文件上传成功
ftp> ls
-rw-r--r--  1   0       0      0   Dec 05 12:37     file2.100
-rw-r--r--  1   1000    1000   0   Dec 05 13:00     file2.110
-rw-r--r--  1   0       0      0   Dec 05 12:37     file3.100
ftp> quit
```

第 10 步，在 FTP 客户端上使用用户 ss 的身份进行以上测试，如例 7-40.11 所示。

例 7-40.11：配置本地用户登录——使用用户 ss 的身份进行测试

```
[siso@localhost tmp]$ ftp  192.168.100.100
Name (192.168.100.100:zys): ss        <== 输入用户名 ss
Password:                  <== 输入用户 ss 的密码
230 Login successful.
ftp> pwd                   <== 查看当前目录
257 "/siso/ito"
ftp> cd /siso              <== 更改目录
250 Directory successfully changed.        <== 目录更改成功
ftp> pwd                   <== 确认目录是否更改
257 "/siso"
ftp>cd ito                 <== 返回根目录
250 Directory successfully changed.
ftp> get file3.100    <== 下载文件
226 Transfer complete.
ftp> put file3.110    <== 上传文件
226 Transfer complete.
ftp> ls
-rw-r--r--  1   0        0        0    Dec 05 12:37    file2.100
-rw-r--r--  1   1000     1000     0    Dec 05 13:00    file2.110
-rw-r--r--  1   0        0        0    Dec 05 12:37    file3.100
-rw-r--r--  1   1237     1237     0    Dec 05 13:01    file3.110
ftp> quit
```

可以看到，用户 ss 可以上传和下载文件，也可以更改目录，符合任务要求。

4. 虚拟用户登录 FTP 服务器

虚拟用户不是真实的操作系统本地用户，只能使用 FTP 服务，无法访问其他系统资源。使用虚拟用户可以对 FTP 服务器中的文件资源进行更精细的安全管理，还可以防止由于本地用户密码泄露带来的系统安全风险。FTP 服务的主配置文件中和虚拟用户相关的常用参数如表 7-12 所示。

表 7-12　FTP 服务的主配置文件中和虚拟用户相关的常用参数

参数名	功能
local_enable	启用虚拟用户时要将此参数设为 YES，默认为 NO
guest_enable	启用虚拟账户功能，默认为 NO
guest_username	虚拟账户对应的本地用户
user_config_dir	用户自定义配置文件所在目录
virtual_use_local_privs	指定虚拟账户是否和本地用户具有相同的权限，默认为 NO
anon_upload_enable	允许虚拟用户上传文件时要将此参数设为 YES，默认为 NO
pam_service_name	vsftpd 使用的可插拔认证模块（Plugable Authentication Module，PAM）的名称

使用虚拟用户登录 FTP 服务器时，虚拟用户会被映射为一个本地用户。默认情况下，虚拟用户和匿名用户具有相同的权限，尤其是在写权限方面，一般倾向于对虚拟用户进行更加严格的访问控制。

可以为每个虚拟用户指定不同的自定义配置文件，并放在 user_config_dir 参数指定的目录中，文件名为虚拟用户的用户名。自定义配置文件中的设置具有更高的优先级，因此 vsftpd 将优先使用这些设置。如果某个用户没有自定义配置文件，则直接使用 FTP 服务的主配置文件 *vsftpd.conf* 中的设置。

下面介绍配置虚拟用户登录 FTP 服务器的方法。

假设要创建两个虚拟用户 vuser1 和 vuser2，根目录分别为*/siso/ito/pub* 和*/var/ftp/vuser*，分别映射到本地用户 itopub 和 ftp；vuser1 可以上传和下载文件，vuser2 只能下载文件。下面是配置的具体操作步骤。

第 1 步，创建保存虚拟用户的用户名和密码的文件，奇数行是用户名，偶数行是密码，使用 db_load 命令生成本地账号数据库文件，如例 7-41.1 所示。

例 7-41.1：配置虚拟用户登录——生成本地账号数据库文件

```
[root@centos7 ~]# cd /etc/vsftpd
[root@centos7 vsftpd]# vim vuser.pwd
vuser1          <== 奇数行是用户名
123456          <== 偶数行是密码
vuser2
abcdef
[root@centos7 vsftpd]# db_load -T -t hash -f vuser.pwd vuser.db
[root@centos7 vsftpd]# chmod 700 vuser.db
[root@centos7 vsftpd]# ls -l vuser*
-rwx------. 1 root root 12288 12月 5 21:14    vuser.db
-rw-r--r--. 1 root root    28 12月 5 21:13    vuser.pwd
```

第 2 步，为了使用第 1 步中生成的数据库文件对虚拟用户进行验证，需要调用操作系统提供的 PAM。修改 vsftpd 对应的 PAM 配置文件*/etc/pam.d/vsftpd*，将默认配置全部过滤掉并添加以下内容，如例 7-41.2 所示。

例 7-41.2：配置虚拟用户登录——修改 PAM 配置文件

```
[root@centos7 vsftpd]# vim /etc/pam.d/vsftpd
auth       required    pam_userdb.so    db=/etc/vsftpd/vuser
account    required    pam_userdb.so    db=/etc/vsftpd/vuser
```

第 3 步，创建 vuser1 的根目录和测试文件并修改其权限，新建 vuser1 的映射用户 itopub，如例 7-41.3 所示。

例 7-41.3：配置虚拟用户登录——创建 vuser1 的根目录和测试文件并修改其权限

```
[root@centos7 vsftpd]# mkdir -p /siso/ito/pub
[root@centos7 vsftpd]# chmod o+w /siso/ito/pub
[root@centos7 vsftpd]# ls -ld /siso/ito/pub
drwxr-xrwx. 2  root root  6 12月 5 21:19 /siso/ito/pub
[root@centos7 vsftpd]# touch /siso/ito/pub/file4.100
[root@centos7 vsftpd]# useradd itopub
[root@centos7 vsftpd]# passwd itopub
```

第 4 步，创建 vuser2 的根目录和测试文件并修改其权限，如例 7-41.4 所示。

例 7-41.4：配置虚拟用户登录——创建 vuser2 的根目录和测试文件并修改其权限

```
[root@centos7 vsftpd]# mkdir -p /var/ftp/vuser
[root@centos7 vsftpd]# chmod o+w /var/ftp/vuser
[root@centos7 vsftpd]# ls -ld /var/ftp/vuser
```

```
drwxr-xrwx.  2  root  root   6 12月 5 21:21  /var/ftp/vuser
[root@centos7 vsftpd]# touch /var/ftp/vuser/file5.100
```

第5步，修改 FTP 服务的主配置文件，添加或修改以下内容。通过 user_config_dir 参数指定保存用户自定义配置文件的目录，如例 7-41.5 所示。

例 7-41.5：配置虚拟用户登录——修改 FTP 服务的主配置文件

```
[root@centos7 vsftpd]# vim /etc/vsftpd/vsftpd.conf
anonymous_enable=NO
local_enable=YES
guest_enable=YES
anon_upload_enable=NO
allow_writeable_chroot=YES
user_config_dir=/etc/vsftpd/user_conf     <== 此目录要手动创建
pam_service_name=vsftpd
```

第6步，创建第5步中指定的目录，同时为两个虚拟用户添加自定义配置文件，文件名和虚拟用户名相同，如例 7-41.6 所示。

例 7-41.6：配置虚拟用户登录——添加自定义配置文件

```
[root@centos7 vsftpd]# mkdir /etc/vsftpd/user_conf
[root@centos7 vsftpd]# vim /etc/vsftpd/user_conf/vuser1  // 文件名和虚拟用户名相同
guest_username=itopub
write_enable=YES
anon_upload_enable=YES
local_root=/siso/ito/pub
[root@centos7 vsftpd]# vim /etc/vsftpd/user_conf/vuser2
guest_username=ftp
write_enable=NO
local_root=/var/ftp/vuser
```

第7步，重启 FTP 服务，并修改防火墙和 SELinux 设置。

注意，第 8～10 步在 FTP 客户端上操作。

第8步，在 FTP 客户端上创建测试文件，如例 7-41.7 所示。

例 7-41.7：配置虚拟用户登录——在 FTP 客户端上创建测试文件

```
[zys@centos7 ~]$ cd /tmp
[zys@centos7 tmp]$ touch file4.110 file5.110
```

第9步，在 FTP 客户端上使用用户 vuser1 的身份登录 FTP 服务器并测试下载和上传操作，如例 7-41.8 所示。

例 7-41.8：配置虚拟用户登录——使用用户 vuser1 的身份测试下载和上传操作

```
[zys@centos7 tmp]$ ftp 192.168.100.100
Name (192.168.100.100:zys): vuser1    <== 输入用户名 vuser1
Password:                <== 输入用户 vuser1 的密码 123456
230 Login successful.
ftp> ls
-rw-r--r--   1  0  0  0  Dec 05 13:20    file4.100
```

```
ftp> get  file4.100          <== 下载文件
226 Transfer complete.
ftp> put  file4.110          <== 上传文件
226 Transfer complete.
ftp> quit
```

第 10 步，在 FTP 客户端上使用用户 vuser2 的身份登录 FTP 服务器并测试下载和上传操作，如例 7-41.9 所示。

例 7-41.9：配置虚拟用户登录——使用用户 vuser2 的身份并测试下载和上传操作

```
[zys@centos7 tmp]$ ftp  192.168.100.100
Name (192.168.100.100:zys): vuser2      <== 输入用户名 vuser2
Password:                   <== 输入用户 vuser2 的密码 abcdef
230 Login successful.
ftp> ls
-rw-r--r--    1    0    0    0    Dec 05 13:21    file5.100
ftp> get file5.100          <== 下载文件
226 Transfer complete.
ftp> put file5.110          <== 上传文件
550 Permission denied.
ftp> quit
```

可以看到，用户 vuser1 可以上传和下载文件，用户 vuser2 只能下载文件而不能上传文件，符合任务要求。通过这种方法，实现了对不同虚拟用户访问权限的精细控制。

任务实施

实验：搭建 FTP 服务器

本任务案例选自 2022 年全国职业院校技能大赛网络系统管理赛项试题库，稍做了修改。

某集团总部为了促进总部和各分部间的信息共享，需要在总部搭建 FTP 服务器，向总部和各分部提供 FTP 服务。FTP 服务器安装了 CentOS 7.6 操作系统，具体要求如下。

（1）使用本地 YUM 源安装 vsftpd 软件。

（2）FTP 服务器 IP 地址为 192.168.100.100，使用本地用户模式。

（3）创建本地用户 tom。

（4）设置本地用户的根目录为*/data/ftp_data* 并在目录中创建 *ftp_test* 空文件。

（5）允许用户 tom 上传和下载文件。

（6）将用户 tom 锁定在其根目录中。

以下是完成本任务的操作步骤。

第 1 步，设置虚拟机 IP 地址为 192.168.100.100，安装 vsftpd 软件。

第 2 步，创建普通用户 tom，新建根目录和测试文件，如例 7-42.1 所示。

例 7-42.1：搭建 FTP 服务器——创建普通用户，新建根目录和测试文件

```
[root@appsrv ~]# useradd  tom
[root@appsrv ~]# passwd  tom
```

```
[root@appsrv ~]# mkdir  -p  /data/ftp_data
[root@appsrv ~]# chmod  o+w  /data/ftp_data
[root@appsrv ~]# touch  /data/ftp_data/ftp_test
[root@appsrv ~]# ls  -ld  /data/ftp_data
drwxr-xrwx.  2  root  root  22  12月  5 22:08  /data/ftp_data
```

第3步，修改FTP服务的主配置文件，添加以下内容，重启FTP服务，如例7-42.2所示。

例7-42.2：搭建FTP服务器——修改FTP服务的主配置文件

```
[root@appsrv ~]# vim  /etc/vsftpd/vsftpd.conf
write_enable=YES                        <== 允许用户写入
download_enable=YES                     <== 允许用户下载
local_enable=YES                        <== 允许本地用户登录FTP服务器
local_root=/data/ftp_data               <== 本地用户根目录
chroot_local_user=YES                   <== 所有用户默认被chroot
allow_writeable_chroot=YES              <== 允许对主目录进行写操作
[root@appsrv ~]# systemctl  restart  vsftpd
```

第4步，修改防火墙和SELinux的设置。

注意，以下步骤在FTP客户端上操作。

第5步，以tom用户身份登录FTP服务器并验证相关功能，如例7-42.3所示。

例7-42.3：搭建FTP服务器——登录FTP服务器并验证相关功能

```
[zys@ftpcli ~]$ cd  /tmp
[zys@ftpcli tmp]$ touch  file6.110            // 新建客户端测试文件
[siso@localhost tmp]$ ftp  192.168.100.100
Name (192.168.100.100:zys): tom         <== 输入用户名tom
Password:                               <== 输入用户tom的密码
230 Login successful.
ftp> pwd             <== 查看当前工作目录
257 "/"
ftp> ls              <== 查看目录内容
-rw-r--r--  1   0      0      0      Dec 05 14:08    ftp_test
ftp> get  ftp_test   <== 下载文件
226 Transfer complete.
ftp> put  file6.110  <== 上传文件
226 Transfer complete.
ftp> ls
-rw-r--r--  1  1240   1240    0  Dec 05 14:21    file6.110
-rw-r--r--  1   0      0      0  Dec 05 14:08    ftp_test
ftp> quit
```

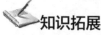 **知识拓展**

在FTP命令交互模式中使用的命令和之前学习过的Linux命令相同或类似，读者可扫描二维码详细了解常用的FTP命令及其功能。

知识拓展7.6　FTP
常用命令

任务实训

本实训的主要任务是在 CentOS 7.6 操作系统中搭建 FTP 服务器，练习匿名用户、本地用户和虚拟用户的配置方法。

【实训目的】

（1）理解 vsftpd 主配置文件的结构。

（2）掌握匿名用户登录 FTP 服务器的配置方法。

（3）掌握本地用户登录 FTP 服务器的配置方法。

（4）掌握虚拟用户登录 FTP 服务器的配置方法。

【实训内容】

本实训的网络拓扑结构如图 7-25 所示，请按照以下步骤完成 FTP 服务器的搭建和验证。

（1）在 FTP 服务器中使用系统镜像文件搭建本地 YUM 源并安装 vsftpd 软件，配置 FTP 服务器和客户端的 IP 地址。

（2）在 FTP 客户端上使用本地 YUM 源安装 FTP 软件。

（3）备份 vsftpd 主配置文件，过滤掉以"#"开头的说明行。

（4）配置匿名用户登录 FTP 服务器并进行验证，具体要求如下。

① 启用匿名用户登录功能。

② 匿名用户根目录是*/var/anon_ftp*。

③ 匿名用户只能下载文件，不能对 FTP 服务器进行任何写操作。

④ 匿名用户的最大数据传输速率是 500B/s。

（5）配置本地用户登录 FTP 服务器并进行验证，具体要求如下。

① 启用本地用户登录功能。

② 本地用户根目录是*/var/local_ftp*。

③ 新建两个本地用户 local_user1 和 local_user2。

④ 两个用户都可以上传和下载文件、创建目录等。

⑤ local_user1 被锁定在根目录中，local_user2 可以更改目录。

（6）配置虚拟用户登录 FTP 服务器并进行验证，具体要求如下。

① 启用虚拟用户登录功能。

② 新建两个虚拟用户 vir_user1 和 vir_user2，密码均为 123456。

③ 使用 db_load 命令生成数据库文件，修改 PAM 相关文件。

④ vir_user1 具有自定义配置文件，可以上传和下载文件，不被锁定在根目录中。

⑤ vir_user2 没有自定义配置文件，可以下载但不能上传文件，被锁定在根目录中。

任务 7.7 邮件服务配置与管理

任务陈述

邮件服务是互联网中使用最多的网络服务之一，邮件服务的出现极大地改变了人们工作和生活的沟通方式。借助邮件服务，人们可以随时随地接收来自同事、家人或朋友的电子邮件，就像是有一个隐形的"邮递员"整日奔波于互联网中不知疲倦地收信和送信一样。邮件服务具体是如何工作的，其中涉及哪些网络协议？在 CentOS 操作系统中如何搭建邮件服务器？这些问题将在本任务中一一得到解答。

知识准备

7.7.1　邮件服务工作过程

邮件服务运行过程中涉及多个参与方。这些参与方按照邮件协议的规定相互协作，共同完成邮件的收发操作。邮件服务的工作过程如图 7-26 所示。下面结合该图详细介绍在邮件的传输过程中各个参与方的角色和职责。

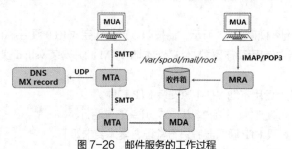

图 7-26　邮件服务的工作过程

1. MUA

邮件用户代理（Mail User Agent，MUA）即通常所说的邮件客户端，也就是安装在用户主机中的邮件客户端软件。常用的 MUA 有 Foxmail、Thunderbird 及 Outlook Express 等。用户通过 MUA 从邮件服务器接收邮件，并在 MUA 提供的界面中浏览、编写和发送邮件。

2. MTA

邮件传送代理（Mail Transfer Agent，MTA）主要负责收信与寄信。不严格地说，我们可以认为 MTA 管理了一个域名下的多个邮件账号。用户在 MUA 中创建的邮件会被发送至发件人邮件账号对应的 MTA。MTA 收到邮件后首先检查收件人信息。如果 MTA 发现收件人邮件账号对应的 MTA 不是自己，则将邮件转发给下一个 MTA（可能是最终的 MTA，也可能是另一个 MTA），这就是 MTA 的邮件转发或中继（Relay）功能。因此，MTA 收到的邮件可能来自用户主机，也可能来自其他 MTA。常用的 MTA 软件有 Sendmail、Postfix 等。

3. MDA

不管是否涉及邮件转发，最终总会有一个 MTA 接管这些邮件。该 MTA 将邮件交给邮件投递代理（Mail Deliver Agent，MDA），MDA 负责把邮件保存到收件人的收件箱中。收件箱其实是邮件服务器中的一个或多个文件。例如，保存 root 用户邮件的文件通常是 */var/spool/mail/root*。另外，MDA 除了负责把邮件保存到邮件服务器本地文件，还可以执行其他一些管理功能，如邮件过滤。常用的 MDA 软件有 Procmail、Maildrop 等。

4. MRA

邮件接收代理（Mail Receive Agent，MRA）与 MUA 交互，帮助收件人从其收件箱中收取邮件。常用的 MRA 软件有 Dovecot 等。

7.7.2　邮件服务相关协议

从图 7-26 中可以看出，邮件收发时还涉及多个邮件协议，这些协议规定了邮件的格式以及邮件收发参与方应该如何协作。限于篇幅，下文仅简单介绍常见邮件协议的主要特点。

1. SMTP

简单邮件传输协议（Simple Mail Transfer Protocol，SMTP）是一种可靠且有效的邮件传输协议，使用 TCP 的端口 25 号，是发送邮件时使用的标准协议。SMTP 定义了从发件人（源地址）到收件人（目的地址）传输邮件的规则，以及邮件在传输过程中的中转方式。从图 7-26 中可以看出，MUA 向 MTA 发送邮件以及一个 MAT 向另一个 MTA 转发邮件时使用的都是 SMTP。

SMTP 的重要特性之一是可以跨越网络传输，即 SMTP 邮件中继。使用 SMTP 可以实现同一网络内部主机之间的邮件传输，也可以通过中继器或网关实现不同网络之间的邮件传输。SMTP 服务器是遵循 SMTP 的发送邮件服务器，用来发送或转发用户发出的邮件。

2. IMAP 和 POP3

因特网消息访问协议（Internet Message Access Protocol，IMAP）和邮局协议第三版（Post Office Protocol－Version 3，POP3）是目前使用广泛的邮件接收协议。邮件客户端可以通过这些协议从邮件服务器获取邮件信息并下载邮件。从图 7-26 中可以看出，MUA 与 MRA 交互时使用的就是 IMAP 或 POP3。IMAP 和 POP3 均运行于 TCP/IP 之上，使用的端口分别是 143 和 110。

IMAP 和 POP3 在功能上体现出不同的特性。下面仅简单列举二者的几个区别，感兴趣的读者可以参考其他资料自行深入学习。

（1）IMAP 支持用户根据实际需要从邮件服务器下载邮件，而不是下载全部邮件。POP3 允许用户从邮件服务器下载所有未阅读的邮件，并在将邮件下载到本地的同时删除邮件服务器中的邮件。

（2）IMAP 支持邮件客户端和 WebMail（通过浏览器登录邮箱）的邮件状态同步。用户在邮件客户端上的操作（如已读、删除、移动邮件）会更新到邮件服务器中，而用户在 WebMail 上对邮件进行的操作也会反映到邮件客户端上。因此，用户通过邮件客户端和浏览器登录邮箱看到的邮件状态是一致的。如果使用 POP3，那么用户在客户端上的操作将不会更新到邮件服务器。

（3）IMAP 改进了 POP3 的不足，它提供的摘要浏览功能使用户可以查阅邮件的到达时间、主题、发件人、大小等信息，并决定是否收取、删除和检索邮件的特定部分，还可以在邮件服务器中创建或更改文件夹或邮箱。

（4）POP3 假定邮箱当前的连接是唯一的。IMAP 允许多个用户同时访问邮箱，并提供了一种机制使这些用户相互知道对方对邮件所做的操作。IMAP 的这个特性使其非常适合经常从多个终端设备（如手机、笔记本电脑、平板电脑等）访问邮箱的用户使用，便于用户随时随地查阅邮件。

7.7.3　邮件服务的安装与启停

本任务需要在邮件服务器中安装两款软件，即 Postfix 和 Dovecot，分别负责邮件的发送和接收。Postfix 是由任职于 IBM 华生研究中心的荷兰籍研究员 Wietse Venema 为改良 Sendmail 邮件服务器而开发的 MTA 软件。Postfix 的设计目标是更快、更容易管理、更安全，同时与 Sendmail 保持足够的兼容性。Dovecot 是一款开源的 IMAP 和 POP3 邮件接收代理软件。其开发人员将安全性放在第一位，所以 Dovecot 在安全性方面表现出色。另外，Dovecot 支持多种认证方式，在功能方面比较符合一般应用。本任务使用的邮件客户端软件是 Thunderbird。Thunderbird 功能强大，支持 IMAP 和 POP 两种邮件协议及 HTML 邮件格式，具有快速搜索、自动拼写检查等功能。Thunderbird 具有较好的安全性，不仅提供垃圾邮件过滤、反"钓鱼"欺诈等功能，还为政府和企业应用场景提供更强的安全策略，包括数字签名和信息加密等。

这几款软件的安装过程如例 7-43 所示。

例 7-43：安装邮件服务相关软件

```
[root@centos7 ~]# yum install postfix -y
[root@centos7 ~]# yum install dovecot -y
[root@centos7 ~]# yum install thunderbird -y
[root@centos7 ~]# rpm -qa | grep -E ' postfix | dovecot | thunderbird '
postfix-2.10.1-9.el7.x86_64
dovecot-2.2.36-8.el7.x86_64
thunderbird-68.10.0-1.el7.centos.x86_64
```

Postfix 和 Dovecot 的后台守护进程分别为 postfix 和 dovecot，启停方法与本项目前面介绍的几种服务类似，将对应进程代入表 5-4 所示的命令中即可，这里不赘述。

选择【应用程序】→【互联网】→【Thunderbird】选项，或者在终端窗口中直接使用 thunderbird 命令，打开 Thunderbird 主窗口，如图 7-27 所示。

图 7-27　Thunderbird 主窗口

7.7.4　邮件服务配置流程

一般来说，可以按照以下流程搭建 Linux 邮件服务器。

（1）配置 Postfix 服务器。

（2）配置 Dovecot 服务器。

（3）邮件服务器本地配置，如新建本地邮件用户、设置本机域名等。

（4）在邮件客户端上添加邮箱账号。

1. Postfix 配置要点

Postfix 的主配置文件是*/etc/postfix/main.cf*，配置格式是"*参数名=参数值*"，配置文件中以"#"开头的是注释行。Postfix 常用配置参数及其含义如表 7-13 所示。

表 7-13　Postfix 常用配置参数及其含义

参数名	含义
myhostname	邮件服务器所在主机的主机名，采用 FQDN 的形式，如 mail.siso.edu.cn
mydomain	邮件服务器管理的域名，即发件人的邮箱域名，如 siso.edu.cn
myorigin	发件人邮箱对应的域名，默认为 mydomain 参数值
mydestination	此邮件服务器能够接收的收件人邮箱域名，有多个域名时，各域名间以逗号分隔

续表

参数名	含义
mynetworks	受信任的网络范围，来自该网络的邮件可以经由此邮件服务器中继。有多个网络时，各网络间以逗号或空格分隔
inet_interfaces	Postfix 监听的网络接口，即 Postfix 接收邮件的网卡，默认为所有接口
home_mailbox	邮件的存储位置，这是相对于邮件用户本地主目录的存储位置

2. Dovecot 配置要点

Dovecot 的主配置文件是*/etc/dovecot/dovecot.conf*，也采用"*参数名=参数值*"的语法格式。Dovecot 还有若干辅助的配置文件部署在*/etc/dovecot/conf.d* 子目录中。Devecot 常用配置参数及其含义如表 7-14 所示。

表 7-14 Dovecot 常用配置参数及其含义

配置文件	参数名	含义
dovecot.conf	protocols	Dovecot 支持的协议，如 IMAP、POP3 等，各协议名间以空格分隔
	listen	Dovecot 监听的端口，"*""::"分别表示监听所有的 IPv4 和 IPv6 端口
conf.d/10-auth.conf	disable_plaintext_auth	是否允许明文密码验证
	auth_mechanisms	Dovecot 的认证机制
conf.d/10-mail.conf	mail_location	邮件存储格式及位置，要与 Postfix 接收邮件的方式相同
conf.d/10-master.conf	service imap-login 配置区段下的 port 参数	IMAP 的服务端口
	service pop3-login 配置区段下的 port 参数	POP3 的服务端口
conf.d/10-ssl.conf	ssl	是否启用安全邮件协议，如 IMAPS/POP3S

3. 邮件服务器本地设置

邮件客户端通过 Dovecot 从邮件服务器获取邮件列表并下载邮件，Dovecot 同时也负责验证用户身份。可以将用户信息存储在邮件服务器本地，将其视为操作系统用户检查*/etc/passwd* 文件；也可以将用户信息存储在数据库中，与数据库服务器建立连接后验证用户身份。本任务后续实验将采用前一种方式，因此需要在邮件服务器中新建本地用户作为邮箱账号。另外，需要设置邮件服务器的主机名和域名，并根据需要设置邮箱账号别名。具体设置方法详见下文【任务实施】部分。

4. 邮件客户端设置

邮件服务器配置完成之后，需要在邮件客户端上添加邮箱账号进行测试。本任务使用 Thunderbird 作为邮件客户端，具体设置方法详见下文【任务实施】部分。

任务实施

实验：搭建邮件服务器

本任务选自 2022 年全国职业院校技能大赛网络系统管理赛项试题库，稍做了修改。

某公司打算在内部网络应用服务器中部署邮件服务，方便员工交流。邮件服务器同时承担 DNS 服务器的功能，其网络拓扑结构如图 7-28 所示。邮件服务器安装了 CentOS 7.6 操作系统，具体要求如下。

（1）安装配置 Postfix 和 Dovecot，启用 SMTP 和 IMAP。

（2）创建测试用户 mailuser1 和 mailuser2，用户邮件均存储到用户主目录的 Maildir 中。

（3）添加广播邮箱地址 all@chinaskills.cn，当该邮箱收到邮件时，所有用户都能在自己的邮箱中查看邮件。

（4）使用 mailuser1@chinaskills.cn 向 mailuser2@chinaskills.cn 发送一封测试邮件，邮件标题为"just test mail from mailuser1"，邮件内容为"hello, mailuser2"。

（5）使用 mailuser2@chinaskills.cn 向 mailuser1@chinaskills.cn 发送一封测试邮件，邮件标题为"just test mail from mailuser2"，邮件内容为"hello, mailuser1"。

（6）使用 mailuser1@chinaskills.cn 向 all@chinaskills.cn 发送一封测试邮件，邮件标题为"just test mail from mailuser1 to all"，邮件内容为"hello, all"。

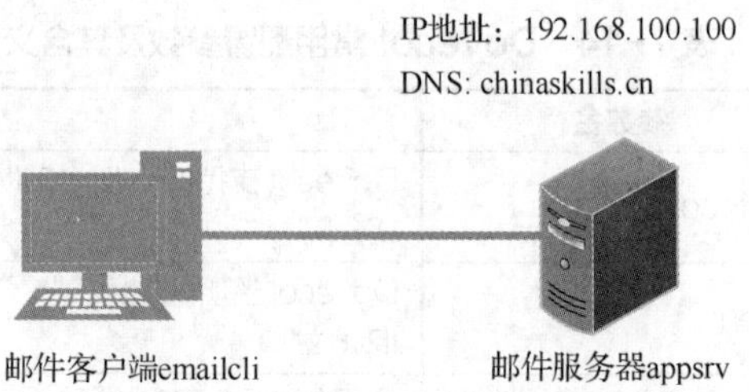

图7-28　邮件服务网络拓扑结构

以下是完成本任务的操作步骤。

注意，第1~11步在邮件服务器上操作。

第1步，设置邮件服务器的 IP 地址，安装邮件相关软件，如例 7-44.1 所示。

例 7-44.1：搭建邮件服务器——安装邮件相关软件

```
[root@appsrv ~]# yum install postfix -y
[root@appsrv ~]# yum install dovecot -y
```

第2步，参照任务 7.4 在邮件服务器上配置 DNS 服务，如例 7-44.2 所示，其中显示了区域文件的记录。

例 7-44.2：搭建邮件服务器——配置 DNS 服务

```
[root@appsrv ~]# vim /var/named/zone.chinaskills.cn
@       IN  MX 10   mail
mail    IN  A       192.168.100.100
[root@appsrv ~]# systemctl restart named
[root@appsrv ~]# nslookup mail.chinaskills.cn
Server:     192.168.100.100
Address:    192.168.100.100#53
Name:       mail.chinaskills.cn
Address:    192.168.100.100
```

第3步，在 Postfix 主配置文件 /etc/postfix/main.cf 中配置以下参数，并重启 postfix 服务，如例 7-44.3 所示。

例 7-44.3：搭建邮件服务器——配置参数

```
[root@appsrv ~]# vim /etc/postfix/main.cf
myhostname = mail.chinaskills.cn
```

```
mydomain = chinaskills.cn

myorigin = $mydomain

inet_interfaces = all

mydestination = $myhostname, localhost.$mydomain, localhost, $mydomain

mynetworks = 0.0.0.0/0

home_mailbox = Maildir/

[root@appsrv ~]# systemctl restart postfix
```

第 4 步，在 Dovecot 主配置文件 */etc/dovecot/dovecot.conf* 中进行修改，如例 7-44.4 所示。

例 7-44.4：搭建邮件服务器——修改/etc/dovecot/dovecot.conf

```
[root@appsrv ~]# vim /etc/dovecot/dovecot.conf

protocols = imap

listen = *                     <== 只在 IPv4 接口上监听服务
```

第 5 步，在 Dovecot 配置文件 */etc/dovecot/conf.d/10-auth.conf* 中进行修改，如例 7-44.5 所示。

例 7-44.5：搭建邮件服务器——修改/etc/dovecot/conf.d/10-auth.conf

```
[root@appsrv ~]# vim /etc/dovecot/conf.d/10-auth.conf

disable_plaintext_auth = no

auth_mechanisms = plain login
```

第 6 步，在 Dovecot 配置文件 */etc/dovecot/conf.d/10-mail.conf* 中进行修改，如例 7-44.6 所示。

例 7-44.6：搭建邮件服务器——修改/etc/dovecot/conf.d/10-mail.conf

```
[root@appsrv ~]# vim /etc/dovecot/conf.d/10-mail.conf

mail_location = maildir: ~/Maildir
```

第 7 步，在 Dovecot 配置文件 */etc/dovecot/conf.d/10-ssl.conf* 中进行修改，并重启 dovecot 服务，如例 7-44.7 所示。

例 7-44.7：搭建邮件服务器——修改/etc/dovecot/conf.d/10-ssl.conf

```
[root@appsrv ~]# vim /etc/dovecot/conf.d/10-ssl.conf

ssl = no

[root@appsrv ~]# systemctl restart dovecot
```

第 8 步，检查邮件服务器上各服务的端口活动状态，如例 7-44.8 所示。

例 7-44.8：搭建邮件服务器——检查邮件服务器上各服务的端口活动状态

```
[root@appsrv ~]# netstat -tulnp | grep -E ' :143 | :25 '

Tcp    0    0    127.0.0.1:25     0.0.0.0:*     LISTEN    4787/master

Tcp    0    0    0.0.0.0:143      0.0.0.0:*     LISTEN    4956/dovecot
```

第 9 步，修改防火墙和 SELinux 的设置。

第 10 步，在邮件服务器上新建本地用户，如例 7-44.9 所示。

例 7-44.9：搭建邮件服务器——新建本地用户

```
[root@appsrv ~]# useradd mailuser1

[root@appsrv ~]# useradd mailuser2

[root@appsrv ~]# passwd mailuser1

[root@appsrv ~]# passwd mailuser2
```

第 11 步，在邮件服务器上新建邮箱别名。具体方法是在 */etc/aliases* 文件中添加一行别名记录，并执行 newaliases 命令，如例 7-44.10 所示。

例 7-44.10：搭建邮件服务器——新建邮箱别名

```
[root@appsrv ~]# vim /etc/aliases
all: mailuser1 , mailuser2
[root@appsrv ~]# newaliases
```

注意，第 12~14 步在邮件客户端上操作。

第 12 步，设置邮件客户端的 DNS 服务器。可以通过修改网卡配置文件的 DNS 选项，或者直接修改*/etc/resolvo.conf*文件实现，如例 7-44.11 所示。

例 7-44.11：搭建邮件服务器——设置邮件客户端 DNS 服务器

```
[root@emailcli ~]# vim /etc/resolv.conf
nameserver 192.168.100.100
```

第 13 步，在邮件客户端上安装 Thunderbird 软件。如果是安装后首次使用，则系统会自动打开【设置现有的电子邮件账户】窗口。在其中输入账户名、电子邮件账号和密码后单击【手动配置】按钮。在服务器设置选项组中分别设置收件服务器（IMAP 或 POP3 服务器）及发件服务器（SMTP 服务器）的具体参数，如图 7-29 所示。单击【重新测试】按钮，测试服务器连通性并验证邮件账户合法性。如果测试通过，则单击【完成】按钮结束邮件账号添加操作。采用同样的方式添加邮件账号 mailuser2。

图 7-29 【设置现有的电子邮件账户】窗口

第 14 步，添加完两个邮件账号后，按照任务要求编辑并发送邮件，如图 7-30 所示。如果要发送广播邮件，则在收件人处填写 all@chinaskills.cn 即可。图 7-31 和图 7-32 所示分别为 mailuser1 的已发送消息界面和 mailusre2 的收件箱界面。

图 7-30 编辑并发送邮件

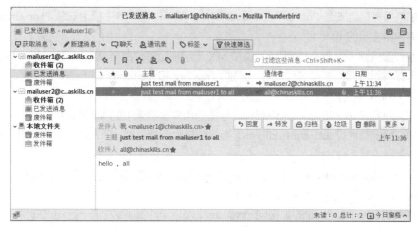

图 7-31　mailuser1 的已发送消息界面

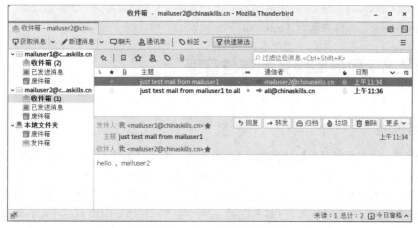

图 7-32　mailuser2 的收件箱界面

 知识拓展

　　本任务的【任务实施】部分搭建的邮件服务器采用明文传输邮件账号及密码，这是一种不安全的通信方式。现在比较普遍的做法是使用 SSL 对 IMAP 和 POP3 进行加密，提高邮件传输的安全性，读者可扫描二维码详细了解具体方法。

知识拓展 7.7　搭建安全的邮件服务器

 任务实训

　　本实训的主要任务是在 CentOS 7.6 操作系统中搭建邮件服务器，练习 Postfix 和 Dovecot 的配置方法。

【实训目的】

（1）理解邮件服务的工作原理和配置流程。

（2）掌握 Postfix 的配置方法。

（3）掌握 Dovecot 的配置方法。

（4）掌握邮件服务器的验证方法。

【实训内容】

请按照以下步骤完成邮件服务器的搭建和验证。

（1）在邮件服务器上安装 Postfix 和 Dovecot 软件，在邮件客户端主机上安装 Thunderbird，配置邮件服务器和客户端主机的 IP 地址。

（2）在邮件服务器上配置 DNS 服务，添加 MX 记录指定邮件服务器，域名为 chinaskills.cn。

（3）设置邮件服务器的主机名和域名，分别为 mailsrv 和 mail.chinaskills.cn。

（4）配置 Postfix 服务器和 Dovecot，启用 SMTP 和 IMAP。

（5）创建测试用户 zxy 和 xxt，用户邮件均存储到用户家目录下的 Maildir 中。

（6）添加广播邮箱地址 all@chinaskills.cn，当该邮箱收到邮件时，所有用户都能在自己的邮箱中查看该邮件。

（7）使用 zxy@chinaskills.cn 的邮箱向 xxt@chinaskills.cn 的邮箱发送一封测试邮件，邮件标题为"mail from zxy"，邮件内容为"hello, xxt"。

（8）使用 xxt@chinaskills.cn 的邮箱向 zxy@chinaskills.cn 的邮箱发送一封测试邮件，邮件标题为"mail from xxt"，邮件内容为"hello, zxy"。

（9）使用 zxy@chinaskills.cn 的邮箱向 all@chinaskills.cn 的邮箱发送一封测试邮件，邮件标题为"mail from zxy to all"，邮件内容为"hello, all"。

任务 7.8 数据库服务配置与管理

任务陈述

信息时代的一个典型特征是数据产生的速度非常快，由此带来的问题是如何有效地存储、检索、管理和利用这些数据。数据库管理系统是介于应用程序与底层数据存储之间的大型中间件，为上层应用程序提供管理数据的接口，提高数据利用的效率，保证数据存储的安全性。数据库管理系统有多种类型，其中常用的是关系型数据库。本任务以 CentOS 7 操作系统中常用的 MariaDB 为例，简单介绍数据库管理系统的基本概念、配置与管理方法。

知识准备

7.8.1 数据库管理系统概述

数据库管理系统（Database Management System，DBMS）是一种用于建立、修改、访问和维护数据库的大型软件。DBMS 具有多用户和多任务的特性，支持多个用户和应用程序同时进行操作。数据库管理员通过 DBMS 对数据库进行统一的管理和控制，用户通过 DBMS 访问数据库中的数据。DBMS 主要职责之一是维护数据的安全性和完整性，以及进行多用户下的并发控制和数据库恢复。功能、稳定性和扩展性是衡量 DBMS 的几个重要指标。

按照数据在数据库中的存储和管理方式，可将数据库分为 3 种类型，即层次型数据库、网状型数据库和关系型数据库。层次型数据库根据数据的上下级层次以树结构的形式建立数据结构，随着关系型数据库的流行，如今已很少使用。网状型数据库用网状结构表示各类实体及其关系。关系型数据库将数据及数据关系用简单的二维表结构表示。一系列的行和列组成一张数据表（简称表），关系型数据库就是由二维表组成的一个数据库系统。表 7-15 所示为学生基本信息表，下面结合该表简单介绍关系型数据库的基本概念。

表 7-15　学生基本信息表

学号	姓名	性别	入学年份	班级
210124001	唐诗	女	2021	网络 211
210124002	宋词	男	2021	网络 211
210124003	元曲	男	2021	网络 211

（1）实体（Entity）。可以简单地认为一张表就代表一个实体，是设计数据库时对事物及其关系进行分类的结果。例如，学生、教室和学校是不同的实体。

（2）行（Row）。表的一行也称为一条记录，代表实体的一个实例。例如，表 7-15 的每一行代表一个不同的学生。

（3）列（Column）。表的一列也称为一个字段（Field），表示实体的一个属性（Attribute）。每一列都用不同的名称标识，如学号、姓名等。另外，每一列的数据类型都是相同的。常见的数据类型有数字类型、日期和时间类型、字符串类型等。

（4）值（Value）。值指的是实例属性的具体取值。例如，第 1 个学生的学号取值为 210124001。

（5）键（Key）。键是表的某 1 列或某几列，用来识别表中特定的行。键的值在其所在列必须是唯一的。如果键由多列组成，那么这些列的取值的组合必须是唯一的。在表 7-15 中，键是学号，因为一个学生可由其学号唯一标识。

关系型数据库采用结构化查询语言（Structured Query Language，SQL）对数据进行操作，具有容易理解和操作方便的特点，还有利于维护数据之间的一致性。下文将要介绍的 MariaDB 数据库是典型的关系型数据库。

7.8.2　MariaDB 的安装与启停

MariaDB 数据库管理系统是 MySQL 的一个分支，主要由开源社区维护。MySQL 是目前非常流行的关系型数据库。尤其是在 Web 应用方面，MySQL 是最好的应用软件之一。MariaDB 虽然被视为 MySQL 数据库的替代品，但它在扩展功能、存储引擎以及一些新的功能改进方面都强过 MySQL。MariaDB 和 MySQL 在绝大多数方面是兼容的，因此从 MySQL 迁移到 MariaDB 非常简单。本任务使用 MariaDB 作为数据库操作平台。安装 MariaDB 数据库需要用到 mariadb-server 和 mariadb 两个软件包，MariaDB 的安装如例 7-45 所示。

例 7-45：MariaDB 的安装

```
[root@centos7 ~]# yum install mariadb-server mariadb -y
[root@centos7 ~]# rpm -qa | grep mariadb
mariadb-5.5.68-1.el7.x86_64
mariadb-libs-5.5.68-1.el7.x86_64
mariadb-server-5.5.68-1.el7.x86_64
```

启停 MariaDB 数据库服务时将 mariadb 作为参数代入表 5-4 所示的命令中即可，具体操作这里不赘述。

7.8.3　管理 MariaDB 数据库

下面介绍管理和维护 MariaDB 数据库时常用的操作及注意事项。

1. 数据库初始化

MariaDB 数据库安装完成后，为提高数据库的安全性，一般要使用 mysql_secure_installation 命令对数据库进行初始化操作。数据库初始化主要完成以下几项工作。

（1）设置 root 用户登录数据库时的密码。

（2）删除匿名用户。

（3）禁止 root 用户远程登录。

（4）删除默认的测试数据库。

（5）刷新数据库授权列表，使数据库初始化设置立即生效。

MariaDB 数据库的初始化过程如例 7-46 所示。

例 7-46：MariaDB 数据库的初始化过程

```
[root@centos7 ~]# mysql_secure_installation
Enter current password for root (enter for none):   <== 输入 root 用户的密码
Set root password? [Y/n]  y                          <== 设置 root 用户的密码
New password:
Re-enter new password:
Password updated successfully!
Remove anonymous users? [Y/n]  y                    <== 删除匿名用户
Disallow root login remotely? [Y/n]  n             <== 禁止 root 用户远程登录
Remove test database and access to it? [Y/n]  y <== 删除名为 test 的数据库及对该数据库
的访问权限
Reload privilege tables now? [Y/n]  y              <== 刷新数据库授权列表，使修改生效
```

注意，使用 mysql_secure_installation 需要先输入 root 用户的密码。这里的 root 用户的密码是指 root 用户登录数据库的密码，不是 root 用户登录操作系统的密码，后面设置的 root 密码也是指其登录数据库的密码。

2. 登录数据库

在终端窗口中使用 mysql 命令即可登录 MariaDB 数据库，如例 7-47 所示。其中，-u 选项后跟登录用户名，-p 选项指定需要输入登录密码。密码验证成功后进入数据库交互式环境，通过执行 SQL 语句完成特定功能。输入"quit"或"exit"退出数据库。

例 7-47：登录 MariaDB 数据库

```
[root@centos7 ~]# mysql -u root -p
Enter password:        <== 输入 root 用户的密码
……
MariaDB [(none)]> quit
Bye
```

3. 数据库常用操作

数据库管理员的常用操作主要包括创建和删除数据库或表、数据库权限管理等，普通用户的数据库操作主要集中在对数据本身的增加、修改、删除和查询上。MariaDB 数据库常用操作命令及其含义如表 7-16 所示，感兴趣的读者可以自行查阅相关资料学习更多的数据库操作。

表 7-16　MariaDB 数据库常用操作命令及其含义

常用操作命令	含义
create database *db_name* ;	创建新的数据库
drop database *db_name* ;	删除指定数据库
use *db_name* ;	切换到指定数据库

续表

常用操作命令	含义
show databases ;	显示当前所有的数据库
show tables ;	显示当前数据库中的数据表
create table *t_name* (*f1_name f1_type f1_length* , …) ;	创建数据表
drop table *t_name* ;	删除数据表
desc *t_name* ;	显示数据表的表结构
select * from *t_name* where … ;	从数据表中查询满足指定条件的记录
insert into *t_name* values ('*value1*', '*value2*', …) ;	向数据表中插入新的记录
update *t_name* set *f1_name* = '*value1*', … where … ;	修改数据表中满足指定条件的记录
delete from *t_name* where … ;	从数据表中删除满足指定条件的记录

4. 数据库备份与恢复

数据库备份是数据库管理员日常维护工作的重要内容，可以在一定程度上提高数据库的安全性。一般将数据库备份成文件，在需要时利用备份文件还原数据库。mysqldump 命令用于 MariaDB 数据库的备份与恢复。mysqldump 命令的用法非常灵活，支持不同粒度的数据库备份。例如，可以备份全部或指定数据库、备份数据表或表中的指定记录，也可以只导出表结构而不导出数据。mysqldump 命令的基本用法如例 7-48 所示，实际案例详见下文的【任务实施】部分。

例 7-48：mysqldump 命令的基本用法

```
// 备份全部数据库
mysql  -u  root  -p  -A > /tmp/backup1.sql


// 备份 db1 和 db2 两个数据库
mysqldump  -u  root  -p  --databases  db1  db2 > /tmp/backup2.sql


// 备份 db1 数据库中的表 t1
mysqldump  -u  root  -p  --databases  db1  --tables  t1 > /tmp/backup3.sql


// 备份 db1 数据库中的表 t1 的指定记录
mysqldump -u root -p --databases db1 --tables t1 --where='d=25' > /tmp/backup4.sql


// 备份 db1 数据库中的表结构
mysqldump  -u  root  -p  --no-data  --databases  db1 > /tmp/backup5.sql


// 恢复数据库，将数据库备份文件输入重定向到 mysqldump
mysqldump  -u  root  -p  < /tmp/backup1.sql
```

任务实施

实验：搭建数据库服务器

本任务案例选自 2022 年全国职业院校技能大赛网络系统管理赛项试题库，稍做了修改。

某公司打算在内部网络中部署邮件服务，将邮件账户信息保存在 MariaDB 数据库中，故需要搭建数据库服务器。数据库服务器安装了 CentOS 7.6 操作系统，具体要求如下。

（1）安装 MariaDB 数据库软件。初始化数据库时设置 root 用户的密码、删除匿名用户和测试数据库，同时禁止 root 用户远程登录数据库。

（2）创建新用户 mailadmin，密码为 ChinaSkill22!。

（3）创建数据库 maildb。

（4）在数据库 maildb 中创建表 mailbox，其包含 4 个字段，分别是 username（用户名）、pwd（密码）、domain（域名）、ctime（创建时间），其中 username 是主键。授予 mailadmin 用户可以完全访问 mailbox 表的权限。

（5）以 mailadmin 用户身份登录数据库，切换到 maildb 数据库。向 mailbox 表中插入两条数据，用户名分别为 mailuser1@chinaskills.cn 和 mailuser2@chinaskills.cn，密码默认均为 123456。

（6）备份 mailbox 表中的数据。

以下是完成本任务的操作步骤。

第 1 步，安装 MariaDB 相关软件包并启用数据库服务，如例 7-49.1 所示。

例 7-49.1：搭建数据库服务器——安装 MariaDB 软件包并启用数据库服务

```
[root@mariadbsrv ~]# yum install mariadb-server mariadb -y
[root@mariadbsrv ~]# systemctl restart mariadb
```

第 2 步，按要求初始化 MariaDB 数据库，如例 7-49.2 所示。

例 7-49.2：搭建数据库服务器——初始化 MariaDB 数据库

```
[root@mariadbsrv ~]# mysql_secure_installation
Enter current password for root (enter for none):
Set root password? [Y/n] y
New password:
Re-enter new password:
Password updated successfully!
Remove anonymous users? [Y/n] y
Disallow root login remotely? [Y/n] y
Remove test database and access to it? [Y/n] y
Reload privilege tables now? [Y/n] y
```

第 3 步，使用新设置的 root 用户的密码登录数据库并创建用户 mailadmin，如例 7-49.3 所示。

例 7-49.3：搭建数据库服务器——登录数据库并创建用户

```
[root@mariadbsrv ~]# mysql -u root -p
Enter password:
Welcome to the MariaDB monitor.  Commands end with ; or \g.
Your MariaDB connection id is 9
Server version: 5.5.68-MariaDB MariaDB Server
MariaDB [(none)]> create user mailadmin@'localhost' identified by 'ChinaSkill122!' ;
```

第 4 步，创建 maildb 数据库，并切换到该数据库，如例 7-49.4 所示。可以看到，新建的数据库是空的。

例 7-49.4：搭建数据库服务器——创建 maildb 数据库

```
MariaDB [(none)]> create database maildb ;
```

```
MariaDB [(none)]> use maildb;
MariaDB [maildb]> show tables;
Empty set (0.00 sec)
```

第 5 步，在 maildb 数据库中新建表 mailbox，并授予 mailadmin 用户完全访问权限，如例 7-49.5 所示。

例 7-49.5：搭建数据库服务器——创建数据表并授权

```
MariaDB [maildb]> create table mailbox (username varchar(60) primary key, pwd
varchar(20), domain varchar(40), ctime datetime) ;
MariaDB [maildb]> show tables ;
| Tables_in_maildb |
+--------------+
| mailbox      |
MariaDB [maildb]> desc mailbox ;
+-----------+-------------+------+-----+---------+------+
| Field     | Type        | Null | Key | Default | Extra |
+-----------+-------------+------+-----+---------+------+
| username  | varchar(60) | NO   | PRI | NULL    |      |
| pwd       | varchar(20) | YES  |     | NULL    |      |
| domain    | varchar(40) | YES  |     | NULL    |      |
| ctime     | datetime    | YES  |     | NULL    |      |
MariaDB [maildb]> grant all privileges on mail.mailbox to mailadmin@'%' ;
MariaDB [maildb]> quit
```

第 6 步，以 mailadmin 用户身份登录数据库，切换到 maildb 数据库，向 mailbox 表中插入两条数据，如例 7-49.6 所示。

例 7-49.6：搭建数据库服务器——插入表数据

```
[root@mariadbsrv ~]# mysql -u mailadmin -p
Enter password:
MariaDB [(none)]> use maildb ;
MariaDB [maildb]> insert into mailbox values ('mailuser1@chinaskills.cn', '123456',
'chinaskills.cn', '2022-11-30 11:02:25');
MariaDB [maildb]> insert into mailbox values ('mailuser2@chinaskills.cn', '123456',
'chinaskills.cn', '2022-11-30 11:02:25');
MariaDB [maildb]> select * from mailbox ;
| username                 | pwd    | domain         | ctime               |
+--------------------------+--------+----------------+---------------------+
| mailuser1@chinaskills.cn | 123456 | chinaskills.cn | 2022-11-30 11:02:25 |
| mailuser2@chinaskills.cn | 123456 | chinaskills.cn | 2022-11-30 11:02:25 |
MariaDB [maildb]> quit
```

第 7 步，备份 mailbox 表中插入的两条数据，如例 7-49.7 所示。

例 7-49.7：搭建数据库服务器——备份表数据

```
[root@mariadbsrv ~]# mysqldump -u root -p --databases maildb --tables mailbox >
/tmp/mailbox.sql
```

```
Enter password:
[root@mariadbsrv ~]# ls -l /tmp/mailbox.sql
-rw-r--r--. 1 root root 2105 11月 30 11:08 /tmp/mailbox.sql
```

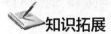 知识拓展

mysqldump 命令提供了非常丰富的数据库备份和恢复方法，方便数据库管理员根据实际需要灵活选择，读者可扫描二维码详细了解具体内容。

知识拓展 7.8
mysqldump 命令
详细用法

 任务实训

本实训的主要任务是在 CentOS 7.6 操作系统中搭建 MariaDB 数据库服务器，练习 MariaDB 数据库的常用操作。

【实训目的】

（1）掌握 MariaDB 数据库的安装方法。

（2）掌握 MariaDB 数据库的初始化方法。

（3）掌握 MariaDB 数据库中创建数据库和表的方法及步骤。

（4）掌握增加、删除、修改和查询数据的基本语法。

【实训内容】

请按照以下步骤完成邮件服务器的搭建和验证。

（1）安装 MariaDB 数据库软件。

（2）初始化 MariaDB 数据库。设置 root 用户的密码并删除匿名用户和测试数据库，但允许 root 用户远程登录数据库。

（3）创建数据库 studb。

（4）在数据库 studb 中创建表 student，其包含 5 个字段，分别是 id（学号）、name（姓名）、sex（性别）、class（班级）、年级（grade）。其中，id 是主键。

（5）向 student 表中插入两条数据，id 分别是 1 和 2。

（6）备份 student 表中的数据。

（7）修改 student 表中 id 为 1 的记录，将其年级改为 2022。

（8）删除 student 表中 id 为 2 的数据。

（9）恢复数据库 studb，查看 student 表中的数据是否为最初插入的两条记录。

项目小结

本项目主要介绍了几种常见网络服务的配置与管理，包括 Samba 服务、NFS 服务、DHCP 服务、DNS 服务、Web 服务、FTP 服务、邮件服务和数据库服务。Samba 服务的主要作用是为不同操作系统间的资源共享提供统一的平台；NFS 是一个跨平台的网络文件系统，NFS 客户端能够像访问本地资源一样访问 NFS 服务器中的文件资源；DHCP 服务在大型的网络环境中为大量主机动态分配 IP 地址等网络参数，避免因手动分配 IP 地址可能产生的地址冲突等问题，减轻了网络管理员的管理负担；DNS 协议在整个互联网体系中发挥着极其重要的作用，可以把 DNS 看作一个巨大的分布式数据库，其基于分级管理的工作机制，向全世界的主机提供域名解析服务；Apache 是目前流行的搭建 Web 服务器的软件之一，具有出色的安全性和跨平台特性；FTP 是计算机网络领域中应用非常广泛的应用层协议之一，

基于 TCP 运行，是一种可靠的文件传输协议，具有跨平台、跨系统的特征，允许用户方便地上传和下载文件；邮件服务采用 SMTP、IMAP 和 POP3 等协议完成邮件的收发，是目前应用非常广泛的网络应用之一；数据库服务是计算机环境中不可或缺的基础服务，使用 MariaDB 搭建的数据库服务器具有开源、成本低、扩展性好的特点。

项目练习题

一、Samba 练习题

1. 选择题

（1）使用 Samba 服务共享了目录，但是在 Windows 网络邻居中看不到它，应该在 */etc/smb.conf* 中进行的设置是（　　　）。

    A. Allow Windows Clients= yes   B. Hidden=no

    C. Browseable = yes   D. 以上都不是

（2）（　　　）命令允许 198.168.100.0/24 访问 Samba 服务器。

    A. hosts enable=198 168 100.   B. hosts allow=198.168.100.

    C. hosts accept=198.168.100.   D. hosts accept=198.168.100.0/24

（3）启用 Samba 服务时，（　　　）是必须运行的端口监控程序。

    A. nmbd   B. lmbd   C. mmbd   D. smbd

（4）Samba 服务的密码文件是（　　　）。

    A. smb.conf   B. smbclient   C. smbpasswd   D. samba.conf

（5）可以通过设置（　　　）来控制访问 Samba 共享服务器的合法主机名。

    A. allow hosts   B. valid hosts   C. valid users   D. hosts allow

（6）Samba 的主配置文件不包括（　　　）。

    A. global 段   B. directory shares 段

    C. printers shares 段   D. application shares 段

（7）Samba 服务的默认安全模式等级是（　　　）。

    A. user   B. share   C. server   D. ads

（8）Samba 服务器的配置文件是（　　　）。

    A. httpd.conf   B. inetd.conf   C. rc.samba   D. smb.conf

（9）在 Linux 中安装 Samba 服务器程序时，可以使（　　　）。

    A. Windows 访问 Linux 中 Samba 服务器共享的资源

    B. Linux 访问 Windows 主机上的共享资源

    C. Windows 主机访问 Windows 服务器共享的资源

    D. Windows 访问 Linux 中的域名解析服务

（10）改变 Samba 主配置文件后需要（　　　）。

    A. 重启 Samba 服务，使新的配置文件生效

    B. 重启系统，使新的配置文件生效

    C. 执行 smbadmin reload 命令，使新的配置文件生效

    D. 发送心跳信号给 smbd 与 nmbd 进程，使新的配置文件生效

（11）某公司使用 Linux 操作系统搭建了 Samba 文件服务器，在用户名为 gtuser 的员工出差期间，为了避免该账号被其他员工冒用，需要临时将其禁用，此时可以使用（　　　）命令。

    A. smbpasswd -a gtuser   B. smbpasswd -d gtuser

    C. smbpasswd -e gtuser   D. smbpasswd -x gtuser

（12）关于 Linux 操作系统用户与 Samba 用户的关系，以下说法正确的是（　　　）。

    A. 如果没有建立对应的系统用户，则无法添加或使用 Samba 用户

    B. Samba 用户与同名的系统用户的登录密码必须相同

    C. 与 Samba 用户同名的系统用户必须能够登录 Shell

    D. 使用 smbpasswd 命令可以添加 Samba 用户及与其同名的系统用户

2. 填空题

（1）启用 Samba 服务器的命令是_____。

（2）Samba 服务器一共有 4 种安全等级。使用_____等级，用户不需要账号及密码即可登录 Samba 服务器。

（3）设置 Samba 服务开机启动的命令是_____。

（4）Samba 用户的用户名和密码保存在_____文件中。

（5）Samba 服务的两个后台守护进程是_____和_____。

3. 简答题

（1）简述 Samba 服务的工作原理。

（2）简述 Samba 服务器的部署流程。

二、NFS 练习题

1. 选择题

（1）下列不属于 NFS 特点的是（　　　）。

    A. NFS 提供透明的文件传输服务   B. NFS 能发挥数据集中的优势

    C. NFS 配置灵活，性能优异   D. NFS 不能跨平台使用

（2）NFS 能提供透明的文件传输，这里的"透明"是指（　　　）。

    A. NFS 服务器能够同时为多个 NFS 客户端提供服务

    B. NFS 服务器可以灵活地增加存储空间

    C. NFS 客户端访问本地资源和远程文件的方式是相同的

    D. NFS 客户端和 NFS 服务器可以安装不同的操作系统

（3）NFS 使用的文件传输机制是（　　　）。

    A. Samba   B. RPC   C. Web   D. FTP

（4）NFS 服务的主配置文件是（　　　）。

    A. /etc/fstab   B. /etc/aliases

    C. /etc/exports   D. /etc/yum.conf

（5）允许某一网段的所有主机使用 NFS 服务，可以将客户端配置为（　　　）。

    A. 172.16.1.3   B. 172.16.1.0/24

    C. mail.chinaskills.cn   D. *.chinaskills.cn

（6）允许 NFS 客户端对共享目录具有读写权限，需要指定的共享项为（　　　）。

    A. ro   B. rw   C. sync   D. noaccess

2. 填空题

（1）NFS 采用典型的_____架构，支持跨平台跨系统的文件共享。

（2）_____文件传输是指 NFS 客户端能够像访问本地资源一样访问远程文件资源。

（3）NFS 能发挥_____的优势，降低 NFS 客户端的存储空间需求。

（4）NFS 使用_____实现文件传输。

（5）NFS 服务的主配置文件是_____。

3. 简答题

（1）简述 NFS 服务的主要特点。

（2）简述 NFS 服务的部署流程。

三、DHCP 练习题

1. 选择题

（1）DHCP 租约过程为（　　　）。

    A. Discover - Offer - Request - ACK

    B. Discover - ACK - Request - Offer

    C. Request - Offer - Discover - ACK

    D. Request - ACK - Discover - Offer

（2）ipconfig /release 命令的作用是（　　　）。

    A. 获取 IP 地址   B. 释放 IP 地址

    C. 查看所有 IP 配置   D. 查看 IP 地址

（3）ipconfig /renew 命令的作用是（　　　）。

    A. 获取 IP 地址   B. 释放 IP 地址

    C. 查看所有 IP 配置   D. 查看 IP 地址

（4）ipconfig /all 命令的作用是（　　　）。

    A. 获取 IP 地址   B. 释放 IP 地址

    C. 查看所有 IP 配置   D. 查看 IP 地址

（5）创建保留 IP 地址时，主要绑定其（　　　）。

    A. MAC 地址   B. IP 地址   C. 名称   D. 域名

（6）DHCP 使用（　　　）端口来监听和接收客户请求消息。

    A. TCP   B. TCP/IP   C. IP   D. UDP

（7）在大型网络中部署网络服务时，至少要有一个（　　　）服务器。

    A. DNS   B. DHCP   C. 网络主机   D. 域名

（8）DHCP 简称（　　　）。

    A. 静态主机配置协议   B. 动态主机配置协议

    C. 主机配置协议   D. 域名解析协议

（9）DHCP 可以为网络提供的服务不包括（　　　）。

    A. 自动分配 IP 地址   B. 设置网关

    C. 设置 DNS   D. 设置 DHCP 服务器的 IP 地址

（10）要实现动态 IP 地址分配，网络中至少要有一台计算机的操作系统中安装（　　　）。

    A. DNS 服务器   B. DHCP 服务器   C. IIS 服务器   D. 主域控制器

（11）DHCP 使用的端口号是（　　　）。

  A. 80   B. 20 和 21   C. 67 和 68   D. 53

（12）通过 DHCP 服务器的 host 声明为特定主机分配保留 IP 地址时，使用（　　　）关键字指定相应的 MAC 地址。

  A. mac-address   B. hardware-ethernet

  C. fixed-address   D. match-physical-address

2. 填空题

（1）DHCP 是_____的简称，其作用是为网络中的主机分配 IP 地址。

（2）DHCP 工作过程中会产生_____、_____、_____和_____4 种报文。

（3）在 Windows 环境中，使用_____命令可以查看 IP 地址配置，使用_____命令可以释放 IP 地址，使用_____命令可以重新获取 IP 地址。

（4）客户机从 DHCP 服务器获取地址有_____、_____和_____3 种方式。

（5）DHCP 采用了客户机/服务器结构，因此 DHCP 有两个端口号：服务器为_____，客户机为_____。

（6）DHCP 采用_____协议作为传输协议。

3. 简答题

（1）DHCP 分配地址有哪 3 种方式？

（2）DHCP 的选项有什么作用，其常用选项有哪些？

（3）动态 IP 地址方案有什么优缺点？简述 DHCP 的工作原理。

四、DNS 练习题

1. 选择题

（1）DNS 服务器配置文件中的 A 记录表示（　　　）。

  A. 域名到 IP 地址的映射   B. IP 地址到域名的映射

  C. 官方 DNS   D. 邮件服务器

（2）DNS 指针记录是指（　　　）。

  A. A   B. PTR   C. CNAME   D. NS

（3）在（　　　）文件中可以修改使用的 DNS 服务器。

  A. /etc/hosts.conf   B. /etc/hosts

  C. /etc/sysconfig/network   D. /etc/resolv.conf

（4）在 Linux 操作系统中，使用 BIND 配置 DNS 服务器时，若需要设置 192.168.10.0/24 网段的反向区域，则（　　　）是该反向域名的正确表示方式。

  A. 192.168.10.in-addr.arpa   B. 192.168.10.0.in-addr.arpa

  C. 10.168.192.in-addr.arpa   D. 0.10.168.192.in-addr.arpa

（5）在 Linux 操作系统中，使用 BIND 配置 DNS 服务器时，若需要在区域文件中指定该域的邮件服务器，则应该添加（　　　）记录。

  A. NS   B. MX   C. A   D. PTR

（6）在 gt.edu 域中，有一台主机的 IP 地址为 202.13.157.28，域名为 sales.gt.edu，域名服务器为 BIND，使用 named.157.13.202 文件来记录该域的反向解析库，则关于 sales.gt.edu 主机的正确反向解析记录为（　　　）。

A. 28. IN PTR sales.gt.edu. B. 28 IN PTR sales.gt.edu.

C. sales. IN PTR 202.13.157.28 D. sales IN PTR 202.13.157.28

（7）在 DNS 服务器的区域配置文件中，PTR 记录的作用是（　　）。

A. 定义主机的别名

B. 用于设置主机域名到 IP 地址的对应记录

C. 用于设置 IP 地址到主机域名的对应记录

D. 描述主机的操作系统信息

（8）配置文件（　　）用于保存当前主机所使用的 DNS 服务器地址。

A. */etc/hosts* B. */etc/host.conf*

C. */etc/resolv.conf* D. */etc/resolve.conf*

（9）关于 DNS 服务器，以下说法正确的是（　　）。

A. DNS 服务器不需要配置客户端

B. 建立某个分区的 DNS 服务器时，只需要建立一个主 DNS 服务器

C. 主 DNS 服务器需要启动 named 进程，而从 DNS 服务器不需要启动 named 进程

D. DNS 服务器的 root.cache 文件包含了根名称服务器的有关信息

（10）在 DNS 配置文件中，用于表示某主机别名的是（　　）。

A. NS B. CNAME C. NAME D. CN

（11）可以完成域名与 IP 地址的正向解析和反向解析任务的命令是（　　）。

A. nslookup B. arp C. ifconfig D. dnslook

2. 填空题

（1）DNS 实际上是分布在 Internet 中的主机信息的数据库，其作用是实现_____和_____之间的转换。

（2）当 LAN 中没有条件建立 DNS 服务器，但又想让局域网中的用户使用计算机名互相访问时，应配置_____文件。

（3）DNS 默认使用的端口号是_____。

（4）DNS 的后台服务进程是_____。

（5）在 Internet 中，计算机之间直接利用 IP 地址进行寻址，因而需要将用户提供的主机名转换为 IP 地址，人们把这个过程称为_____。

（6）在 DNS 顶级域中，表示商业组织的是_____。

（7）_____表示主机的资源记录，_____表示别名的资源记录。

（8）DNS 服务器有 4 类：_____、_____、_____和_____。

3. 简答题

（1）DNS 服务器主要有哪几种配置类型？

（2）简述 SOA 和 NS 记录的主要作用。

（3）为什么要部署 DNS 转发服务器，它有哪些类型？

（4）为什么要部署辅助 DNS 服务器，它有什么特点？

五、Apache 练习题

1. 选择题

（1）通过调整 httpd.conf 文件的（　　）配置参数，可以更改 Apache 站点默认的首页文件。

      A. DocumentRoot   B. ServerRoot   C. DirectoryIndex   D. DefaultIndex

（2）当 Apache Web 服务器产生错误时，用于设定在浏览器中显示管理员电子邮箱地址的参数是
（　　）。

      A. ServerName   B. ServerAdmin   C. ServerRoot   D. DocumentRoot

（3）Apache 服务器提供服务的标准端口是（　　）。

      A. 10000   B. 23   C. 80   D. 53

（4）在 Apache 服务器的配置文件 httpd.conf 中，设定用户个人主页存放目录的参数是（　　）。

      A. UserDir   B. Directory   C. public_html   D. DirectoryIndex

（5）从 Internet 中获得软件最常采用的是（　　）。

      A. WWW   B. Telnet   C. FTP   D. DNS

（6）下列选项中，不是 URL 地址中包含信息的是（　　）。

      A. 主机名   B. 端口号   C. 网络协议   D. 软件版本

（7）在默认的安装中，Apache 将自己的配置文件放在（　　）目录中。

      A. /etc/httpd/   B. /etc/httpd/conf   C. /etc/   D. /etc/apache

（8）CentOS 提供的 WWW 服务器软件是（　　）。

      A. IIS   B. Apache   C. PWS   D. IE

（9）Apache 服务器是（　　）。

      A. DNS 服务器   B. Web 服务器   C. FTP 服务器   D. SendMail 服务器

（10）如果要修改默认的 WWW 服务的端口号为 8080，则需要修改配置文件中的（　　）。

      A. pidfile 80   B. timeout 80   C. keepalive 80   D. listen 80

2. 填空题

（1）_____是实现 WWW 服务器功能的应用程序，即通常所说的"Web 服务器"，在服务器端为用户提供浏览 Web 服务的就是 Apache 应用程序。

（2）Web 服务器在 Internet 中使用最为广泛，它采用的是_____结构。

（3）在 Linux 中，Web 服务器 Apache 的主配置文件的绝对路径是_____。

（4）Apache 的 httpd 服务程序使用的是_____端口。

（5）URL 的英文全称为_____，中文名称为_____。

3. 简答题

（1）简述 Web 浏览器和 Web 服务器交互的过程。

（2）什么是虚拟目录，它有什么优势？

（3）简述在一台 Apache 服务器上基于不同 IP 地址配置虚拟主机的方式。

（4）简述在一台 Apache 服务器上基于不同端口配置虚拟主机的方式。

（5）简述在一台 Apache 服务器上基于不同域名配置虚拟主机的方式。

六、FTP 练习题

1. 选择题

（1）FTP 服务使用的端口是（　　）。

      A. 21   B. 23   C. 25   D. 53

（2）可以一次下载多个文件的命令为（　　）。

      A. mget   B. get   C. put   D. mput

（3）（　　）不是 FTP 用户类型。

  A. 本地用户　　　　　B. 匿名用户　　　　　C. 虚拟用户　　　　　D. 普通用户

（4）修改配置文件 *vsftpd.conf* 的（　　）参数可以实现独立启动。

  A. listen=YES　　　B. listen=NO　　　C. boot=standalone　　D. boot=xinetd

（5）在配置文件 *vsftpd.conf* 中，如果设置 userlist_enable=YES、userlist_deny=NO，则参数 userlist_file 指定的文件中所列的用户（　　）。

  A. 可以访问 FTP 服务　　　　　　　B. 不能够访问 FTP 服务

  C. 可以读写 FTP 服务中的文件　　　　D. 不可以读写 FTP 服务中的文件

（6）在配置文件 *vsftpd.conf* 中，允许匿名用户删除文件的权限由（　　）参数提供。

  A. anonymous_enable　　　　　　　B. anon_mkdir_write_enable

  C. anon_other_write_enable　　　　　D. anon_root

（7）在 *vsftpd.conf* 文件中增加以下内容，表示对（　　）用户进行设置。

```
write_enable=YES
anon_world_readable_only=NO
anon_upload_enable=YES
anon_mkdir_write_enable=YES
```

  A. 匿名　　　　　B. 本地　　　　　C. 虚拟　　　　　D. 普通

（8）命令 rpm -qa | grep vsftpd 的功能是（　　）。

  A. 安装 vsftpd 程序　　　　　　　　B. 启动 vsftpd 程序

  C. 检查系统是否已安装 vsftpd 程序　　D. 运行 vsftpd 程序

（9）在 TCP/IP 模型中，应用层包含了所有的高层协议，在下列应用协议中，（　　）是实现本地与远程主机之间文件传输的协议。

  A. Telnet　　　　B. FTP　　　　C. SNMP　　　　D. NFS

（10）在 Linux 操作系统中，小张使用系统默认的 vsftpd 架设了 FTP 服务器，他新建了一个名为 gtuser 的用户，并修改了 */etc/vsftpd/vsftpd.conf* 文件，加入了以下两行内容，并把用户 gtuser 加入了 */etc/vsftpd/user_list* 文件中，则用户 gtuser 在客户端登录时会被（　　）。

```
userlist_enable=YES
userlist_deny=NO
```

  A. 允许登录　　　B. 拒绝登录　　　C. 不确定　　　D. 以上都对

（11）在 Linux 操作系统中搭建 vsftpd 服务器时，若需要限制本地用户的最大传输速率为 200Kb/s，则可以在配置文件中设置（　　）。

  A. max_clients=20　　　　　　　　B. max_per_ip=20

  C. local_max_rate=200000　　　　　D. local_max_rate=200

（12）在 Linux 操作系统中配置 vsftpd 服务器时，若需要限制最多允许 50 个客户端同时连接，则应该在 *vsftpd.conf* 文件中设置（　　）。

  A. max_clients=50　　　　　　　　B. max_per_ip=50

  C. local_max_rate=50　　　　　　　D. anon_max_rate=50

2. 填空题

（1）启用 vsftpd 服务的命令是_____。

（2）登录 FTP 服务器的匿名用户的用户名是_____。

（3）FTP 服务用于完成文件下载和上传，FTP 的英文全称是_____。

（4）FTP 服务通过使用一个共同的用户名_____，其密码不限的管理策略，使任何用户都可以方便地从服务器中下载文件。

（5）FTP 的工作模式主要有两种：_____和_____。

（6）默认 root 用户_____访问 FTP 服务。

（7）FTP 使用_____和_____端口工作。

（8）在 FTP 客户端上一次上传多个文件的命令是_____。

3. 简答题

（1）FTP 服务器有哪两种工作模式，它们的基本原理是什么？

（2）如何配置匿名用户登录 FTP 服务器？

（3）如何配置本地用户登录 FTP 服务器？

（4）如何配置虚拟用户登录 FTP 服务器？

七、邮件服务练习题

1. 选择题

（1）与 MUA 交互，帮助收件人从其收件箱中收取邮件的是（　　）。

    A．MUA　　　　　B．MTA　　　　　C．MDA　　　　　D．MRA

（2）以下不属于常用 MUA 的是（　　）。

    A．Foxmail　　　　B．Thunderbird　　C．Outlook Express　D．Postfix

（3）（　　）是一种常用的 MTA。

    A．Postfix　　　　B．Thunderbird　　C．Dovecot　　　　D．Foxmail

（4）（　　）是一种常用的 MRA。

    A．Dovecot　　　　B．Foxmail　　　　C．Thunderbird　　D．Postfix

（5）发送邮件时使用的标准协议是（　　）。

    A．POP3　　　　　B．IMAP　　　　　C．SMTP　　　　　D．ICMP

（6）（　　）是广泛使用的邮件接收协议，使用的端口是 143/TCP。

    A．POP3　　　　　B．IMAP　　　　　C．SMTP　　　　　D．ICMP

（7）POP3 使用的端口是（　　）。

    A．25　　　　　　B．57　　　　　　C．110　　　　　　D．80

2. 填空题

（1）邮件用户代理简称为_____，即通常所说的邮件客户端。

（2）MUA 先将邮件发送至发件人所在的_____。

（3）Dovecot 是一种典型的_____。

（4）_____定义了传输邮件的规则，以及邮件在传输过程中的中转方式。

（5）IMAP 和 POP3 均运行于 TCP/IP 之上，使用的端口分别是_____和_____。

3. 简答题

（1）简述和邮件相关的几个基本概念。

（2）简述邮件服务的工作过程。

（3）简述常用的邮件协议。

八、数据库服务练习题

1. 选择题

（1）关于 DBMS，不正确的一项是（　　　）。

    A．DBMS 用于建立、修改、访问和维护数据库

    B．使用 DBMS 可以对数据进行统一的管理和控制

    C．DBMS 一般不支持多用户

    D．DBMS 的衡量指标包括功能、稳定性和扩展性

（2）数据库分类方式与其他 3 种不同的是（　　　）。

    A．实时数据库   B．层次数据库   C．网状数据库   D．关系数据库

（3）设计数据库时对事物及其关系进行分类，得到的是（　　　）。

    A．实体   B．行   C．列   D．键

（4）数据表的一行代表（　　　）。

    A．实体的一个实例   B．实体的一个属性

    C．实例属性的取值   D．实体的唯一标识

（5）关于数据表主键的说法，正确的是（　　　）。

    A．由数据表的 1 列组成

    B．用于唯一标识实体的一个实例

    C．键的值可以重复或为空

    D．必须是数字类型，不能是字符串

2. 填空题

（1）数据库管理系统简称＿＿＿＿＿＿＿。

（2）DBMS 具有＿＿＿＿＿＿和＿＿＿＿＿＿的特性，支持多个用户和应用程序同时进行操作。

（3）DBMS 的衡量指标包括＿＿＿＿＿＿、＿＿＿＿＿＿和＿＿＿＿＿＿。

（4）按照数据在数据库中的存储和管理方式，可将数据库分为＿＿＿＿、＿＿＿＿和＿＿＿＿。

（5）在关系型数据库中，一系列的行和列组成一个＿＿＿＿＿＿。

（6）设计数据库时，学生、教室和学校可被抽象为＿＿＿＿＿＿。

（7）＿＿＿＿＿＿用于唯一标识表中的特定行，其值在表中必须是唯一的。

3. 简答题

（1）简述数据库管理系统的主要作用。

（2）简述 3 种数据库类型的主要特点。

项目 8

技能大赛综合案例

1. 初始化环境

（1）默认账号及默认密码如下。

Username: root

Password: ChinaSkill22

Username: skills

Password: ChinaSkill22

（2）操作系统配置如下。

Region: China

Locale: English US (UTF-8)

Key Map: English US

2. 项目任务描述

小顾作为 Linux 技术工程师，被公司指派构建企业网络，为员工提供便捷、安全、稳定的内外网络服务。小顾必须在规定的时间内完成任务，并进行充分的测试，以确保设备和应用能够正常运行。请根据网络拓扑、基本配置信息和服务需求完成网络服务的安装与测试。网络拓扑如图 8-1 所示，基本配置信息如表 8-1 所示。

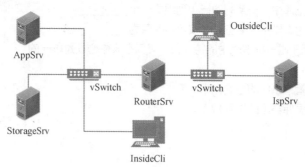

图 8-1　网络拓扑

表 8-1　基本配置信息

主机名	FQDN	IP 地址/子网掩码/网关
IspSrv	ispsrv.chinaskills.cn	81.6.63.100/255.255.255.0/无
OutsideCli	outsidecli.chinaskills.cn	DHCP From IspSrv
AppSrv	appsrv.chinaskills.cn	192.168.100.100/255.255.255.0/192.168.100.254

主机名	FQDN	IP 地址/子网掩码/网关
StorageSrv	storagesrv.chinaskills.cn	192.168.100.200/255.255.255.0/192.168.100.254
RouterSrv	routersrv.chinaskills.cn	192.168.100.254/255.255.255.0/无 192.168.0.254/255.255.255.0/无 81.6.63.254/255.255.255.0/无
InsideCli	insidecli.chinaskills.cn	DHCP From AppSrv

注意：所有任务规划都基于 CentOS 7.6 操作系统。其中，OutsideCli 和 InsideCli 安装带有 GUI 的系统，其他主机采用最小系统法安装，均为字符界面。

3. 项目任务清单

（1）服务器 IspSrv 的工作任务如下。

① DHCP 服务设置：为 OutsideCli 客户端网络分配 IP 地址；地址池范围为 81.6.63.110～81.6.63.190/24；按照实际需求配置 DNS 服务器地址；按照实际需求配置网关地址。

② DNS 服务设置：配置为 DNS 根域服务器，其他未知域名统一解析为该本机 IP 地址；创建正向区域 chinaskills.cn；类型为 Slave；主服务器为 AppSrv。

③ 防火墙设置：修改 INPUT 和 FORWARD 链默认规则为 DROP，添加必要的放行规则，在确保安全的前提下，最小限度地放行流量通信；放行 ICMP 流量。

（2）服务器 RouterSrv 上的工作任务如下。

① DHCP 中继设置：配置 DHCP 中继；允许客户端通过中继服务获取网络地址。

② 路由设置：启用路由转发功能，为当前网络环境提供路由功能。

③ SSH 服务设置：工作端口为 2022；只允许用户 user01（密码为 ChinaSkill22）登录 RouterSrv，其他用户（包括 root 用户）不能登录；创建一个新用户，新用户可以从本地登录，但不能进行远程登录。

④ 防火墙设置：添加必要的网络地址转换规则，使外部客户端能够访问到内部服务器上的 DNS、E-mail、Web 和 FTP 服务；添加必要的网络地址转换规则，允许内部客户端访问外部网络；INPUT、OUTPUT 和 FORWARD 链默认拒绝所有流量通行；添加必要的放行规则，在确保安全的前提下，最小限度地放行流量通信。

（3）服务器 AppSrv 上的工作任务如下。

① SSH 服务设置：安装 SSH，监听端口为 19210；仅允许 InsideCli 客户端进行 SSH 访问，其余所有主机的请求都被拒绝；InsideCli 的 cskadmin 用户可以免密登录且拥有 root 用户的权限。

② DHCP 服务设置：为 InsideCli 客户端网络分配地址，地址池范围为 192.168.0.110～192.168.0.190/24；按照实际需求配置 DNS 服务器地址；按照实际需求配置网关地址；为 InsideCli 分配固定 IP 地址 192.168.0.190/24。

③ DNS 服务设置：为 chinaskills.cn 域提供域名解析服务；为 www.chinaskills.cn、download.chinaskills.cn 和 mail.chinaskills.cn 提供解析服务；启用内外网解析功能，当内网客户端请求解析的时候，解析到对应的内部服务器 IP 地址，当外部客户端请求解析的时候，解析到提供服务的公有 IP 地址；添加邮件记录；将 IspSrv 作为上游 DNS 服务器，所有未知查询都由该服务器进行处理。

④ Web 服务设置：安装 httpd 服务，httpd 服务以 webuser 系统用户身份运行；搭建 www.chinaskills.cn 站点，网页文件存放在 StorageSrv 上，根目录为 */webdata/wwwroot*，在 StorageSrv 上安装 MariaDB，在本机上安装 PHP 开发环境，发布 WordPress 网站，MariaDB 数据库管理员信息为 root/ChinaSkill22!；搭建 download.chinaskills.cn 站点，网页文件存放在 StorageSrv 上，根目录为 */webdata/download*，在该

站点的根目录中创建文件 *test.mp3*、*test.mp4*、*test.pdf*，其中，*test.mp4* 文件的大小为 100MB，页面访问成功后能够列出目录中的所有文件。

⑤ E-mail 服务设置：安装配置 Postfix 和 Dovecot，启用 IMAP 和 SMTP；创建测试用户 mailuser1 和 mailuser2，用户邮件均存储到用户主目录的 Maildir 中；添加广播邮箱地址 all@chinaskills.cn，当该邮箱收到邮件时，所有用户都能在自己的邮箱中查看该邮件；使用 mailuser1@chinaskills.cn 向 mailuser2@chinaskills.cn 发送一封测试邮件，邮件标题为"just test mail from mailuser1"，邮件内容为"hello, mailuser2"；使用 mailuser2@chinaskills.cn 向 mailuser1@chinaskills.cn 发送一封测试邮件，邮件标题为"just test mail from mailuser2"，邮件内容为"hello, mailuser1"；使用 mailuser1@chinaskills.cn 向 all@chinaskills.cn 发送一封测试邮件，邮件标题为"just test mail from mailuser1 to all"，邮件内容为"hello, all"。

⑥ 防火墙设置：修改 INPUT 和 FORWARD 链默认规则为 DROP；添加必要的放行规则，在确保安全的前提下，最小限度地放行流量通信；放行 ICMP 流量。

（4）服务器 StorageSrv 上的工作任务如下。

① NFS 服务设置：共享*/webdata/*目录；用于存储 AppSrv 主机的 Web 数据；仅允许 AppSrv 主机访问该共享目录。

② FTP 服务设置：安装并启用 vsftpd 服务；以本地用户 webadmin 身份登录 FTP 服务器后根目录为*/webdata/*，且登录后限制在自己的根目录下；允许 webadmin 用户上传和下载文件，但是禁止其上传扩展名为".doc"".docx"".xlsx"的文件。

③ Samba：创建 Samba 共享目录，本地目录为*/data/doc*，共享名为 *cskdoc*，仅允许用户 zsuser 上传文件；创建 Samba 共享目录，本地目录为*/data/public*，共享名为 *cskshare*，允许匿名访问，所有用户都能上传文件。

④ 防火墙设置：修改 INPUT 和 FORWARD 链默认规则为 DROP；添加必要的放行规则，在确保安全的前提下，最小限度地放行流量通信，放行 ICMP 流量。

（5）客户端 OutsideCli 上的工作任务如下。

软件安装及服务验证：作为 DNS 服务器域名解析测试的客户端，安装 nslookup、dig 命令行工具；作为网站访问测试的客户端，安装 Firefox 浏览器及 curl 命令行测试工具；作为 SSH 远程登录测试客户端，安装 SSH 命令行测试工具；作为 Samba 测试的客户端，使用图形用户界面进行浏览器测试，并安装 smbclient 工具；作为 FTP 测试的客户端，安装 lftp 命令行工具；作为防火墙规则效果测试客户端，安装 ping 命令行工具。

（6）客户端 InsideCli 上的工作任务如下。

软件安装及服务验证：作为 DNS 服务器域名解析测试的客户端，安装 nslookup、dig 命令行工具；作为网站访问测试的客户端，安装 Firefox 浏览器及 curl 命令行测试工具；作为 SSH 远程登录测试客户端，安装 SSH 命令行测试工具；作为 Samba 测试的客户端，使用图形用户界面进行浏览器测试，并安装 smbclient 工具；作为 FTP 测试的客户端，安装 lftp 命令行工具；作为防火墙规则效果测试客户端，安装 ping 命令行工具。